燃气行业管理实务系列丛书

燃气行业应急管理实务

肖　炜　连广宇　主编

中国建筑工业出版社

图书在版编目(CIP)数据

燃气行业应急管理实务 / 肖炜，连广宇主编. — 北京：中国建筑工业出版社，2022.11
（燃气行业管理实务系列丛书）
ISBN 978-7-112-28102-2

Ⅰ. ①燃… Ⅱ. ①肖… ②连… Ⅲ. ①天然气工业—安全管理—危机管理—中国—教材 Ⅳ. ①TE687.2

中国版本图书馆 CIP 数据核字（2022）第 204628 号

本书共分 8 章，分别是：应急法律法规基础知识、燃气应急管理、燃气风险分析、燃气企业应急预案管理、应急救援队伍建设与管理、应急救援综合保障、应急处置案例分析、相关附录等内容。为了帮助广大燃气经营企业从业人员深入了解应急管理的有关知识，提高应急管理能力，熟悉燃气经营企业应急管理工作的运作，根据《中华人民共和国安全生产法》（2021 修正）等国家有关应急法律法规，结合燃气行业应急管理工作的实际，编写了本书。

本书可供燃气行业广大管理人员、技术人员、操作人员使用。也可作为燃气行业职工培训教材使用。同时也可作为大专院校师生使用。

责任编辑：胡明安
责任校对：党　蕾

燃气行业管理实务系列丛书

燃气行业应急管理实务

肖　炜　连广宇　主编

*

中国建筑工业出版社出版、发行(北京海淀三里河路 9 号)
各地新华书店、建筑书店经销
北京红光制版公司制版
天津安泰印刷有限公司印刷

*

开本：787 毫米×1092 毫米　1/16　印张：16½　字数：328 千字
2022 年 11 月第一版　2022 年 11 月第一次印刷
定价：**58.00** 元
ISBN 978-7-112-28102-2
(39901)

燃气行业管理实务系列丛书

编　委　会

秦周杨（湖北宜安泰建设有限公司）

苏　琪（广西中金能源有限公司）

宋广明（铜陵港华燃气有限公司）

唐立君（中国燃气控股有限公司）

伍　璇（武汉市昌厦基础工程有限责任公司）

王传惠（深圳市燃气集团股份有限公司）

王伟艺（北京市隆安(深圳)律师事务所）

王延涛（武汉市城市防洪勘测设计院有限公司）

王祖灿（深圳市燃气集团股份有限公司）

杨　帆（深圳市燃气集团股份有限公司）

杨常新（深圳市博轶咨询有限公司）

杨泽伟（湖北建科国际工程有限公司）

张华军（湖北建科国际工程有限公司）

张敬阳（云南中石油昆仑燃气有限公司、
云南燃气安全技术研究院）

朱柯培（北京亚华意诺斯新能源科技有限公司）

邹笃国（深圳市燃气集团股份有限公司）

秘 书 长： 李雪超（中裕城市能源投资控股(深圳)有限公司）

法律顾问： 丁天进（安徽安泰达律师事务所）

本书编写组

主　　编：肖　炜（佛山市天然气高压管网有限公司）

连广宇（青岛市市政公用工程质量安全监督站）

副主编：刘志亮（安阳华润燃气有限公司）

李雪超（中裕城市能源投资控股(深圳)有限公司）

王祖灿（深圳市燃气集团股份有限公司）

编写成员：邢琳琳（北京市燃气集团有限责任公司）

彭知军（华润（集团）有限公司）

孙　康（长沙华润燃气有限公司）

前　言

人们常说："明天和意外不知道哪个先来。"

日常生活尚且如此，对于燃气行业从业者来说更是如此。据统计，2020年，媒体报道全国（不含港澳台）涉燃气事故615起，造成92人死亡，560人受伤，其中一次造成死亡3人及以上较大事故7起；2021年，媒体报道全国（不含港澳台）涉燃气事故950起，造成99人死亡，714人受伤。

特别是2021年以来，湖北、辽宁、河北等地连续发生多起燃气较大事故和典型事故，部分事故也暴露了应急处置不当的问题，我国燃气安全形势仍严峻、复杂。

2021年10月24日，大连瓦房店一居民楼发生燃气闪爆事故，造成2人死亡，7人受伤。

2021年10月21日，沈阳和平区太原街南七马路路口发生燃气爆炸事故，导致5人死亡，44余人受伤。

2021年10月18日，河北邯郸燃气管道维修人员在郝庄巷40号院管道井内进行阀门更换作业时，发生天然气泄漏，造成3人死亡。

2021年9月10日，大连普兰店一住户家中发生燃气爆炸事故，造成8人死亡，5人受伤。

2021年6月13日，湖北十堰一集贸市场发生重大燃气爆炸事故，造成26人死亡，138人受伤，直接经济损失约5395.41万元。

2021年2月23日，北京西城区一餐厅发生液化石油气爆炸事故，造成1人死亡、6人受伤，直接经济损失约473.64万元。

2021年1月25日，位于大连金普新区友谊街道的金渤海憬小区发生较大燃气泄漏爆炸事故。事故造成3人死亡，6人轻伤，直接经济损失约为905.38万元。

一个个冰冷的数字背后是鲜活生命的陨落，更是一个个家庭的灾难。因此，应急管理对于燃气企业来说是重中之重。

为了帮助广大燃气企业从业人员深入了解应急管理的有关知识，提高应急管理能力，熟悉燃气企业应急管理工作的运作，编者根据《中华人民共和国安全生产法》（2021修正）等国家有关应急管理法律法规，结合燃气行业应急管理工作的实际，编写了《燃气行业应急管理实务》。

在资料收集过程中，彭知军提供了部分案例，并对全书做了统筹和校对工作，在此表示感谢。另外，在编写本书时，参考和引用了有关资料，在此一并向有关各方表示感谢。

由于编者水平有限，书中不妥之处在所难免，敬请广大读者批评指正。

编者

目　录

第 1 章　应急法律法规基础知识

1.1　应 急 法 律 体 系

1.1.1　我国的法律体系

1. 基本构架

（1）宪法及宪法相关法

宪法是国家的根本大法，是特定社会政治经济和思想文化条件综合作用的产物，集中反映各种政治力量的实际对比关系，规定国家的根本任务和根本制度，即社会制度、国家制度的原则和国家政权的组织以及公民的基本权利义务等内容。

宪法相关法包括：《全国人民代表大会组织法》《中华人民共和国国籍法》《中华人民共和国国务院组织法》等法律。

（2）民法商法

民法是规定并调整平等主体的公民间、法人间及公民与法人间的财产关系和人身关系的法律规范的总称，商法是调整市场经济关系中商人及其商事活动法律规范的总称。我国采用的是民商合一的立法模式。商法被认为是民法的特别法和组成部分。

民法商法包括：《中华人民共和国民法通则》《中华人民共和国合同法》《中华人民共和国公司法》等。

（3）行政法

行政法是调整行政主体在行使行政职权和接受行政法监督过程中而与行政相对人、行政法制监督主体之间发生的各种关系，以及行政主体内部发生的各种关系的法律规范的总称。作为行政法调整对象的行政关系，主要包括行政管理关系、行政法制监督关系、行政救济关系、内部行政关系。

行政法包括：《中华人民共和国行政处罚法》《中华人民共和国行政许可法》《中华人民共和国环境影响评价法》等。

（4）经济法

经济法是调整在国家协调、干预经济运行的过程中发生的经济关系的法律规范的总称，包括：《中华人民共和国统计法》《中华人民共和国审计法》《中华人民共和国反垄断法》等。

（5）社会法

社会法是调整劳动关系、社会保障和社会福利关系的法律规范的总称。社会法是在国家干预社会生活过程中逐渐发展起来的一个法律门类，所调整的是政府与社会之间、社会不同部分之间的法律关系。

社会法包括：《中华人民共和国安全生产法》《中华人民共和国职业病防治法》《中华人民共和国劳动法》《中华人民共和国矿山安全法》等。

（6）刑法

刑法是关于犯罪和刑罚的法律规范的总称。《中华人民共和国刑法》是这一法律部门的主要内容。

（7）诉讼与非诉讼程序法

诉讼法指的是规范诉讼程序的法律的总称。我国有三大诉讼法，即《中华人民共和国民事诉讼法》《中华人民共和国刑事诉讼法》《中华人民共和国行政诉讼法》。非诉讼程序法主要是指《中华人民共和国仲裁法》。

2. 法的形式和效力层级

（1）法的形式

我国法的形式是制定法形式，具体可为以下七类。

1）宪法

宪法是由全国人民代表大会依照特别程序制定。宪法是规定国家制度、社会制度的基本原则，具有最高法律效力的根本大法。其主要功能是制约和平衡国家权力，保障公民权利。宪法是我国的根本大法，在我国法律体系中具有最高的法律地位和法律效力，是我国最高的法律形式。

2）法律

法律是指由全国人民代表大会和全国人民代表大会常务委员会制定颁布的规范性法律文件，即狭义的法律。法分为基本法律和一般法律两类。基本法律是由全国人民代表大会制定的调整国家和社会生活中带有普遍性的社会关系的规范性法律文件的统称，如：刑法、民法、诉讼法以及有关国家机构的组织法等法律。一般法律是由全国人民代表大会常务委员会制定的调整国家和社会生活中某种具体社会关系或其中某一方面内容的规范性文件的统称。全国人民代表大会和全国人民代表大会常务委员会通过的法律由国家主席签署国家主席令予以公布，如：《中华人民共和国安全生产法》《中华人民共和国突发事件应对法》等。

3）行政法规

行政法规是国家最高行政机关国务根据宪法和法律就有关执行法律和履行行政管理职权的问题，以及依据全国人民代表大会及常务委员会特别授权所制定的规范性文件的总称，行政法规由总理签署国务院令公布，如：《城镇燃气管理条例》《生产安全事故报告和调查处理条例》等。

4）地方性法规、自治条例和单行条例

省、自治区、直辖市人民代表大会及其常务委员会根据本行政区域的具体情况和实际需要，在不与宪法、法律、行政法规相抵触的前提下，可以制定地方性法规。较大的市人民代表大会及其常务委员会根据本市的具体情况和实际需要，在不与宪法、法律、行政法规和本省、自治区的地方性法规相抵触的前提下，可以制定地方性法规，报省、自治区人民代表大会常务委员会批准后施行。较大的市是指省、自治区人民政府所在地的市，经济特区所在地的市和经国务院批准的较大的市。

5）部门规章

国务院各部、委员会、中国人民银行、审计署和具有行政管理职能的直属机构，以及省、自治区、直辖市人民政府和较大的市的人民政府制定的规范性文件统称规章。部门规章由部门首长签署令予以公布。

部门规章的事项应当属于执行法律或者国务院的行政法规、决定、命令的事项，其名称可以是“规定”“办法”和“实施细则”等。

6）地方政府规章

省、自治区、直辖市和较大的市人民政府，可以根据法律、行政法规和本省、自治区、直辖市的地方性法规，制定地方政府规章。地方政府规章由省长或者自治区主席或者市长签署命令。

（2）法的效力层级

1）宪法至上

宪法是根本大法，具有最高的法律效力。宪法作为根本法和母法，还是其他立法活动的最高法律依据。任何法律、法规都必须遵循宪法而产生，无论是维护社会稳定、保障社会秩序，还是规范经济秩序，都不能违背宪法的基本准则。

2）上位法与下位法

在我国法律体系中，法律的效力是仅次于宪法而高于其他法的形式。行政法规的法律地位和法律效力仅次于宪法和法律，高于地方性法规和部门规章。地方性法规的效力，高于本级和下级地方政府规章。省、自治区人民政府制定的规章的效力，高于本行政区域内的较大的市人民政府制定的规章。

部门规章之间、部门规章与地方政府规章之间具有同等效力，在各自的权限范围内施行。

3）特别法优于一般法

特别法优于一般法，是指公法权力主体在实施公权力行为中，当一般规定与特别规定不一致时，优先适用特别规定。《中华人民共和国立法法》规定，同一机关制定的法律、行政法规、地方性法规、自治条例和单行条例、规章，特别规定与一般规定不一致的，适用特别规定。

4）新法优于旧法

新法、旧法对同一事项有不同规定时，新法的效力优于旧法。《中华人民共和国立法法》规定，同一机关制定的法律、行政法规、地方性法规、自治条例和单行条例、规章，新的规定与旧的规定不一致的，适用新的规定。

1.1.2　我国的应急法律体系

我国已经建立各层级相应的、立法层级完整的应急法律体系。应急方面的立法分布在宪法、法律、行政法规、地方性法规、部门规章、地方政府规章各个层级法律文件中。

1.《中华人民共和国宪法》中关于突发事件应对的法律规定

《中华人民共和国宪法》条款主要涉及战争状态和紧急状态的决定和宣布，明确了国家机关行使紧急权力的宪法依据，确定了国家紧急权力必须依法行使的基本原则。

2018 年宪法修正案通过后，涉及战争状态和紧急状态的条款有：第六十二条、第六十七条、第八十条、第八十九条。

2. 法律层面的应急法律规范

法律层面制定了应对突发事件的基本法，即《中华人民共和国突发事件应对法》。

法律层面关于突发事件的立法有一部分是专门立法，包括：

（1）《中华人民共和国防震减灾法》；

（2）《中华人民共和国防沙治沙法》；

（3）《中华人民共和国防洪法》；

（4）《中华人民共和国传染病防治法》等。

多数立法并非关于突发事件预防和应对的专门立法，只是规定在部门管理法中，又具有很强的针对性。如：

（1）事故灾难类包括《中华人民共和国安全生产法》《中华人民共和国消防法》《中华人民共和国劳动法》《中华人民共和国煤炭法》；

（2）灾害类包括《中华人民共和国水法》《中华人民共和国森林法》；

（3）公共卫生事件类包括《中华人民共和国食品卫生法》《中华人民共和国国境卫生检疫法》《中华人民共和国动物防疫法》；

（4）社会安全事件类包括《中华人民共和国国家安全法》《中华人民共和国国防法》《中华人民共和国兵役法》《中华人民共和国人民防空法》等。

3. 行政法规、部门规章层面的应急法律规范

行政法规层面分布的专门性立法数量最多，包括：

(1)《破坏性地震应急条例》(国务院令 第172号)；

(2)《突发公共卫生事件应急条例》(国务院令 第376号)；

(3)《地质灾害防治条例》(国务院令 第394号)；

(4)《森林防火条例》(国务院令 第541号) 等。

4. 地方性法规与规章层面的应急法律规范

地方性法规数量最为庞大，规章的数量相对较少。地方性法规与规章的立法多数是实施性立法。此外，从国务院到地方各级人民政府还以《意见》《通知》等形式下发了大量内部文件，如：

(1)《国务院关于全面加强应急管理工作的意见》；

(2)《国务院办公厅关于加强基层应急管理工作的意见》等。

在立法之外，还建立了从中央到地方、从总体预案到专项预案和部门预案的突发事件应急预案体系，将立法规定具体化。

1.2 《中华人民共和国安全生产法》中有关应急管理的规定

为了加强安全生产工作，防止和减少生产安全事故，保障人民群众生命和财产安全，促进经济社会持续健康发展，《中华人民共和国安全生产法》由中华人民共和国第九届全国人民代表大会常务委员会第二十八次会议于2002年6月29日通过公布，自2002年11月1日起施行。

2014年8月31日第十二届全国人民代表大会常务委员会第十次会议通过全国人民代表大会常务委员会关于修改《中华人民共和国安全生产法》的决定，自2014年12月1日起施行。

2021年6月10日，中华人民共和国第十三届全国人民代表大会常务委员会第二十九次会议通过《全国人民代表大会常务委员会关于修改〈中华人民共和国安全生产法〉的决定》，自2021年9月1日起施行。

《中华人民共和国安全生产法》是我国第一部关于安全生产领域的综合法律，是安全生产的基本法。《中华人民共和国安全生产法》关于应急管理的规定主要在“第五章 生产安全事故的应急救援与调查处理”，共11条，主要规定了生产安全事故的应急救援、调查处理两方面的内容。

1.2.1 总体要求

国家加强生产安全事故应急能力建设，在重点行业、领域建立应急救援基地和应急救援队伍，鼓励生产经营单位和其他社会力量建立应急救援队伍，配备相应的应急救援装备和物资，提高应急救援的专业化水平。

国务院安全生产监督管理部门建立全国统一的生产安全事故应急救援信息系统，国务院有关部门建立健全相关行业、领域的生产安全事故应急救援信息系统。

县级以上地方各级人民政府安全生产监督管理部门应当定期统计分析本行政区域内发生生产安全事故的情况，并定期向社会公布。

1.2.2　提升综合应急能力

县级以上地方各级人民政府应当组织有关部门制定本行政区域内生产安全事故应急救援预案，建立应急救援体系。

生产经营单位应当制定本单位生产安全事故应急救援预案，与所在地县级以上地方人民政府组织制定的生产安全事故应急救援预案相衔接，并定期组织演练。危险物品的生产、经营、储存单位以及矿山、金属冶炼、城市轨道交通运营、建筑施工单位应当建立应急救援组织；生产经营规模较小的，可以不建立应急救援组织，但应当指定兼职的应急救援人员。

危险物品的生产、经营、储存、运输单位以及矿山、金属冶炼、城市轨道交通运营、建筑施工单位应当配备必要的应急救援器材、设备和物资，并进行经常性维护、保养，保证正常运转。

1.2.3　有效应对事故

生产经营单位发生生产安全事故后，事故现场有关人员应当立即报告本单位负责人。单位负责人接到事故报告后，应当迅速采取有效措施，组织抢救，防止事故扩大，减少人员伤亡和财产损失，并按照国家有关规定立即如实报告当地负有安全生产监督管理职责的部门，不得隐瞒不报、谎报或者迟报，不得故意破坏事故现场、毁灭有关证据。

这里的“国家有关规定”，主要涉及：

(1)《中华人民共和国安全生产法》；

(2)《中华人民共和国特种设备安全法》；

(3)《中华人民共和国突发事件应对法》；

(4)《生产安全事故报告和调查处理条例》(国务院令第493号)等。

以上法律、行政法规对单位负责人报告事故的时限、程序、内容等作了明确规定。

负有安全生产监督管理职责的部门接到事故报告后，应当立即按照国家有关规定上报事故情况。负有安全生产监督管理职责的部门和有关地方人民政府对事故情况不得隐瞒不报、谎报或者迟报，接到生产安全事故报告后，负责人应当按照生产安全事故应急救援预案的要求立即赶到事故现场，组织事故抢救。

参与事故抢救的部门和单位应当服从统一指挥，加强协同联动，采取有效的应急救援措施，并根据事故救援的需要采取警戒、疏散等措施，防止事故扩大和次生灾害的发生，减少人员伤亡和财产损失。

事故抢救过程中应当采取必要措施，避免或者减少对环境造成的危害。任何单位和个人都应当支持、配合事故抢救，并提供一切便利条件。

1.2.4 事故调查处理

事故调查处理应当按照科学严谨、依法依规、实事求是、注重实效的原则，及时、准确地查清事故原因，查明事故性质和责任，总结事故教训，提出整改措施，并对事故责任者提出处理意见。事故调查报告应当依法及时向社会公布。事故调查和处理的具体办法由国务院制定。事故发生单位应当及时全面落实整改措施，负有安全生产监督管理职责的部门应当加强监督检查。

生产经营单位发生生产安全事故，经调查确定为责任事故的，除了应当查明事故单位的责任并依法予以追究外，还应当查明对安全生产的有关事项负有审查批准和监督职责的行政部门的责任，对有失职、渎职行为的，依照规定追究法律责任。任何单位和个人不得阻挠和干涉对事故的依法调查处理。

1.3 《中华人民共和国突发事件应对法》

《中华人民共和国突发事件应对法》（以下简称《突发事件应对法》）由中华人民共和国第十届全国人民代表大会常务委员会第二十九次会议于2007年8月30日通过，自2007年11月1日起施行。

《突发事件应对法》是新中国第一部应对各类突发事件的综合性法律，与宪法规定的紧急状态和有关突发事件应急管理的其他法律做了衔接。

1.3.1 总体要求

1. 定义

突发事件，是指突然发生，造成或者可能造成严重社会危害，需要采取应急处置措施予以应对的自然灾害、事故灾难、公共卫生事件和社会安全事件。

2. 工作原则与机制

突发事件应对工作实行预防为主、预防与应急相结合的原则。国家建立重大突发事件风险评估体系，对可能发生的突发事件进行综合性评估，减少重大突发事件的发生，最大限度地减轻重大突发事件的影响。国家建立有效的社会动员机制，增强全民的公共安全和防范风险的意识，提高全社会的避险救助能力。

有关人民政府及其部门采取的应对突发事件的措施，应当与突发事件可能造成的社会危害的性质、程度和范围相适应；有多种措施可供选择的，应当选择有利于最大限度地保护公民、法人和其他组织权益的措施。

3. 应急管理体制

国家建立统一领导、综合协调、分类管理、分级负责、属地管理为主的应急管理体制。

国务院在总理领导下研究、决定和部署特别重大突发事件的应对工作；根据实际需要，设立国家突发事件应急指挥机构，负责突发事件应对工作；必要时，国务院可以派出工作组指导有关工作。

县级以上地方各级人民政府设立突发事件应急指挥机构，统一领导、协调本级人民政府各有关部门和下级人民政府开展突发事件应对工作；根据实际需要，设立相关类别突发事件应急指挥机构，组织、协调、指挥突发事件应对工作。

上级人民政府主管部门应当在各自职责范围内，指导、协助下级人民政府及其相应部门做好有关突发事件的应对工作。有关人民政府及其部门做出的应对突发事件的决定、命令，应当及时公布。

公民、法人和其他组织有义务参与突发事件应对工作。有关人民政府及其部门为应对突发事件，可以征用单位和个人的财产。被征用的财产在使用完毕或者突发事件应急处置工作结束后，应当及时返还。财产被征用或者征用后毁损、灭失的，应当给予补偿。

中国人民解放军、中国人民武装警察部队和民兵组织依照本法和其他有关法律、行政法规、军事法规的规定以及国务院、中央军事委员会的命令，参加突发事件的应急救援和处置工作。

1. 3. 2　预防与应急准备

1. 建立应急预案体系

国家建立健全突发事件应急预案体系。

国务院制定国家突发事件总体应急预案，组织制定国家突发事件专项应急预案；国务院有关部门根据各自的职责和国务院相关应急预案，制定国家突发事件部门应急预案。

地方各级人民政府和县级以上地方各级人民政府有关部门根据有关法律、法规、规章、上级人民政府及其有关部门的应急预案以及本地区的实际情况，制定相应的突发事件应急预案。

应急预案制定机关应当根据实际需要和情势变化，适时修订应急预案。应急预案的制定、修订程序由国务院规定。

2. 加强风险管控

县级以上政府应当对本行政区域内危险源、危险区域进行调查、登记、风险评估，定期进行检查、监控，并按国家规定及时向社会公布。

3. 排查消除隐患

所有单位应当建立健全安全管理制度，定期检查本单位各项安全防范措施的落实情况，及时消除事故隐患；对本单位可能发生的突发事件和采取安全防范措施的情况，应当按照规定及时向所在地人民政府或者人民政府有关部门报告。

矿山、建筑施工单位和易燃易爆物品、危险化学品、放射性物品等危险物品的生产、经营、储运、使用单位，应当制定具体应急预案，并对生产经营场所、有危险物品的建筑物、构筑物及周边环境开展隐患排查，及时采取措施消除隐患，防止发生突发事件。

4. 保障应急资源

城乡规划应当符合预防、处置突发事件的需要，统筹安排应对突发事件所必需的设备和基础设施建设，合理确定应急避难场所。

国务院和县级以上地方各级人民政府应当采取财政措施，保障突发事件应对工作所需经费。

公共交通工具、公共场所和其他人员密集场所的经营单位或者管理单位应当制定具体应急预案，为交通工具和有关场所配备报警装置和必要的应急救援设备、设施，注明其使用方法，并显著标明安全撤离的通道、路线，保证安全通道、出口的畅通。

有关单位应当定期检测、维护其报警装置和应急救援设备、设施，使其处于良好状态，确保正常使用。

国家建立健全应急物资储备保障制度，完善重要应急物资的监管、生产、储备、调拨和紧急配送体系。设区的市级以上人民政府和突发事件易发、多发地区的县级人民政府应当建立应急救援物资、生活必需品和应急处置装备的储备制度。县级以上地方各级人民政府应当根据本地区的实际情况，与有关企业签订协议，保障应急救援物资、生活必需品和应急处置装备的生产、供给。

国家建立健全应急通信保障体系，完善公用通信网，建立有线与无线相结合、基础电信网络与机动通信系统相配套的应急通信系统，确保突发事件应对工作的通信畅通。

国家鼓励公民、法人和其他组织为人民政府应对突发事件工作提供物资、资金、技术支持和捐赠。国家鼓励、扶持具备相应条件的教学科研机构培养应急管理专门人才，鼓励、扶持教学科研机构和有关企业研究开发用于突发事件预防、监测、预警、应急处置与救援的新技术、新设备和新工具。

5. 强化应急救援队伍

县级以上人民政府应当整合应急资源，建立或者确定综合性应急救援队伍。人民政府有关部门可以根据实际需要设立专业应急救援队伍。单位应当建立由本单位职工组成的专职或者兼职应急救援队伍。

县级以上人民政府应当加强专业应急救援队伍与非专业应急救援队伍的合作，联合培训、联合演练，提高合作应急、协同应急的能力。

国务院有关部门、县级以上地方各级人民政府及其有关部门、有关单位应当为专业应急救援人员购买人身意外伤害保险，配备必要的防护装备和器材，减少应急救援人员的人身风险。

6. 提升社会危机意识与应急能力

各级各类学校应当把应急知识教育纳入教学内容，对学生进行应急知识教育，培养学生的安全意识和自救与互救能力。

基层人民政府应当组织开展应急知识的宣传普及活动，新闻媒体应当无偿开展突发事件预防与应急、自救与互救知识的公益宣传。

基层人民政府、街道办事处、居民委员会、村民委员会、企业事业单位应当组织开展有关应急知识的宣传普及活动和必要的应急演练。

1.3.3　监测与预警

1. 突发事件信息收集

县级以上人民政府及其有关部门、专业机构应当通过多种途径收集突发事件信息。县级人民政府应当在居民委员会、村民委员会和有关单位建立专职或者兼职信息报告员制度。获悉突发事件信息的公民、法人或者其他组织，应当立即向所在地人民政府、有关主管部门或者指定的专业机构报告。

地方各级人民政府应当按照国家有关规定向上级人民政府报送突发事件信息。县级以上人民政府有关主管部门应当向本级人民政府相关部门通报突发事件信息。专业机构、监测网点和信息报告员应当及时向所在地人民政府及其有关主管部门报告突发事件信息。

县级以上地方各级人民政府应当及时汇总分析突发事件隐患和预警信息，必要时组织相关部门、专业技术人员、专家学者进行会商，对发生突发事件的可能性及其可能造成的影响进行评估。

2. 突发事件监测

县级以上人民政府及其有关部门应当根据自然灾害、事故灾难和公共卫生事件的种类和特点，建立健全基础信息数据库，完善监测网络，划分监测区域，确定监测点，明确监测项目，提供必要的设备、设施，配备专职或者兼职人员，对可能发生的突发事件进行监测。

3. 突发事件预警

预警级别的划分标准由国务院或者国务院确定的部门制定。可以预警的自然灾害、事故灾难和公共卫生事件的预警级别，按照突发事件发生的紧急程度、发展势态和可能造成的危害程度分为一级、二级、三级和四级，分别用红色、橙色、黄色和蓝色标示，一级为最高级别。

可以预警的自然灾害、事故灾难或者公共卫生事件即将发生或者发生的可能性增大时，县级以上地方各级人民政府应当根据有关法律、行政法规和国务院规定的权限和程序，发布相应级别的警报，决定并宣布有关地区进入预警期，同时向上一级人民政府报告，必要时可以越级上报，并向当地驻军和可能受到危害的毗邻或者相关地区的人民政府通报。

发布突发事件警报的人民政府应当根据事态的发展，按照有关规定适时调整预警级别并重新发布。有事实证明不可能发生突发事件或者危险已经解除的，发布警报的人民政府应当立即宣布解除警报，终止预警期，并解除已经采取的有关措施。

1.3.4 应急处置与救援

1. 应急处置措施

自然灾害、事故灾难或者公共卫生事件发生后，履行统一领导职责的人民政府可以采取下列一项或者多项应急处置措施：

(1) 组织营救和救治受害人员，疏散、撤离并妥善安置受到威胁的人员以及采取其他救助措施；

(2) 迅速控制危险源，标明危险区域，封锁危险场所，划定警戒区，实行交通管制以及其他控制措施；

(3) 立即抢修被损坏的交通、通信、供水、排水、供电、供气、供热等公共设施，向受到危害的人员提供避难场所和生活必需品，实施医疗救护和卫生防疫以及其他保障措施；

(4) 禁止或者限制使用有关设备、设施，关闭或者限制使用有关场所，中止人员密集的活动或者可能导致危害扩大的生产经营活动以及采取其他保护措施；

(5) 启用本级人民政府设置的财政预备费和储备的应急救援物资，必要时调用其他急需物资、设备、设施、工具；

(6) 组织公民参加应急救援和处置工作，要求具有特定专长的人员提供服务；

(7) 保障食品、饮用水、燃料等基本生活必需品的供应；

(8) 依法从严惩处囤积居奇、哄抬物价、制假售假等扰乱市场秩序的行为，稳定市场价格，维护市场秩序；

(9) 依法从严惩处哄抢财物、干扰破坏应急处置工作等扰乱社会秩序的行为，维护社会治安；

(10) 采取防止发生次生、衍生事件的必要措施。

2. 协调工作

履行统一领导职责或者组织处置突发事件的人民政府，应当组织协调运输经营单位，优先运送处置突发事件所需物资、设备、工具、应急救援人员和受到突发事件危害的人员，必要时可以向单位和个人征用应急救援所需设备、设施、场地、交通工具和其他物资，请求其他地方人民政府提供人力、物力、财力或者技术支援，要求生产、供应生活必需品和应急救援物资的企业组织生产、保证供给，要求提供医疗、交通等公共服务的组织提供相应的服务。

3. 信息发布

履行统一领导职责或者组织处置突发事件的人民政府，应当按照有关规定统一、准确、及时发布有关突发事件事态发展和应急处置工作的信息。任何单位和个人不得编造、传播有关突发事件事态发展或者应急处置工作的虚假信息。

4. 各单位应急工作

受到自然灾害危害或者发生事故灾难、公共卫生事件的单位，应当立即组织本单位应急救援队伍和工作人员营救受害人员，疏散、撤离、安置受到威胁的人员，控制危险源，标明危险区域，封锁危险场所，并采取其他防止危害扩大的必要措施，同时向所在地县级人民政府报告；对因本单位的问题引发的或者主体是本单位人员的社会安全事件，有关单位应当按照规定上报情况，并迅速派出负责人赶赴现场开展劝诫、疏导工作。

突发事件发生地的其他单位应当服从人民政府发布的决定、命令，配合人民政府采取的应急处置措施，做好本单位的应急救援工作，并积极组织人员参加所在地的应急救援和处置工作。

1.3.5 事后恢复与重建

1. 及时停止应急措施

突发事件的威胁和危害得到控制或者消除后，履行统一领导职责或者组织处置突发事件的人民政府应当停止执行采取的应急处置措施，同时采取或者继续实施必要措施，防止发生自然灾害、事故灾难、公共卫生事件的次生、衍生事件或者重新引发社会安全事件。

2. 恢复重建

突发事件应急处置工作结束后，履行统一领导职责的人民政府应当立即组织对突发事件造成的损失进行评估，组织受影响地区尽快恢复生产、生活、工作和社会秩序，制定恢复重建计划，并向上一级人民政府报告。

受突发事件影响地区的人民政府应当及时组织和协调公安、交通、铁路、民航、邮电、建设等有关部门恢复社会治安秩序，尽快修复被损坏的交通、通信、供水、排水、供电、供气、供热等公共设施。

3. 指导与援助

受突发事件影响地区的人民政府开展恢复重建工作需要上一级人民政府支持的，可以向上一级人民政府提出请求。上一级人民政府应当根据受影响地区遭受的损失和实际情况，提供资金、物资支持和技术指导，组织其他地区提供资金、物资和人力支援。

国务院根据受突发事件影响地区遭受损失的情况，制定扶持该地区有关行业发展的优惠政策。

1.3.6 法律责任

1. 行政机关及人员责任

地方各级人民政府和县级以上各级人民政府有关部门违反本法规定，不履行法定职责的，由其上级行政机关或者监察机关责令改正；有下列情形之一的，根据情节对直接负责的主管人员和其他直接责任人员依法给予处分：

（1）未按规定采取预防措施，导致发生突发事件，或者未采取必要的防范措施，导致发生次生、衍生事件的；

（2）迟报、谎报、瞒报、漏报有关突发事件的信息，或者通报、报送、公布虚假信息，造成后果的；

（3）未按规定及时发布突发事件警报、采取预警期的措施，导致损害发生的；

（4）未按规定及时采取措施处置突发事件或者处置不当，造成后果的；

（5）不服从上级人民政府对突发事件应急处置工作的统一领导、指挥和协调的；

（6）未及时组织开展生产自救、恢复重建等善后工作的；

（7）截留、挪用、私分或者变相私分应急救援资金、物资的；

（8）不及时归还征用的单位和个人的财产，或者对被征用财产的单位和个人不按规定给予补偿的。

2. 有关单位及个人责任

有关单位有下列情形之一的，由所在地履行统一领导职责的人民政府责令停产停业，暂扣或者吊销许可证或者营业执照，并处五万元以上二十万元以下的罚款；构成违反治安管理行为的，由公安机关依法给予处罚：

（1）未按规定采取预防措施，导致发生严重突发事件的；

（2）未及时消除已发现的可能引发突发事件的隐患，导致发生严重突发事件的；

（3）未做好应急设备、设施日常维护、检测工作，导致发生严重突发事件或者突发事件危害扩大的；

（4）突发事件发生后，不及时组织开展应急救援工作，造成严重后果的；

（5）单位或者个人违反规定，不服从所在地人民政府及其有关部门发布的决定、命令或者不配合其依法采取的措施，构成违反治安管理行为的，由公安机关依法给予处罚；

（6）单位或者个人违反规定，导致突发事件发生或者危害扩大，给他人人身、财产造成损害的，应当依法承担民事责任。

3. 编造并传播虚假信息的责任

违反本法规定，编造并传播有关突发事件事态发展或者应急处置工作的虚假信息，或者明知是有关突发事件事态发展或者应急处置工作的虚假信息而进行传播的，责令改正，给予警告；造成严重后果的，依法暂停其业务活动或者吊销其执业许可证；负有直接责任的人员是国家工作人员的，还应当对其依法给予处分；构成违反治安管理行为的，由公安机关依法给予处罚。

4. 刑事责任

违反规定并构成犯罪的，依法追究刑事责任。

1.4 《生产安全事故应急条例》

《生产安全事故应急条例》已经2018年12月5日国务院第33次常务会议通过，现予公布，自2019年4月1日起施行。

生产经营单位应当加强生产安全事故应急工作，建立、健全生产安全事故应急工作责任制，其主要负责人对本单位的生产安全事故应急工作全面负责。

1.4.1 应急准备

1. 制定应急救援预案

生产经营单位应当针对本单位可能发生的生产安全事故的特点和危害，进行风险辨识和评估，制定相应的生产安全事故应急救援预案，并向本单位从业人员公布。

生产安全事故应急救援预案应当符合有关法律、法规、规章和标准的规定，具有科学性、针对性和可操作性，明确规定应急组织体系、职责分工以及应急救援程序和措施。

易燃易爆物品、危险化学品等危险物品的生产、经营、储存、运输单位，矿山、金属冶炼、城市轨道交通运营、建筑施工单位，以及宾馆、商场、娱乐场所、旅游景区等人员密集场所经营单位，应当将其制定的生产安全事故应急救援预案按照国家有关规定报送县级以上人民政府负有安全生产监督管理职责的部门备案，并依法向社会公布。同时，应当至少每半年组织1次生产安全事故应急救援预案演练，并将演练情况报送所在地县级以上地方人民政府负有安全生产监督管理职责的部门。

县级以上地方人民政府负有安全生产监督管理职责的部门应当对本行政区域内规定的重点生产经营单位的生产安全事故应急救援预案演练进行抽查；发现演练不符合要求的，应当责令限期改正。

2. 组建应急救援队伍

县级以上人民政府应当加强对生产安全事故应急救援队伍建设的统一规划、组织和指导。县级以上人民政府负有安全生产监督管理职责的部门根据生产安全事故应急工作的实际需要，在重点行业、领域单独建立或者依托有条件的生产经营单位、社会组织共同建立应急救援队伍。国家鼓励和支持生产经营单位和其他社会力量建立提供社会化应急救援服务的应急救援队伍。

易燃易爆物品、危险化学品等危险物品的生产、经营、储存、运输单位，矿山、金属冶炼、城市轨道交通运营、建筑施工单位，以及宾馆、商场、娱乐场所、旅游景区等人员密集场所经营单位，应当建立应急救援队伍，并根据本单位可能发生的生产安全事故的特点和危害，配备必要的灭火、排水、通风以及危险物品稀释、掩埋、收集等应急救援器材、设备和物资，并进行经常性维护、保养，保证正常运转；其中，小型企业或者微型企业等规模较小的生产经营单位，可以不建立应急救援队伍，但应当指定兼职的应急救援人员，并且可以与邻近的应急救援队伍签订应急救援协议。工业园区、开发区等产业聚集区域内的生产经营单位，可以联合建立应急救援队伍。

生产经营单位应当及时将本单位应急救援队伍建立情况按照国家有关规定报送县级以上人民政府负有安全生产监督管理职责的部门，并依法向社会公布。

应急救援队伍应当配备必要的应急救援装备和物资，并定期组织训练。应急救援队伍建立单位或者兼职应急救援人员所在单位应当按照国家有关规定对应急救援人员进行培训；应急救援人员应当具备必要的专业知识、技能、身体素质和心理素质，经培训合格后，方可参加应急救援工作。

生产经营单位应当对从业人员进行应急教育和培训，保证从业人员具备必要的应急知识，掌握风险防范技能和事故应急措施。

3. 建立应急值班制度

下列单位应当建立应急值班制度，配备应急值班人员：

(1) 县级以上人民政府及其负有安全生产监督管理职责的部门；

(2) 危险物品的生产、经营、储存、运输单位以及矿山、金属冶炼、城市轨道交通运营、建筑施工单位；

（3）应急救援队伍。

规模较大、危险性较高的易燃易爆物品、危险化学品等危险物品的生产、经营、储存、运输单位应当成立应急处置技术组，实行 24h 应急值班。

1.4.2 应急救援

发生生产安全事故后，生产经营单位应当立即启动生产安全事故应急救援预案，采取下列一项或者多项应急救援措施，并按照国家有关规定报告事故情况：

（1）迅速控制危险源，组织抢救遇险人员；

（2）根据事故危害程度，组织现场人员撤离或者采取可能的应急措施后撤离；

（3）及时通知可能受到事故影响的单位和人员；

（4）采取必要措施，防止事故危害扩大和次生、衍生灾害发生；

（5）根据需要请求临近的应急救援队伍参加救援，并向参加救援的应急救援队伍提供相关技术资料、信息和处置方法；

（6）维护事故现场秩序，保护事故现场和相关证据；

（7）法律、法规规定的其他应急救援措施。

应急救援队伍接到有关人民政府及其部门的救援命令或者签有应急救援协议的生产经营单位的救援请求后，应当立即参加生产安全事故应急救援。

应急救援队伍根据救援命令参加生产安全事故应急救援所耗费用，由事故责任单位承担；事故责任单位无力承担的，由有关人民政府协调解决。

发生生产安全事故后，有关人民政府认为有必要的，可以设立由本级人民政府及其有关部门负责人、应急救援专家、应急救援队伍负责人、事故发生单位负责人等人员组成的应急救援现场指挥部，并指定现场指挥部总指挥。现场指挥部实行总指挥负责制，按照本级人民政府的授权组织制定并实施生产安全事故现场应急救援方案，协调、指挥有关单位和个人参加现场应急救援。

参加生产安全事故现场应急救援的单位和个人应当服从现场指挥部的统一指挥。

生产安全事故发生地人民政府应当为应急救援人员提供必需的后勤保障，并组织通信、交通运输、医疗卫生、气象、水文、地质、电力、供水等单位协助应急救援。

现场指挥部或者统一指挥生产安全事故应急救援的人民政府及其有关部门应当完整、准确地记录应急救援的重要事项，妥善保存相关原始资料和证据。

1.4.3 法律责任

生产经营单位未制定生产安全事故应急救援预案、未定期组织应急救援预案演练、未对从业人员进行应急教育和培训，生产经营单位的主要负责人在本单位发生生产安全事故时不立即组织抢救的，由县级以上人民政府负有安全生产监督管理职责的部门依照《中华人民共和国安全生产法》有关规定追究法律责任。

生产经营单位未对应急救援器材、设备和物资进行经常性维护、保养，导致发生严重生产安全事故或者生产安全事故危害扩大，或者在本单位发生生产安全事故后未立即采取相应的应急救援措施，造成严重后果的，由县级以上人民政府负有安全生产监督管理职责的部门依照《中华人民共和国突发事件应对法》有关规定追究法律责任。

生产经营单位未将生产安全事故应急救援预案报送备案、未建立应急值班制度或者配备应急值班人员的，由县级以上人民政府负有安全生产监督管理职责的部门责令限期改正；逾期未改正的，处三万元以上五万元以下的罚款，对直接负责的主管人员和其他直接责任人员处一万元以上两万元以下的罚款。

1.5 应急管理部门规章

1.5.1 《突发事件应急预案管理办法》

2013 年 10 月 25 日，国务院办公厅以国办发〔2013〕101 号印发《突发事件应急预案管理办法》，自印发之日起施行。该办法是贯彻实施《中华人民共和国突发事件应对法》、加强应急管理工作、深入推进应急预案体系建设的重要举措。

1. 总体要求

应急预案，是指各级人民政府及其部门、基层组织、企事业单位、社会团体等为依法、迅速、科学、有序应对突发事件，最大限度减少突发事件及其造成的损害而预先制定的工作方案。

应急预案管理遵循统一规划、分类指导、分级负责、动态管理的原则。

2. 分类和内容

(1) 行政机关应急预案

应急预案按照制定主体划分，分为政府及其部门应急预案、单位和基层组织应急预案两大类。政府及其部门应急预案由各级人民政府及其部门制定，包括总体应急预案、专项应急预案、部门应急预案等。

总体应急预案是应急预案体系的总纲，是政府组织应对突发事件的总体制度安排，由县级以上各级人民政府制定。

专项应急预案是政府为应对某一类型或某几种类型突发事件，或者针对重要目标物保护、重大活动保障、应急资源保障等重要专项工作而预先制定的涉及多个部门职责的工作方案，由有关部门牵头制定，报本级人民政府批准后印发实施。

部门应急预案是政府有关部门根据总体应急预案、专项应急预案和部门职责，为应对本部门（行业、领域）突发事件，或者针对重要目标物保护、重大活动保障、应急资源保障等涉及部门工作而预先制定的工作方案，由各级政府有关部门制定。

（2）其他单位应急预案

单位和基层组织应急预案由机关、企业、事业单位、社会团体和居委会、村委会等法人和基层组织制定，侧重明确应急响应责任人、风险隐患监测、信息报告、预警响应、应急处置、人员疏散撤离组织和路线、可调用或可请求援助的应急资源情况及如何实施等，体现自救互救、信息报告和先期处置特点。

大型企业集团可根据相关标准规范和实际工作需要，参照国际惯例，建立本单位应急预案体系。

政府及其部门、有关单位和基层组织可根据应急预案，并针对突发事件现场处置工作灵活制定现场工作方案，侧重明确现场组织指挥机制、应急救援队伍分工、不同情况下的应对措施、应急装备保障和自我保障等内容。同时，可结合具体情况，编制应急预案操作手册，内容一般包括风险隐患分析、处置工作程序、响应措施、应急救援队伍和装备物资情况，以及相关单位联络人员和电话等。

3. 预案编制

各级人民政府应当针对本行政区域多发易发突发事件、主要风险等，制定本级政府及其部门应急预案编制规划，并根据实际情况变化适时修订完善。单位和基层组织可根据应对突发事件需要，制定本单位、本基层组织应急预案编制计划。

编制应急预案应当在开展风险评估和应急资源调查的基础上进行。

（1）风险评估。针对突发事件特点，识别事件的危害因素，分析事件可能产生的直接后果以及次生、衍生后果，评估各种后果的危害程度，提出控制风险、治理隐患的措施。

（2）应急资源调查。全面调查本地区、本单位第一时间可调用的应急救援队伍、装备、物资、场所等应急资源状况和合作区域内可请求援助的应急资源状况，必要时对本地居民应急资源情况进行调查，为制定应急响应措施提供依据。

4. 审批、备案和公布

预案编制工作小组或牵头单位应当将预案送审稿及各有关单位复函和意见采纳情况说明、编制工作说明等有关材料报送应急预案审批单位。单位和基层组织应急预案须经本单位或基层组织主要负责人或分管负责人签发，审批方式根据实际情况确定。

5. 应急演练

应急预案编制单位应当建立应急演练制度，根据实际情况采取实战演练、桌面推演等方式，组织开展人员广泛参与、处置联动性强、形式多样、节约高效的应急演练。

应急演练组织单位应当组织演练评估。评估的主要内容包括：演练的执行情况，预案的合理性与可操作性，指挥协调和应急联动情况，应急人员的处置情况，演练所用设备装备的适用性，对完善预案、应急准备、应急机制、应急措施等方面的意见和建议等。

鼓励委托第三方进行演练评估。

6. 评估和修订

有下列情形之一的，应当及时修订应急预案：

（1）有关法律、行政法规、规章、标准、上位预案中的有关规定发生变化的；

（2）应急指挥机构及其职责发生重大调整的；

（3）面临的风险发生重大变化的；

（4）重要应急资源发生重大变化的；

（5）预案中的其他重要信息发生变化的；

（6）在突发事件实际应对和应急演练中发现问题需要做出重大调整的；

（7）应急预案制定单位认为应当修订的其他情况。

7. 培训和宣传教育

应急预案编制单位应当通过编发培训材料、举办培训班、开展工作研讨等方式，对与应急预案实施密切相关的管理人员和专业救援人员等组织开展应急预案培训。

8. 组织保障

各级政府及其有关部门、各有关单位要指定专门机构和人员负责相关具体工作，将应急预案规划、编制、审批、发布、演练、修订、培训、宣传教育等工作所需经费纳入预算统筹安排。

1.5.2 《企业安全生产应急管理九条规定》[1]

2015 年 1 月 30 日，国家安全生产监督管理总局发布第 74 号令，颁布实施《企业安全生产应急管理九条规定》。该规定针对关键问题，进一步提出了具体意见和要求。

（1）必须落实企业主要负责人是安全生产应急管理第一责任人的工作责任

[1] 2017 年 3 月 6 日国家安全生产监督管理总局令废止企业安全生产应急管理九条规定。

制，层层建立安全生产应急管理责任体系。

（2）必须依法设置安全生产应急管理机构，配备专职或者兼职安全生产应急管理人员，建立应急管理工作制度。

（3）必须依法建立专（兼）职应急救援队伍或与邻近专职救援队签订救援协议，配备必要的应急装备、物资，危险作业必须有专人监护。

（4）必须在风险评估的基础上，编制与当地政府及相关部门相衔接的应急预案，重点岗位制定应急处置卡，每年至少组织一次应急演练。

（5）必须开展从业人员岗位应急知识教育和自救互救、避险逃生技能培训，并定期组织考核。

（6）必须向从业人员告知作业岗位、场所危险因素和险情处置要点，高风险区域和重大危险源必须设立明显标识，并确保逃生通道畅通。

（7）必须落实从业人员在发现直接危及人身安全的紧急情况时停止作业，或在采取可能的应急措施后撤离作业场所的权利。

（8）必须在险情或事故发生后第一时间做好先期处置，及时采取隔离和疏散措施，并按规定立即如实向当地政府及有关部门报告。

（9）必须每年对应急投入、应急准备、应急处置与救援等工作进行总结评估。

1.5.3 《生产安全事故应急预案管理办法》

为了规范生产安全事故应急预案管理工作，迅速有效处置生产安全事故，依据《中华人民共和国突发事件应对法》《中华人民共和国安全生产法》等法律和《突发事件应急预案管理办法》，国家安全生产监督管理总局于 2009 年 4 月 1 日发布《生产安全事故应急预案管理办法》，自 2009 年 5 月 1 日起施行，并分别于 2016 年和 2019 年进行两次修订，最后修订版于 2019 年 9 月 1 日起施行。

1. 总体要求

生产经营单位主要负责人负责组织编制和实施本单位的应急预案，并对应急预案的真实性和实用性负责；各分管负责人应当按照职责分工落实应急预案规定的职责。生产经营单位应急预案分为综合应急预案、专项应急预案和现场处置方案。

综合应急预案，是指生产经营单位为应对各种生产安全事故而制定的综合性工作方案，是本单位应对生产安全事故的总体工作程序、措施和应急预案体系的总纲。

专项应急预案，是指生产经营单位为应对某一种或者多种类型生产安全事故，或者针对重要生产设施、重大危险源、重大活动防止生产安全事故而制定的专项性工作方案。

现场处置方案，是指生产经营单位根据不同生产安全事故类型，针对具体场所、装置或者设施所制定的应急处置措施。

2. 应急预案编制

编制应急预案应当成立编制工作小组，由本单位有关负责人任组长，吸收与应急预案有关的职能部门和单位的人员，以及有现场处置经验的人员参加。

编制应急预案前，编制单位应当进行事故风险辨识、评估和应急资源调查。

(1) 事故风险辨识、评估

针对不同事故种类及特点，识别存在的危险、危害因素，分析事故可能产生的直接后果以及次生、衍生后果，评估各种后果的危害程度和影响范围，提出防范和控制事故风险措施的过程。

(2) 应急资源调查

全面调查本地区、本单位第一时间可以调用的应急资源状况和合作区域内可以请求援助的应急资源状况，并结合事故风险辨识评估结论制定应急措施的过程。

(3) 综合应急预案

生产经营单位风险种类多、可能发生多种类型事故的，应当组织编制综合应急预案。综合应急预案应当规定应急组织机构及其职责、应急预案体系、事故风险描述、预警及信息报告、应急响应、保障措施、应急预案管理等内容。

(4) 专项应急预案

对于某一种或者多种类型的事故风险，生产经营单位可以编制相应的专项应急预案，或将专项应急预案并入综合应急预案。专项应急预案应当规定应急指挥机构与职责、处置程序和措施等内容。

(5) 现场处置方案

对于危险性较大的场所、装置或者设施，生产经营单位应当编制现场处置方案。现场处置方案应当规定应急工作职责、应急处置措施和注意事项等内容。事故风险单一、危险性小的生产经营单位，可以只编制现场处置方案。

(6) 应急处置卡

生产经营单位应当在编制应急预案的基础上，针对工作场所、岗位的特点，编制简明、实用、有效的应急处置卡。应急处置卡应当规定重点岗位、人员的应急处置程序和措施，以及相关联络人员和联系方式，便于从业人员携带。

(7) 应急预案的衔接

生产经营单位应急预案应当包括向上级应急管理机构报告的内容、应急组织机构和人员的联系方式、应急物资储备清单等附件信息。附件信息发生变化时，应当及时更新，确保准确有效。

生产经营单位组织应急预案编制过程中，应当根据法律、法规、规章的规定或者实际需要，征求相关应急救援队伍、公民、法人或者其他组织的意见。

生产经营单位编制的各类应急预案之间应当相互衔接，并与相关人民政府及其部门、应急救援队伍和涉及的其他单位的应急预案相衔接。

3. 应急预案评审

矿山、金属冶炼企业和易燃易爆物品、危险化学品的生产、经营（带储存设施的，下同）、储存、运输企业，以及使用危险化学品达到国家规定数量的化工企业、烟花爆竹生产、批发经营企业和中型规模以上的其他生产经营单位，应当对本单位编制的应急预案进行评审，并形成书面评审纪要。

（1）评审人员

参加应急预案评审的人员应当包括有关安全生产及应急管理方面的专家。评审人员与所评审应急预案的生产经营单位有利害关系的，应当回避。

（2）评审内容

应急预案的评审或者论证应当注重基本要素的完整性、组织体系的合理性、应急处置程序和措施的针对性、应急保障措施的可行性、应急预案的衔接性等内容。

4. 应急预案公布

生产经营单位的应急预案经评审或者论证后，由本单位主要负责人签署，向本单位从业人员公布，并及时发放到本单位有关部门、岗位和相关应急救援队伍。

事故风险可能影响周边其他单位、人员的，生产经营单位应当将有关事故风险的性质、影响范围和应急防范措施告知周边的其他单位和人员。

5. 应急预案备案

（1）备案单位

易燃易爆物品、危险化学品等危险物品的生产、经营、储存、运输单位，矿山、金属冶炼、城市轨道交通运营、建筑施工单位，以及宾馆、商场、娱乐场所、旅游景区等人员密集场所经营单位，应当在应急预案公布之日起 20 个工作日内，按照分级属地原则，向县级以上人民政府应急管理部门和其他负有安全生产监督管理职责的部门进行备案，并依法向社会公布。

属于中央企业的，其总部（上市公司）的应急预案，报国务院主管的负有安全生产监督管理职责的部门备案，并抄送应急管理部；其所属单位的应急预案报所在地的省、自治区、直辖市或者设区的市级人民政府主管的负有安全生产监督管理职责的部门备案，并抄送同级人民政府应急管理部门。

不属于中央企业的，其中非煤矿山、金属冶炼和危险化学品生产、经营、储存、运输企业，以及使用危险化学品达到国家规定数量的化工企业、烟花爆竹生产、批发经营企业的应急预案，按照隶属关系报所在地县级以上地方人民政府应急管理部门备案。

此外，油气输送管道运营单位的应急预案，还应当抄送所经行政区域的县级人民政府应急管理部门；海洋石油开采企业的应急预案，还应当抄送所经行政区域的县级人民政府应急管理部门和海洋石油安全监管机构。

（2）申报材料

1）应急预案备案申报表；

2）应急预案评审意见；

3）应急预案电子文档；

4）风险评估结果和应急资源调查清单。

（3）备案登记

受理备案登记的负有安全生产监督管理职责的部门应当在5个工作日内对应急预案材料进行核对。材料齐全的，应当予以备案并出具应急预案备案登记表；材料不齐全的，不予备案并一次性告知需要补齐的材料。逾期不予备案又不说明理由的，视为已经备案。

对于实行安全生产许可的生产经营单位，已经进行应急预案备案的，在申请安全生产许可证时，可以不提供相应的应急预案，仅提供应急预案备案登记表。

各级人民政府负有安全生产监督管理职责的部门应当建立应急预案备案登记建档制度，指导、督促生产经营单位做好应急预案的备案登记工作。

6. 应急预案实施

（1）应急预案宣传与培训

各级人民政府应急管理部门、各类生产经营单位应当采取多种形式开展应急预案的宣传教育，普及生产安全事故避险、自救和互救知识，提高从业人员和社会公众的安全意识与应急处置技能。

生产经营单位应当组织开展本单位的应急预案、应急知识、自救互救和避险逃生技能的培训活动，使有关人员了解应急预案内容，熟悉应急职责、应急处置程序和措施。应急培训的时间、地点、内容、师资、参加人员和考核结果等情况应当如实记入本单位的安全生产教育和培训档案。

（2）应急演练

生产经营单位应当制定本单位的应急预案演练计划，根据本单位的事故风险特点，每年至少组织一次综合应急预案演练或者专项应急预案演练，每半年至少组织一次现场处置方案演练。

易燃易爆物品、危险化学品等危险物品的生产、经营、储存、运输单位，矿山、金属冶炼、城市轨道交通运营、建筑施工单位，以及宾馆、商场、娱乐场所、旅游景区等人员密集场所经营单位，应当至少每半年组织一次生产安全事故应急预案演练，并将演练情况报送所在地县级以上地方人民政府负有安全生产监督管理职责的部门。

应急预案演练结束后，应急预案演练组织单位应当对应急预案演练效果进行评估，撰写应急预案演练评估报告，分析存在的问题，并对应急预案提出修订意见。

（3）应急预案评估

应急预案编制单位应当建立应急预案定期评估制度，对预案内容的针对性和实用性进行分析，并对应急预案是否需要修订做出结论。

矿山、金属冶炼、建筑施工企业和易燃易爆物品、危险化学品等危险物品的生产、经营、储存、运输企业、使用危险化学品达到国家规定数量的化工企业、烟花爆竹生产、批发经营企业和中型规模以上的其他生产经营单位，应当每 3 年进行一次应急预案评估。

应急预案评估可以邀请相关专业机构或者有关专家、有实际应急救援工作经验的人员参加，必要时可以委托安全生产技术服务机构实施。

（4）应急预案修订

应急预案修订涉及组织指挥体系与职责、应急处置程序、主要处置措施、应急响应分级等内容变更的，修订工作应当参照应急预案编制程序进行，并按照有关应急预案报备程序重新备案。

（5）应急预案的执行

生产经营单位应当按照应急预案的规定，落实应急指挥体系、应急救援队伍、应急物资及装备，建立应急物资、装备配备及其使用档案，并对应急物资、装备进行定期检测和维护，使其处于适用状态。

生产经营单位发生事故时，应当第一时间启动应急响应，组织有关力量进行救援，并按照规定将事故信息及应急响应启动情况报告事故发生地县级以上人民政府应急管理部门和其他负有安全生产监督管理职责的部门。

生产安全事故应急处置和应急救援结束后，事故发生单位应当对应急预案实施情况进行总结评估。

1.6 《城镇燃气管理条例》及规范中关于应急的规定

1.6.1 《城镇燃气管理条例》

2010 年 10 月 19 日，《城镇燃气管理条例》由国务院第 129 次常务会议通过（国务院令 第 583 号公布），自 2011 年 3 月 1 日起实施。2016 年 2 月 6 日，国务院令 第 666 号《国务院关于修改部分行政法规的决定》，对该条例进行了修改。

1. 总体要求

县级以上地方人民政府应当建立健全燃气应急储备制度，组织编制燃气应急预案，采取综合措施提高燃气应急保障能力。燃气应急预案应当明确燃气应急气源和种类、应急供应方式、应急处置程序和应急救援措施等内容。

燃气管理部门应当会同有关部门制定燃气安全事故应急预案，建立燃气事故统计分析制度，定期通报事故处理结果。

管道燃气经营者对其供气范围内的市政燃气设施、建筑区划内业主专有部分以外的燃气设施，承担运行、维护、抢修和更新改造的责任。燃气经营者应当制定本单位燃气安全事故应急预案，配备应急人员和必要的应急装备、器材，并定期组织演练。

2. 燃气供应保障

县级以上地方人民政府燃气管理部门应当会同有关部门对燃气供求状况实施监测、预测和预警。燃气供应严重短缺、供应中断等突发事件发生后，县级以上地方人民政府应当及时采取动用储备、紧急调度等应急措施，燃气经营者以及其他有关单位和个人应当予以配合，承担相关应急任务。

3. 燃气风险管控

燃气管理部门以及其他有关部门和单位应当根据各自职责，对燃气经营、燃气使用的安全状况等进行监督检查，发现燃气安全事故隐患的，应当通知燃气经营者、燃气用户及时采取措施消除隐患；不及时消除隐患可能严重威胁公共安全的，燃气管理部门以及其他有关部门和单位应当依法采取措施，及时组织消除隐患，有关单位和个人应当予以配合。

燃气经营者应当建立健全燃气安全评估和风险管理体系，发现燃气安全事故隐患的，应当及时采取措施消除隐患。

4. 信息公布

管道燃气经营者因施工、检修等原因需要临时调整供气量或者暂停供气的，应当将作业时间和影响区域提前48h予以公告或者书面通知燃气用户，并按照有关规定及时恢复正常供气；因突发事件影响供气的，应当采取紧急措施并及时通知燃气用户。

5. 停业、歇业

燃气经营者停业、歇业的，应当事先对其供气范围内的燃气用户的正常用气做出妥善安排，并在90个工作日前向所在地燃气管理部门报告，经批准方可停业、歇业。

（1）有下列情况之一的，燃气管理部门应当采取措施，保障燃气用户的正常用气：

（2）管道燃气经营者临时调整供气量或者暂停供气未及时恢复正常供气的；

（3）管道燃气经营者因突发事件影响供气未采取紧急措施的；

（4）燃气经营者擅自停业、歇业的；

（5）燃气管理部门依法撤回、撤销、注销、吊销燃气经营许可的。

6. 应急反应

任何单位和个人发现燃气安全事故或者燃气安全事故隐患等情况，应当立即告知燃气经营者，或者向燃气管理部门、公安机关消防机构等有关部门和单位报告。燃气安全事故发生后，燃气经营者应当立即启动本单位燃气安全事故应急预案，组织抢险、抢修。

燃气安全事故发生后，燃气管理部门、安全生产监督管理部门和公安机关消防机构等有关部门和单位，应当根据各自职责，立即采取措施防止事故扩大，根据有关情况启动燃气安全事故应急预案。

1.6.2 《城镇燃气设施运行、维护和抢修安全技术规程》

1. 总体要求

城镇燃气供应单位应做到：

（1）制定燃气生产安全事故应急预案。

（2）建立、健全安全生产管理制度及运行、维护、抢修操作规程。

（3）根据供应规模设立抢修机构和配备必要的抢修车辆、抢修设备、抢修器材、通信设备、防护用具、消防器材、检测仪器等装备，并应保证设备处于良好状态。

（4）配备专职安全管理人员，抢修人员应 24h 值班；设置并向社会公布 24h 报修电话。

（5）当发生中毒、火灾、爆炸事故，危及燃气设施和周围人身财产安全时，应协助公安、消防及其他有关部门进行抢救、保护现场和疏散人员。

2. 现场管理

抢修人员到达现场后，应根据燃气泄漏程度和气象条件等确定警戒区、设立警示标志。在警戒区内应管制交通，严禁烟火，无关人员不得留在现场，并应随时监测周围环境的燃气浓度。

抢修人员应佩戴职责标志。进入作业区前应按规定穿戴防静电服、鞋及防护用具，并严禁在作业区内穿脱和摘戴。作业现场应有专人监护，严禁单独操作。

抢修时，与作业相关的控制阀门应有专人值守，并应监视管道内的压力。

人员进入燃气调压室、压缩机房、计量室、瓶组气化间、阀室、阀门井和检查井等场所前，应先检查所进场所是否有燃气泄漏；人员在进入地下调压室、阀门井、检查井内作业前，还应检查其他有害气体及氧气的浓度，确认安全后方可进入。作业过程中应有专人监护，并应轮换操作。

3. 抢修作业

燃气设施泄漏的抢修宜在降压或停气后进行。

当燃气设施发生火灾时，应采取切断气源或降低压力等方法控制火势，并应防止产生负压。

当燃气泄漏发生爆炸后，应迅速控制气源和火种，防止发生次生灾害。

当燃气浓度未降至爆炸下限的20%以下时，作业现场不得进行动火作业，警戒区内不得使用非防爆型的机电设备及仪器、仪表等。

当抢修中暂时无法消除漏气现象或不能切断气源时，应及时通知有关部门，并应做好现场的安全防护工作。

管道和设备修复后，应对周边夹层、窨井、烟道、地下管线和建（构）筑物等场所的残存燃气进行全面检查。

当事故隐患未查清或隐患未消除时，抢修人员不得撤离现场，并应采取安全措施，直至隐患消除。修复供气后，应进行复查，确认安全后，抢修人员方可撤离。

第 2 章　燃 气 应 急 管 理

应急管理是在应对突发事件的过程中，为了预防和减少突发事件的发生，控制、减轻和消除突发事件引起的危害，对造成突发事件的原因、突发事件发生和发展过程以及所产生的负面影响进行科学分析，合理调配各方面资源，对突发事件进行有效应对的一套理论、方法和管理体系。

应急管理其实就是对突发事件进行有效预防、准备、响应和恢复的过程。

2.1　应 急 组 织 建 设

2.1.1　应急工作领导小组

1. 小组及职责

企业应成立应急工作领导小组，作为企业应对生产安全事故的最高指挥机构，由公司高管组成。主要职责为：

（1）审定并签发企业生产安全事故综合应急预案；

（2）组织公司生产安全事故综合应急预案的编制、演习、评估和修订；

（3）决定启动和终止应急响应；

（4）对各类生产安全事故应急处理工作进行协调、监督和指导；

（5）分析、研究生产安全事故的有关信息，对事故处理过程中的重要举措做出决策；

（6）请示并落实上级指示，审定并签发向上级的报告；

（7）向有关政府部门或外部单位寻求援助；

（8）审定新闻发布材料并指定新闻发言人。

2. 小组组长及职责

组长一般由企业主要负责人担任，负责领导指挥部的全面工作。

3. 小组副组长及职责

副组长一般由企业分管安全的高管担任，主要职责为：

协助组长指挥生产安全事故应急救援工作，保证采取迅速、正确的行动来处理事故，随时向组长汇报事态进展的情况。在组长授权的情况下，执行组长的责任与职能。

4. 小组成员及职责

小组成员一般由企业其他高管人员担任，主要职责为：

(1) 参与应急管理各项工作；

(2) 指导、督促公司做好应急救援准备工作，如组建燃气应急救援队伍、保障应急资金、加强应急演练；

(3) 当公司发生事故时，协助组长指挥、指导公司开展事故应急救援工作。

2.1.2 应急指挥组织

应急指挥组织一般包括应急指挥部和各应急专业小组（小组设定根据实际情况而定）。应急指挥部负责协调所有参与应急救援的队伍和人员，实施应急救援，并及时向上级主管部门报告事故及救援情况。各专业小组各司其职，做好相应工作。

1. 应急指挥部

(1) 总指挥：负责公司应急救援的全面工作。

(2) 现场指挥：负责事故发生时现场应急救援的全面组织、指挥、决策，是紧急情况发生后总指挥尚未到达时应急救援工作的最高领导，当总指挥到场后，向总指挥移交指挥权，并在随后的救援工作中密切配合总指挥的工作。

注：根据响应级别，总指挥和现场指挥由相应级别人员担任。

2. 调度指挥组职责

负责应急救援工作的组织协调；并根据事故级别，按照现场指挥的指令，负责人员、车辆的统一调度，负责停气、降压、通气等各项具体工作的协调调度和通信保障。

3. 应急救援组职责

控制事态，实施抢险方案。负责应急抢险抢修工作，落实指挥部抢险指令和实施抢险方案。

4. 工艺控制组职责

严格执行并及时、准确地完成现场指挥的工艺操作指令。

5. 安全消防组职责

对可燃气体浓度进行监测，划出警戒区域，在警戒区内实行电器、通信工具等的管制，对抢修抢险现场进行监护；保证消防器材到位，并负责抢修完成后的设备和周围环境的安全检查工作。

6. 技术组职责

制定应急措施和抢修抢险方案，控制生产工艺。根据现场情况，制定现场应急措施和抢修抢险及工艺控制技术方案并监督落实，随事态发展及时修改方案。

7. 警戒与疏散组职责

组织现场人员疏散、撤离，并确定警戒范围。保证现场秩序，安全快速地疏散现场无关人员至安全区域，保证救援通道顺畅、抢险物资和伤员的顺利进出，禁止无关人员通行或靠近。

8. 后勤保障组职责

应急救援的物资、后勤保障。合理安排车辆调度，保障应急救援所需物资及生活物资的供应、确保应急救援及其他后勤保障工作。

9. 新闻发布组职责

负责召开新闻发布会，接受新闻媒体采访。及时掌握事故处置进展，收集整理资料数据，编制新闻通稿；及时了解外部新闻媒体对事故的报道及态度；必要时，组织召开新闻发布会并接受新闻媒体的采访，向社会公布事故处置工作情况和后续工作安排。

10. 善后处理组职责

进行伤员慰问，负责事故善后处理及事故损失核算、理赔，伤员及家属慰问。

2.2 应急预防与预警

2.2.1 概述

在应急管理中预防有两层含义，一是事故的预防工作，即通过安全管理和安全技术等手段，尽可能地防止事故的发生，实现本质安全；二是在假定事故必然发生的前提下，通过预先采取的预防措施，达到降低或减缓事故的影响或后果的严重程度，如加大建筑物的安全距离、场站选址的安全规划、减少危险物品的存量、设置防护墙以及加强宣传教育等。从长远看，低成本、高效率的预防措施是减少事故损失的关键。

应急预防是为了把突发事件（隐患）消除在萌芽状态，体现了“安全第一、预防为主”的安全方针，是应急管理的首要工作。在此阶段，控制突发事件的人力、物力、财力、时间成本都是最低的。保证预防措施的到位，能够有效控制事态的发生、恶化和影响。

根据企业经营性质和所在地环境特点，应进行危险源辨识和风险评估，确定可能发生的生产安全事故种类，依据相关法律法规、技术标准等，加强应急管理，做好预防工作。对于确定为重大危险源、重要危险源的工作项目（场所、设备），制定明确的控制要求。

2.2.2 危险源辨识、评价

危险源是指一个系统中具有潜在能量和物质，释放危险的、可造成人员伤害、财产损失或环境破坏的、在一定的触发因素作用下可转化为事故的部位、区域、场所、空间、岗位、设备及其位置。

事故隐患是指生产经营单位或个人违反安全生产法律、法规、规章、标准、规程和安全生产制度的规定，或者因其他因素在生产经营活动中存在可能导致事故发生的危险状态、人的不安全行为和管理上的缺陷。

危险源与事故隐患是不同的。危险源本身是一种“根源”，事故隐患是可能导致伤害或疾病等的主体对象，或可能诱发主体对象导致伤害或疾病的状态。例如：装乙炔的气瓶发生了破裂。危险源是乙炔，是可能导致事故的根源；事故隐患是乙炔瓶破裂，导致事故的“状态”。危险源如果管控不到位，即会转变成事故隐患。

危险源的存在，对事故发生造成了可能性。风险评价即是综合考虑事故发生的可能性和影响程度进行的定性、半定量或定量的综合评判，是对危险源危险程度的评价。

危险源辨识就是识别危险源并确定其特性的过程。危险源常被分为两类。第一类危险源是指：能量和危险物质的存在是危害产生的最根本的原因，通常把可能发生意外释放的能量（能量源或能量载体）或危险物质称作第一类危险源。第二类危险源是指：造成约束、限制能量和危险物质措施失控的各种不安全因素称作第二类危险源，包括：物的不安全状态、人的不安全行为、管理缺陷。

危险源辨识、评价是安全风险评估的重要部分。若不能完全找出安全事故危害的所在，就没法对每个危害的风险做出评估，并对安全事故危害做出有效的控制。这里简单介绍如何识别安全事故的危害。

（1）危险材料识别：识别哪些东西是容易引发安全事故的材料，如易燃或爆炸性材料等，找出它们的所在位置和数量、处理的方法是否适当。

（2）危险工序识别：找出所有涉及高空或高温作业、使用或产生易燃材料等容易引发安全事故的工序，了解企业是否已经制定有关安全施工程序以控制这些存在安全危险的工序，并评估其成效。

2.2.3 控制风险

风险控制就是使风险降低到企业可以接受的程度，当风险发生时，不至于影响企业的正常业务运作。

1. 选择安全控制措施

为了降低或消除安全体系范围内所涉及的被评估的风险，企业应该识别和选择合适的安全控制措施。选择安全控制措施应该以风险评估的结果作为依据，判断与威胁相关的薄弱点，决定什么地方需要保护，采取何种保护手段。

安全控制选择的另外一个重要方面是费用因素。如果实施和维持这些控制措施的费用比资产遭受威胁所造成的损失预期值还要高，那么所建议的控制措施就是不合适的。如果控制措施的费用比企业的安全预算还要高，则也是不合适的。但是，如果预算不足以提供足够数量和质量的控制措施，从而导致不必要的风险，则应该对其进行关注。

通常，一个控制措施能够实现多个功能，功能越多越好。当考虑总体安全性时，应该考虑尽可能地保持各个功能之间的平衡，这有助于总体安全有效性和效率。

2. 风险控制

根据控制措施的费用应当与风险相平衡的原则，企业应该对所选择的安全控制措施严格实施以及应用。达到降低风险的途径有很多种，下面是常用的几种手段：

（1）消除风险，比如：改善施工程序及工作环境等。

（2）转移风险，比如：进行投保等。

（3）减少威胁，比如：阻止具有恶意的软件的执行，避免遭到攻击。

（4）减少薄弱点，比如：对员工进行安全教育，提高员工的安全意识。

（5）进行安全监控，比如：及时对发现的可能存在的安全隐患进行整改，及时做出响应。

3. 可接受风险

任何生产在一定程度上都存在风险，绝对的安全是不存在的。当企业根据风险评估的结果，完成实施所选择的控制措施后，会有残余的风险。为确保企业的安全，残余风险也应该控制在企业可以接受的范围内。

风险接受是对残余风险进行确认和评价的过程。在实施了安全控制措施后，企业应该对安全措施的实施情况进行评审，即对所选择的控制措施在多大程度上降低了风险做出判断。对于残留的仍然无法容忍的风险，应该考虑增加投资。

风险是随时间而变化的，风险管理是一个动态的管理过程，这就要求企业实施动态的风险评估与风险控制，即企业要定期进行风险评估。一般而言，当出现以下情况时，应该重新进行风险评估：

（1）当企业新增企业资产时；

（2）当系统发生重大变更时；

（3）发生严重安全事故时；

（4）企业认为非常必要时。

一个企业要做到防患于未然，安全事故危害的风险评估工作是非常重要的，同时，要配合完善的监察和检讨制度，并有良好的记录。做好安全管理，是保护企业的宝贵人力资源、财产和信誉的上策。

4. 常规管理措施

企业应当建立健全安全管理制度，定期检查本单位各项安全防范措施的落实情况，及时消除事故隐患。对于确定的危险源，应建立日常管理和检测制度并予以实施。属于国家法规强制规定的检测项目（如特种设备），应委托法定的外部机构进行检测。

（1）场站管理

特种设备及附件：压力容器、汇管、锅炉、安全阀等外观良好、定期进行校验，安全阀的根部阀门处于开启状况。

防雷、防静电：装置状况良好，接地装置无损伤、腐蚀，连接牢固，配置适当，每年两次对防雷、防静电装置进行检测并合格。

压力管道、设备等重要设施，由运行人员实施日常巡视，现场巡视周期为每小时不少于一次。相关设备、管线由现场管理人员进行定期巡视检查，周期为不少于每日一次。对于危险性较大的危险化学品储罐、压力容器等危险源，应设置专门的检测系统，必要时进行连续检测。如：分离器、CNG 储气井等。

控制室：设备防静电地板完好，无损坏、缺失。泄漏报警系统运行正常，泄漏探头高度符合要求。UPS 设备运行正常，每季度对备用电源进行充放电处理，备用电源性能良好。

配电室：配电室门口设有挡鼠板，高度按照场站标准化要求不低于 46cm。窗户设有铁纱窗。电缆进出口有适当保护、井、沟内保持有效封堵和干燥，无积水，封堵完整。

（2）管网管理

制定管线及附属设施巡查的周期及工作计划，有明确的巡查内容，定期巡查、测漏。

建立重点巡查部位清单，包括占压圈占、非开挖施工管段、与密闭空间或其他管沟、管线相邻等的管道及设施等，定期巡查并更新。过桥过河管道需建立巡查、检测、维护计划并按照计划开展工作，过桥管固定支撑完好有效，燃气管道防腐状况良好，容易被识别，如刷黄色漆、贴燃气识别带、喷燃气字样等；管道无其他搭接缠绕、悬挂重物等，定期进行防腐检查或检测，对破损处及时做防腐处理，做好记录。

架空管道需建立巡查、检测、维护计划并按照计划开展工作，架空管道燃气管道防腐状况良好，容易被识别，支撑良好，高层架空管设置补偿和减振措施，户外铝塑复合管应设置保护措施，管道无其他搭接缠绕、悬挂重物等，设置倒刺等防止无关人员攀爬，做好记录。

立管、架空管道近车道位置设置防护栏、防护装等防撞装置，防撞装置喷刷红、黄等明显漆色，达到警示、识别的作用。

阴极保护应覆盖高压（次高压）管道，市政中压主干管网。阴极保护站、检查井（桩）内外状况良好，包括：测试桩、接线头、导线等。

制定年度防腐层检测计划并按照计划执行，发现的漏点准确记录位置并列出漏点修补计划，按照计划实施开挖维修。

调压设施外有“紧急抢险电话”“严禁烟火”等标示；调压站应清楚展示站名称并设有入站须知。近车道旁的调压设备设有防撞装置，并保持完好，调压设施应上锁，调压箱（柜）下方基础牢靠，回填夯实，无沉降、掏空等现象。

对第三方施工安全防控，巡查人员及时发现施工区域了解施工信息，进行安全告知，现场在管道附近设置较为明显的警示标志，熟知施工进度，保障现场施工安全。

对铸铁、钢质管道进行评估，根据不同级别评估结果制定不同的控制措施和管道更换计划。对不便改造的老旧管道加大巡查力度、频次。

对废弃、停用管道采取拆除、隔断、封堵、注水、注氮等安全措施，并建立管理台账。

管网设置有 SCADA 系统或 GIS 系统的，应对主要设备、设施及运行状况进行 24h 远程监控，对新建设备应及时更新信息。

(3) 高危作业管理

对动火、带气、有限空间、停气、降压、置换、通气等危险作业，应严格执行作业许可制度，提前制定作业方案并按照程序进行审批。作业前办理工作许可证，由专人按照安全施工措施逐项进行安全技术交底和检查，并签字作业许可证，并对危险作业进行全过程监控。

需要停气作业的，停气前 48h 发布《停气通知》告知用户，且停气后不在夜间恢复居民用户供气。

(4) 客户端管理

客户户内设施实行定期入户检查、安全宣传，居民安检周期和工商业安检周期符合法律法规和当地政府要求。检查项目应涉及管道、阀门、计量仪表、用气设备、用气环境、泄漏检测等内容。

安检过程中工作人员应对用户进行安全宣传，使用户了解安全用气注意事项、应急处置方法及燃气公司联系方式。对安检发现的隐患及时发放隐患整改通知书给予客户签收，并督促用户进行整改。用户拒不整改严重隐患的，应采取特别的措施，如加大复查力度、停气、向主管部门备案等，确保高风险安全隐患得到及时整改。

燃气设施设在地下、半地下、密闭场所的应满足规范要求，包括：加装通风设施、浓度检测仪、联动电磁阀等。

停用的燃气设施应关闭设施前阀门，未接燃气设施的阀门应进行封堵；每个阀门上均有手柄，便于开关，且未使用的阀门处于关闭状态；管道上燃气流向标识齐全；管道放散管应为红色，管口应高出屋脊（或平屋顶）1m。

（5）人员管理

对于员工的“三违”情况进行分级监管，发现违章作业、违章指挥、违反劳动纪律等情况及时纠正、处理。对员工思想动态及时把握，发现异常及时疏导。

特定情况下，特别是在事故发生后，应对重大危险源进行专项监控和检测。同时，应对检测的结果进行分析，重点分析检测结果与相应国家、地方法规和标准的符合情况，并对各检测项目的历史数据进行回顾与分析。如果通过分析发现不符合，应组织人员及时进行原因分析，并制定纠正或预防措施予以实施，直至不符合情况消除为止。

2.2.4 预警行动

巡视、监控（值班）人员发现运行参数异常（包括温度、压力、浓度、流量、容量等）的，应及时采取措施并按规定程序将信息传递到相关情况处置单位或个人。巡视、检查人员发现危及公司生产、经营活动安全的行为及其他异常情况，应及时采取措施并按规定程序将信息传递到相关情况处置单位或个人。对于可能引发事故的，应及时报告。各级应急管理机构接到可能导致生产安全事故的信息后，应按照本预案和本单位应急预案及时研究确定应对方案，并通知有关部门和人员采取相应行动，预防事故发生。

对于自然灾害的警报，按气象部门规定等级进行预警信息发布。

2.3 应 急 准 备

2.3.1 完善应急预案体系

应急预案，是指企业为了迅速、科学、有序应对突发事件，最大限度地减少突发事件及其造成的损害而预先制定的工作方案。应急预案预先明确了应急各方职责和响应程序，在应急资源等方面进行先期准备，可以指导应急救援高效开展，将事故造成的人员伤亡、财产损失和环境破坏降低到最低限度，同时通过培训和演练，可以使应急人员熟悉自己的任务，具备完成指定任务所需的相应能力。企业应急预案体系由综合应急预案、专项应急预案和现场处置方案组成。

综合应急预案，是指生产经营单位为应对各种生产安全事故而制定的综合性工作方案，是本单位应对生产安全事故的总体工作程序、措施和应急预案体系的总纲。综合应急预案总揽全局，规定了企业应急工作开展的总原则、总方针，对其他预案具有指导作用。

专项应急预案，是指生产经营单位为应对某一种或者多种类型生产安全事故，或者针对重要生产设施、重大危险源、重大活动防止生产安全事故而制定的专项性工作方案，如：门站专项应急预案、加气站专项应急预案、火灾专项应急预案等。

现场处置方案，是指生产经营单位根据不同生产安全事故类型，针对具体场所、装置或者设施所制定的应急处置措施，如：阀门失灵现场处置方案、户内漏气现场处置方案等。

2.3.2　开展应急能力评估

在全面调查和客观分析企业应急救援队伍、装备、物资等应急资源状况基础上开展应急能力评估，并依据评估结果，完善应急保障措施。

1. 应急组织

应急组织是应急工作管理和应急救援工作的重要保障。应急组织应框架清晰，包括：领导小组和办事机构。领导小组全面领导应急工作，研究本企业重大应急决策和部署，统一指挥本企业应急处置实施工作。办事机构通常为安全管理部门，负责协调调度、运行、客服等相关部门做好日常应急管理工作。各部门按照“谁主管、谁负责”和“管生产必须管应急”原则，贯彻落实应急领导小组有关决定事项，负责管理范围内的应急建设与运维、相关突发事件预警与应对处置的组织指挥、协调等工作。

应针对组织架构是否清晰、分工是否明确，各部门接口是否顺畅、能否统一协调调度，是否有盲点、漏洞等方面进行综合评估。

2. 应急救援队伍

应急救援队伍是突发事件处置和救援工作的中坚力量，对各项应急工作的最终落脚点。有条件的企业应保证应急救援队伍为常设机构，并保证正常开展应急工作；规模较小的或自身应急能力不足的企业，也可与施工单位或相关企业通过协议，由对方协调开展应急处置工作。

应针对应急救援队伍人员数量、资质、技能、工作量等进行综合评估，保证能够有效应对各类险情。

3. 应急装备

“工欲善其事，必先利其器。”应急装备是开展应急工作的必备资源。应急装备是否齐全、性能是否良好也决定了应急处置的有效性和效率。

结合企业存在的危险源类别和可能发生的突发事件，判断应急装备是否齐全，是否能满足应对各类事件的处置；通过现场测试、拉练，评估应急人员对装备的掌握和熟练程度；通过抽查，检验装备的日常管理和维保情况，保障装备能够随时取用、充分、有效。

4. 应急物资

“巧妇难为无米之炊。”充足的应急物资是工作必不可少的基础。

查看常用管材、管件、阀门等物资、备品、备件是否齐备，不便大量储备或不便储备的物资，是否与厂家、相关方签订协议，保障有需要时第一时间供应、不影响抢险工作的开展。

2.3.3 提升应急能力

1. 应急救援队伍建设

应急救援队伍是应急体系的重要组成部分，是应对突发事件的重要力量。从满足企业应急处置和减灾救灾实际需求出发，应不断补短板、建机制、提素质、强能力。

应急指挥人员应当熟练掌握本单位应急预案中相关内容，做好上传下达。应急队员应当具备相应的应急救援能力和技术水平，人数满足要求、资质合格。

加强组织领导，严肃各项纪律、听从指挥。建立应急救援值班制度，各应急救援队员，要保持通信设备 24h 畅通，接到调派立即到场，按照应急救援领导小组的指令开展工作。同时，通过优化机制、岗位练兵、技能比武、学习交流等方式方法不断提升综合应急反应和实战能力，保证“拉得出、用得上、打得赢”！

2. 培训及演练

开展常态化培训，实现应急人员的全面提升。加强体能训练，通过引体向上、跳远、跑步等运动巩固身体基础。加强设备掌握，讲原理、讲方法、讲实操，不断深化对各类装备的熟悉程度，发挥装备的最大效用。加强基础学习，保证全体人员对应急预案、处置措施、图纸等各方面的精通，能够快速解决现场问题。

制定演练计划，通过桌面推演、现场实操等形式开展经常性演练。演练应能覆盖第三方破坏、泄漏、着火等各类突发情况。及时对应急演练开展评估和检讨，根据结果不断完善、提升，检查落实情况。

3. 应急装备及技术

积极开展应急理论与技术研究。注意收集国内同行业事故救援的实战案例，认真总结经验和吸取教训。鼓励人员潜心摸索和总结工作经验，提出工艺技术改良和创新项目，并进行实践。通过工作实践，发现现行规章制度、操作规程中缺陷，并提出建设性改进意见。

2.4 应 急 响 应

应急响应是指组织为了应对突发事件发生后所采取的措施。接到突发事件预警信息后，应采取措施，在萌芽状态化解突发事件。突发事件发生后，应采取积极措施，最大限度地减少人员伤亡、财产损失和社会影响。

2.4.1 信息报告与处置

（1）调度、呼叫部门负责接收来自企业内、外部的事故险情信息。

（2）根据初步的险情判断，调度部门上报领导，决定是否启动应急程序。

（3）经确认或根据现场态势发展预判超出公司处置能力的事故或紧急事件信息，应第一时间报警请求社会增援，如拨打 110、119、120 等。

（4）调度部门根据接到紧急情况报告，接警人员应问清险情发生的时间、地点、事故情况、人员伤亡情况及报告人的姓名、联系电话，并详细记录。

（5）事故发生后，对于可能危及周边单位的，事故地点管理责任单位应及时通知影响范围内的单位和个人。对于居民区，可以采用现场喊话方式或通知物业单位，并在物业单位配合下及时传递危险信息。

（6）事故发生后，应及时通知周边联防单位，做好应急准备，必要时请求增援。

2.4.2 事故信息上报

（1）较大以上等级的事故，应在事故发生后 12h 内由安全管理部门将事故简要情况书面上报政府主管部门。

（2）事故报告内容应包括：发生事故的时间、地点、人员（包括姓名、年龄、性别、身份）伤亡情况、事故简要经过、事故发生原因的初步判断、事故发生后采取的措施和事故现场控制情况以及报告人。由于事故现场情况变化导致伤亡人员数量变化时，事故发生单位应及时补报。

2.4.3 响应程序

1. 初始应急响应

抢修、抢险人员接到报警后，市区建议在 40min 之内赶到现场。

抢险人员到达现场后，要按照各自的职责分工，立即采取有效措施，迅速隔离和警戒事故现场，在不影响救护的情况下保护事故现场，维护现场秩序，防止事故扩大。现场指挥要迅速组织抢险人员按操作规程进行抢险。

抢险人员应及时将现场情况及时报告调度部门调度，值班调度员根据现场情况及时向部门负责人请示是否启动应急预案。

2. 升级应急响应

如需启动预案，值班调度员应及时通知相应级别应急体系指挥部成员，通知时如第一责任人不能落实，立即通知第二责任人。一旦确定需要进一步进行应急响应，根据报警程序进行通知，指挥机构和具体实施的小组赶赴现场后，依据各自职责和应急预案，进行抢险。

根据事故现场危险情况，企业应急指挥部向市公安局110指挥中心、119消防指挥中心、120急救中心报警，并向市安监局、市建委、集团报告。企业负责人接警后要及时赶赴现场。

现场事态恶化后，应急指挥部还须马上与上级政府主管部门领导联系，要求政府启动市重特大事故应急预案。

3. 注意事项

（1）现场指挥应及时向总指挥汇报现场处置情况。报告内容包括：发生事故的单位及事故发生的时间、地点、简要经过、类型、伤亡人数、初期抢救处理的情况和采取的措施等。

（2）现场指挥未到达现场时由现场级别最高人员或事故单位负责人担任临时现场指挥。

（3）在出现突发情况通信中断时，现场指挥有权根据需要指挥调动有关部门，任何部门和个人应无条件服从指挥调动。

4. 增援指挥和协调

（1）消防部门

抢修队到达现场后，若消防部门已经先期到达事故现场，则由现场指挥与消防部门联系，介绍具体抢修方案和抢修程序，与消防部门配合，共同完成抢修工作。

抢险队先期到达事故现场，消防部门尚未到达现场时，现场指挥应及时通知消防部门，在消防部门到达之前，采取措施，防止事故扩大，消防部门到达现场后，共同研究具体抢险方案，实施抢修。

（2）公安部门

抢修队到达现场后，若公安部门已经先期到达事故现场，则由现场指挥负责与公安部门联络，设置警戒和疏散人群及车辆。

抢修队到达现场后，公安部门尚未到达现场时，现场指挥应根据现场情况设置警戒，若需要公安部门配合时，由现场指挥负责与公安部门联络，协助公安部门做好现场保卫和警戒工作。

2.4.4　应急处置原则

1. 处理抢修作业的一般原则

(1) 抢修作业应统一指挥，严明纪律，并采取安全措施。

(2) 所有抢险抢修作业必须超越其他工作，列为最优先处理的事项。接到抢修信息，应立即组织力量，尽快赶赴现场。

(3) 对于输配管网及用户设施，接到抢修后报警，应按社会服务承诺时限赶往事故现场，并根据事故不同情况联系有关部门协作抢修

(4) 在处理事故的抢险抢修时，应按以下的先后次序进行：

1) 保障生命安全；

2) 保障财产安全；

3) 找出及修复泄漏点；

4) 在现场做最后排查；

5) 事故的起因分析及预防。

(5) 按事故性质分类，应按以下的先后次序进行处理：

1) 爆炸、火灾、燃气泄漏；

2) 燃气供应中断、供应不稳定、区域压力过高或过低；

3) 严重安全隐患的燃气设施及燃气器具；

4) 重要客户，如：医院的燃气设施或燃气具损坏或失效；

5) 重要工商客户的燃气设施或燃气具损坏或失效。

注：在处理有些险情的先后次序时，应根据专业知识和经验做出判断，有些事件不属以上任何一类，但只要危及人员、周边环境的险情，均需作优先处理。

2. 燃气输配管道、设施事故处置原则

(1) 用户室内燃气管道设施

用户室内燃气管道发现少量泄漏时，应打开门窗通风，在安全的地方切断电源，检查用户设施及用气设备，准确查出漏点，严禁明火查漏，按安全操作规程执行维修作业。

用户室内燃气管道发生大量泄漏或火灾爆炸，应立即在室外切断气源，在安全的地方切断电源，检查用户设施及用气设备，准确查出漏点，严禁明火查漏，按安全操作规程执行维修作业。

(2) 中低压地下输配管道设施

1) 地下管道大量泄漏，抢修应采取有效措施（用消防喷雾水枪喷射稀释或强制排气通风）排除积聚在地下和构筑物空间内的燃气。

2) 开挖作业应根据管道竣工资料确定开挖点，使用符合规定的工具作业，并设置浓度报警装置。当环境浓度在爆炸范围时，必须强制通风，待安全后方可

作业。

（3）土方工程应符合安全规范和满足抢修需要。

（4）泄漏抢修应在降压或切断气源后进行，当泄漏处已发生火灾，应先采取措施控制火势后，再降压或切断气源，严禁出现负压。

1）低压管道起火原则上先灭火后停气。

2）中压管道管径大于100mm的，先停气后灭火。

3）中压管道管径小于100mm的，先降压、降温、灭火后再停气。

（5）当地下管道泄漏在可控范围内的情况时：

1）泄漏位置明确，可根据现场情况确定抢修方案。

2）泄漏情况明显，泄漏位置不明确，应进行警戒，开挖土方，寻找泄漏点，待漏点明确后再确定抢修方案进行抢修。

3）泄漏情况不明，应进行警戒、打眼查漏，确定开挖点，明确抢修方案再进行抢修。

注意事项：火灾、爆炸、泄漏应急处理需停气时，应立即通告用户停止用气，关闭灶前阀门及灶具开关。

3. CNG设施事故处置原则

（1）当CNG设施发生事故时，必须第一时间关闭泄漏点上下游最近控制阀门，同时立即对泄漏管段和设施进行泄压操作，并做好现场人员和车辆的警戒工作，禁止一切潜在火源；

（2）利用消防喷雾水枪吹散泄漏积聚的天然气，防止形成爆燃气体；

（3）对于室内泄漏的情况（压缩机撬装），要及时开启防爆通风机加强通风；

（4）待确认泄压放散完后，方可组织抢修和修护工作；

（5）处理事故的人员应佩戴相应的劳动防护用品；事故发生后，对于可能危及周边单位的，事故地点管理责任单位应及时通知影响范围内的单位和个人。对于居民区，可以采用现场喊话方式或通知物业单位，并在物业单位配合下及时传递危险信息。

4. 通用险情处置原则和措施

（1）设立警戒区域，疏散警戒区内的无关人员，严禁无关车辆、行人入内，消除周围一切火源。

（2）利用便携式可燃气体报警器、检测设备对可燃气体扩散范围和浓度进行检测和分析。在爆炸气体包围区域内，严禁开关电源开关，由配电盘统一控制，防止产生火花；抢修工具应使用铜质的，非铜质的应涂上黄油；禁止使用非防爆通信设备器材；所有的抢险人员必须穿戴好防护用品，动作轻微，禁止撞击、摔、砸。进入警戒区的消防战斗车排气管要佩戴防火罩。

（3）用水浇湿灾区四周的地面预防静电火花的产生，必要时用高压喷雾水驱散聚集的燃气，保护抢修人员。

2.4.5　应急结束

当遇险人员全部得救，事故现场得以控制，环境符合有关标准，可导致次生、衍生事故的隐患消除后，经现场应急救援指挥部确认和批准，由现场指挥宣布现场应急处置工作结束，应急救援队伍方可撤离现场。现场应急救援指挥部应明确在应急救援结束后，需要向事故调查组移交的资料等有关事项。

生产安全事故善后处置工作结束后，由现场应急救援指挥部分析总结应急救援经验教训，提出改进应急救援工作的建议，完成应急救援工作总结报告并及时上报。

2.5　后期处置

应急救援结束后，应急指挥部应根据各小组的职责，安排做好以下后续工作。

2.5.1　信息发布

1. 信息发布

新闻发布组会同有关单位具体负责重大生产安全事故信息的发布工作。

2. 新闻发言人

（1）企业对外新闻发言人可由指定高管担任。

（2）现场对外新闻发言人由现场应急指挥部指定。

3. 新闻发布原则

在新闻发布过程中，应遵守国家法律法规，实事求是、客观公正、内容翔实、及时准确。

4. 新闻发布形式

新闻发布形式主要包括接受记者采访、举行新闻发布会、向媒体提供新闻稿件等。

2.5.2　应急恢复

企业在应急事件得到初步控制后，应积极采取措施和行动，包括人员安置、补偿，征用物资补偿，灾后重建，污染物收集、清理与处理等。尽快消除应急事件的影响，妥善安置和慰问受害人员及受影响人员，保证社会稳定，尽快使生产、工作、生活和生态环境恢复到正常状态。

2.5.3 善后处理

(1) 妥善安置受伤人员及其家属，如有遇难人员，需成立专门小组进行处理。

(2) 配合政府，妥善安置周边受影响的群众，包括提供食、住、行等便利。

(3) 现场经取证和清理后，开始恢复生产、工程建设或其他工作。

(4) 估算事故损失（包括社会影响）。

(5) 办理保险索赔相关事务。

(6) 向上级部门（政府部门、集团）上报的相关应急处置情况。

2.5.4 事故调查

(1) 抢险结束后，由分管安全高管负责，组织安全、技术、生产和工会等部门，认真分析事故原因，汲取事故教训，相关部门按职责范围，对事故情况进行登记、整理和存档。

(2) 生产部门做好抢修记录和抢修后的交接工作，制订切实可行的防范措施，防止类似事故发生。

(3) 实行责任追究制，按照事故“四不放过”（事故原因未查清不放过、事故责任人未受到处理不放过、事故责任人和周围群众没有受到教育不放过、事故没有制订切实可行的整改措施不放过）的原则对责任者进行处罚和对职工进行教育。

(4) 按规定及时向有关部门报告。

第3章 燃 气 风 险 分 析

安全风险评估就是从风险管理角度，运用科学的方法和手段，系统地分析燃气运行系统所面临的威胁及其存在的脆弱性，评估安全事件一旦发生可能造成的危害程度，提出有针对性地抵御威胁的防护对策和整改措施。

3.1 风险评估方法的选择

3.1.1 管道运行风险评估

经过大量资料调研发现，针对管道风险评估的定性、半定量方法众多，如预先危险性分析（PHA）、安全检查表（SCL）、失效模式和影响分析（FMEA）、危险可操作性分析（HAZOP）、事故树分析（FTA）、事件树分析（ETA）、肯特法（KENT法）。

肯特法（KENT法）是目前国际上广泛应用的风险评价方法，该方法是基于美国交通运输部的实际运行经验和相关研究得出的，简单易懂，可操作性好，便于掌握，在管道的安全分析和评价中发挥重要作用。肯特法是在求取各段管道风险大小的基础上，确定各管道的风险程度。肯特法评价模型是建立在以下假设基础上：

（1）独立性假设：影响风险的各个因素是相互独立的，即对于管段来说每个因素都能独立影响其风险状态，其风险值是各独立因素总和。

（2）最坏情况假设：一条管段的最坏情况决定该管段的评价分值。

（3）相对性假设：风险评估的分值是相对概念，只有在相对情况下具有实际意义。一条管道所得风险评估值大小是表示相对于其他被评价管道风险值的高低，事实上绝对风险是无法计算的。

（4）加权计算：各评价项的加权，将风险值进行量化，反映各项的相对重要性。

由于肯特法（KENT法）部分指标并不完全适用我国情况，针对输气管道风险评估方法，《油气输送管道完整性管理规范》GB 32167—2015推荐采用指标法，即《埋地钢质管道风险评估方法》GB/T 27512—2011。

从管道失效可能性和失效后果严重性两个方面综合考虑管道风险大小，对失效可能性和失效后果划分为5级，结合企业风险矩阵进行风险分级，绘制风险四色图。通过建立健全风险分级管控制度，落实风险管控措施，降低管道风险。管道风险评估技术路线如图3-1所示。

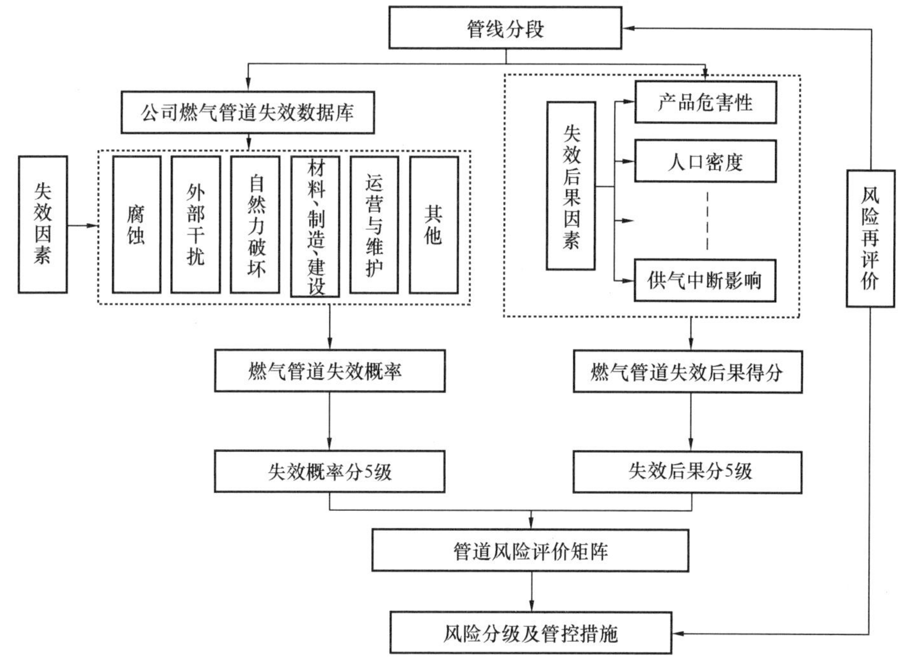

图3-1 管道风险评估技术路线

3.1.2 作业风险评估

目前行业内常用作业风险辨识方法有工作安全分析法（JSA）、任务风险分析法（TRA）、安全工作分析法（SWA）、工作危害分析法（THA）及工作危害分析法（JHA）、预先危险分析法（PHA）、风险矩阵法等。下面对上述分析方法使用范围、侧重点及实施情况等进行对比研究。

1. 工作危害分析法（JHA）

工作危害分析法（Job Hazard Analysis，简称JHA）是一种安全风险分析方法，适合于对作业活动中存在的风险进行分析，制定控制和改进措施，以达到控制风险、减少和杜绝事故的目标。危险有害因素识别是风险评价工作的基础，只有全面、细致地识别出生产经营活动中存在的危险有害因素，才能进而对这些危害因素进行定性或定量的风险分析和评价，再根据风险严重程度制定和落实控制措施。

开展工作危害分析，应首先识别作业活动中的危险有害因素。识别作业活动过程中的危险、有害因素通常要划分作业活动，作业活动的划分可以按生产流程的阶段、地理区域、装置、作业任务、生产阶段、部门划分或者将上述方法结合起来进行划分。进入受限空间，带压堵漏，物料搬运，管道及设施维护、维修、改造，取样分析，承包商现场作业，吊装等皆属作业活动。在识别出作业活动、设备设施、作业环境等存在的危险有害因素后，应依据合适作业风险评价方法，定期和及时对作业活动和设备设施的危险、有害因素进行风险评价。在进行风险评价时，应从影响人、财产和环境三个方面的可能性和严重程度分析。从作业活动清单中选定一项作业活动，将作业活动分解为若干个相连的工作步骤，识别每个步骤的潜在危险、有害因素，然后通过风险评价，判定风险等级，制定控制措施。作业步骤应按实际作业步骤划分，划分不能过粗，亦不能过细，能让人明白这项工作是如何进行的，对操作人员能起到指导作用为宜。工作危害分析的主要目的是防止从事此项作业的人员受伤害，也不能使他人受到伤害，不能使设备和其他系统受到影响或损害。分析时既要分析作业人员工作不规范的危险、有害因素，也要分析作业环境存在的潜在危险有害因素和工作本身面临的危险、有害因素。

2. 工作安全分析法（JSA）

（1）工作安全分析法简介（JSA）

工作安全分析法（Job Safety Analysis，简称JSA）是目前欧美企业在安全管理中使用最普遍的一种作业安全分析与控制的管理工具。JSA把一项作业分成几个步骤，识别每个步骤可能发生的问题与危险，进而找到控制危险的措施，从而减少甚至消除事故发生的工具。

（2）JSA实施步骤

第一步：明确要进行JSA的作业任务。

第二步：将作业按顺序分成几个步骤。

第三步：分析每个步骤中可能的危害因素。

第四步：分析可能发生的危险。

第五步：制定消除或降低危险的方法与控制措施。

第六步：交流与实施控制措施。

（3）工作安全分析法（JSA）主要应用于下列作业活动

1）评估现有的作业；

2）新的作业；

3）改变现有的作业；

4）非常规性的作业；

5）承包商作业。

不适用于：

1）危害/风险明确且已被清楚了解的工作；

2）已经有标准操作程序的工作；

3）需要用其他专门的方法进行危害分析的工作；

4）与工艺安全管理有关的危害识别和风险控制；

5）其他专业领域：如消防安全、人机工程学、职业病等。

（4）JSA 分析法记录表见表 3-1。

某项作业（某人操作）危险源辨识及控制措施表（JSA）　　表 3-1

<table>
<tr><td colspan="4">工作名称/任务：</td><td colspan="4">地点：</td><td colspan="2">编号：</td></tr>
<tr><td colspan="4">部门：</td><td colspan="6">主管人：　　　　　　工作执行人职务：</td></tr>
<tr><td colspan="10">编制：　　　　　　　审查：　　　　　　　批准：</td></tr>
<tr><td colspan="10">作业环境条件
□室内　□室外　□冷　□热　□湿　□灰尘　□水汽　□噪声　□振动　□天气状况不良　□其他</td></tr>
<tr><td colspan="10">基本工作行动
□举重　□抓取　□推　□坐　□伸展　□弯曲　□跪　□直立　□拖　□蹲　□其他</td></tr>
<tr><td rowspan="2">序号</td><td rowspan="2">工作步骤</td><td rowspan="2">潜在危险（每一步骤存在风险或隐患）</td><td rowspan="2">危害原因</td><td colspan="4">风险评估</td><td rowspan="2">风险控制措施（采取何种控制措施来防止事故发生）</td><td rowspan="2">其他需说明情况</td></tr>
<tr><td>可能性</td><td>损失</td><td>风险值</td><td>风险等级</td></tr>
<tr><td>1</td><td>文字（图片）</td><td></td><td></td><td></td><td></td><td></td><td></td><td></td><td></td></tr>
<tr><td>2</td><td></td><td></td><td></td><td></td><td></td><td></td><td></td><td></td><td></td></tr>
<tr><td>…</td><td></td><td></td><td></td><td></td><td></td><td></td><td></td><td></td><td></td></tr>
<tr><td>N</td><td></td><td></td><td></td><td></td><td></td><td></td><td></td><td></td><td></td></tr>
</table>

3. 预先危险分析（PHA）

（1）PHA 简介。

预先危险分析 PHA（Preliminary Hazard Analysis，简称 PHA）也称初始危险分析，是在每项生产活动之前，特别是在设计的开始阶段，对系统存在危险类别、出现条件、事故后果等进行概略地分析，尽可能评价出潜在的危险性。

（2）PHA 实施步骤。

第一步：对所要分析的系统的生产目的、工艺过程以及操作条件和周围环境做较充分的调查了解。

第二步：调查、了解和收集过去的经验以及同类生产中发生过的事故，查明分析对象可能出现的，造成系统损害，尤其是人员伤害的危险性（按系统和子系统逐步查找）。

第三步：调查、确认危险源。

所谓危险源是指系统中存在的可能导致事故发生的危险根源。危险源的确认可用安全检查表法、经验判断或技术判断。

第四步：识别危险转化条件。

研究危险因素转变为事故状态的触发条件，即哪些条件存在可以使危险因素转化为事故。

第五步：进行危险性分级。

即把预计到的潜在事故划分为危险等级，划分的目的是分清轻重缓急，即等级高的作为重点控制的对象。

第六步：制定预防危险措施。

找出消除或控制危险的可能方法，在危险不能控制的情况下，分析最好的预防损失方法，如隔离、个体防护、救护等。

（3）预先危险性分析（PHA）适用于在每项生产活动之前，特别是在设计的开始阶段，对系统存在危险类别、出现条件、事故后果等进行概略地分析，尽可能评价出潜在的危险性。适用于固有系统中采取新的方法，接触新的物料、设备和设施的危险性评价。该法一般在建设项目初期使用，也可以用 PHA 对已建成的装置进行分析。

（4）PHA 分析法记录表见表 3-2。

某项作业活动 PHA 分析表　　　　**表 3-2**

单元名称：			编制：			编号：		
序号	危险有害因素	原因	后果	危险等级				改进措施/预防方法
				可能性	损失	风险值	风险等级	
1		文字（图片）						
2								
……								
N								

4. 风险矩阵法

（1）风险等级划分说明。

风险矩阵法是根据事故发生的可能性及其可能造成的损失的乘积来衡量风险的大小，其计算公式是：

$$风险值:D = P \times S$$

式中　P——事故发生可能性；

S——事故可能造成的损失。

其具体的衡量方式和赋值方法见表 3-3：

风险矩阵表 **表 3-3**

	风险矩阵	中等风险（Ⅲ级）	重大风险（Ⅳ级）		特别重大风险（Ⅴ级）		有效类别	赋值	可能造成的损失：人员伤害程度及范围	由于伤害估算的损失(元)	环境污染	法规及规章制度符合状况	公司形象受损程度或范围
一般风险（Ⅱ级）	6	12	18	24	30	36	A	6	多人死亡	5000万以上	发生省级及以上有影响的污染事件	违反法律法规、强制性标准	产生国内及国际影响
一般风险（Ⅱ级）	5	10	15	20	25	30	B	5	一人死亡	1000万~5000万	发生市级有影响的污染事件	不符合行政法律法规	影响限于省级范围内
一般风险（Ⅱ级）	4	8	12	16	20	24	C	4	多人受严重伤害	300万~1000万	污染波及相邻公司	不符合部门规章制度	影响限于城市范围内
一般风险（Ⅱ级）	3	6	9	12	15	18	D	3	一人受严重伤害	100万~300万	污染限于厂区，紧急措施能处理	不符合集团公司规章制度	影响限于集团公司范围内
低风险（Ⅰ级）		4	6	8	10	12	E	2	一人受到伤害，需要急救；或多人受轻微伤害	20万~100万	设备局部、作业过程局部受污染，正常治污手段能处理	不符合公司规章制度	影响限于公司范围内
低风险（Ⅰ级）		2	3	4	5	6	F	1	一人受轻微伤害	0~20万	没有污染	完全符合	无影响
	1	2	3	4	5	6	赋值						
	L	K	J	I	H	G	有效类别						
	不可能	极不可能发生	过去偶尔发生	过去曾经发生、或在异常情况下发生	常发生或在预期情况下发生	在正常情况下经常发生	发生的可能性						
	估计从不发生	10年以上可能发生一次	10年内可能发生一次	5年内可能发生一次	每年可能发生一次	1年内能发生10次或以上	发生可能性的衡量(发生频率)						
	时时检查，有操作规程，并严格执行	每日检查；有操作规程，并执行	每周检查；有操作规程、但偶尔不执行	每月检查；有操作规程，只是部分执行	偶尔检查或大检查；有操作规程，但只是偶尔执行（或操作规程内容不完善）	从来没有检查；没有操作规程	管理措施						
	高度胜任（培训充分，经验丰富，意识强）	较胜任，偶然出差错	能胜任，出差错频次一般	一般胜任（有上岗证，有培训，但经验不足，多次出差错）	不够胜任（有上岗资格证，但没有接受有效培训）	不胜任（无任何培训、无任何经验、无上岗资格证）	员工胜任程度						
	运行优秀	运行良好，基本不出故障	运行后期，可能出故障	过期未检、偶尔出故障	超期服役、经常出故障，不符合公司规定	带病运行，不符合国家、行业规范	设备设施现状						
	有效防范控制措施	有，偶尔失去作用或出差错	有，仍然存在失去作用或出差错	有，但没有完全使用（如个人防护用品）	防范、控制措施不完善	无任何防范或控制措施	监测、控制、报警、联锁、补救措施						

风险等级划分

风险值	风险等级	备注
30~36	特别重大风险	Ⅴ级
18~25	重大风险	Ⅳ级
9~16	中等风险	Ⅲ级
3~8	一般风险	Ⅱ级
1~2	低风险	Ⅰ级

表3-3中将损失分为6类（即A—F），依次递减赋值为（6-1）；事故发生的可能性也分为6类（即G—L），依次递减赋值为（6-1）。

根据风险值的大小，可将风险分为5个等级。

说明：

1）事故发生“可能性”的确定方法。对于事故发生“可能性”的确定需要根据以往事故统计或经验来模糊判断。

2）“损失”的确定方法。对“可能造成的损失”的确定需要建立在假设的基础之上，即假设在事故实际发生的情况下，估计会造成什么样的损失。事故发生后可能造成的后果是多个，按照风险管理的要求，取各种后果中最为严重的一个来确定“可能造成的损失”。对照风险矩阵及风险等级划分表，赋予相应的值。

3）风险值的确定方法。风险值＝可能性×损失。

4）风险等级的确定方法。将计算得出风险值与风险矩阵及“风险矩阵图”对照即可得到相应的风险等级。

（2）重大危险源辨识除按上述方法进行辨识外，还应参照《危险化学品重大危险源辨识》GB 18218—2018相关要求进行辨识评价。

3.2　危险危害分析

3.2.1　主要危险、有害气体基本性质

1. 天然气

主要成分：甲烷；

分子式：CH_4；

危险性类别：第2.1类 易燃气体；

燃烧性：易燃；

熔点：－182.5℃；

沸点：－161.5℃；

闪点：－188℃；

临界温度：－82.6℃；

临界压力：4.59MPa；

引燃温度：538℃；

最小点火能：0.28mJ；

爆炸极限（体积比）：5%～15%；

相对密度(水=1)：0.42(－164℃)；

相对密度（空气＝1)：0.55。

理化性质：无色无味的气体，能被液化和固化。能溶于乙醇、乙醚，微溶于水。易燃，燃烧时呈青白色火焰，火焰温度约为1930℃。

灭火剂：干粉、雾状水、泡沫、二氧化碳。

2. 液化石油气

主要成分：丙烷、丙烯、丁烷、丁烯等；

燃烧性：易燃；

危险性类别：第2.1类 易燃气体；

熔点：－188～－138℃；

沸点：－42～－0.5℃；　　引燃温度：426～537℃；

闪点：－105～－60℃；　　爆炸极限（体积比）：2％～9％。

理化性质：常温常压为气态，无色气体或透明液体，易燃。

灭火剂：干粉、雾状水、泡沫、二氧化碳。

3. 氮气

危险性类别：第2.2类不燃气体；　　燃烧性：本品不燃，具窒息性；

临界温度：－147℃；　　溶解性：微溶于水、乙醇。

危险特性：若遇高热，容器内压增大，有开裂和爆炸的危险。

毒性与健康危害：皮肤接触液氮可致冻伤。如在常压下气化产生的氮气过量，可使空气中氧分压下降，引起缺氧窒息。

消防措施：本品不燃。用雾状水保持火场中容器冷却。可用雾状水喷淋加速液氮蒸发，但不可使水枪射至液氮。

3.2.2 主要物料危险性分析

（1）易燃性：天然气属甲类火灾危险性物质，易燃。

（2）化学性爆炸：天然气易爆，爆炸极限为5％～15％。与空气或氧气混合，能形成爆炸性混合物，在爆炸极限范围内遇着火源就会发生爆炸。

（3）物理性爆炸：储罐、管线超过承受的压力；安全附件（安全阀）不能按规定启跳；设备设施存在缺陷或受到外力作用等情况都有可能使天然气产生物理性爆炸。

（4）低温：液化天然气体蒸发时会从环境中吸取大量热量，使环境温度急剧降低，如果发生泄漏可能使接触的人冻伤。

（5）窒息：在大气中，天然气通常会冲淡氧气的浓度，如果发生大量泄漏，可能造成人员窒息。

3.2.3 生产过程的危险因素分析

1. 泄漏

燃气泄漏主要可能有几个方面：

（1）管道或者是设备设施腐蚀穿孔，引起燃气泄漏；

（2）管线及设备的易损件老化失效等引起密封连接处漏气；

（3）误操作、设备本身损坏或者自动控制系统失效而发生泄漏；

（4）管道受应力开裂或者焊缝处发生泄漏；

（5）管道被第三方施工破坏导致燃气泄漏。

地下中压燃气管网已串联成网的城市（区域），管道局部泄漏不会造成大范围用户停气，特别是某些燃气公司已配置了不停输设备和应急气化撬等应急设备和机具，停气风险相对较低，但城市管网的停气对于企业的声誉和社会影响相对较大。高/次高压管网是配气的主动脉，其停气可能会影响到一个乃至多个行政区域的正常供气，风险相对较高。

场站内的燃气泄漏，如导致场站直接停用的，则会影响到下游用户的正常用气，特别会影响到工业用户的用气，风险很高。

液化天然气槽车罐体易损件损坏导致槽车附件或附件连接处燃气泄漏；因罐体外壁受腐蚀及密封点老化产生的燃气泄漏；在装卸气过程可能导致误操作、设备本身损坏、自动控制系统失效而发生泄漏。

2. 爆炸、爆燃

爆炸类型有化学性爆炸、物理性爆炸、冷爆炸、电气爆炸、爆燃、闪燃等多种类型，爆炸同时可能引发火灾等次生灾害。

（1）化学性爆炸

燃气泄漏并达到爆炸极限后，获得点火能量，即能迅速发生放热反应，导致压力快速释放，产生冲击波，这类现象属于化学性爆炸。在场站防爆区域以及各类生产区域内，违章使用明火，防雷防静电设施损坏，以及人为因素（不按规定使用防护用品等）都可能导致化学性爆炸，并引起火灾。

此类爆炸的危害性极大，特别是在人员密集区或有限空间，极易酿成大的人员伤亡和财产损失事故。场站防爆区域以及生产区域的作业都应有严格的作业安全规定和作业许可要求，还须采取防雷防静电措施，在场站等部位应设置静电释放柱，并为员工配备防静电工作服及防静电工作鞋，避免点火源的产生。在场站以及生产区域外发生燃气泄漏，如不能第一时间发现并有效处理，极易产生爆炸，风险相对较高。

（2）物理性爆炸

压力容器、压力管道内部压力过高，容器发生破裂，压力迅速释放，不发生化学反应，这类现象属物理性爆炸。压力容器、压力管道超压运行，安全附件失效以及设施存在缺陷等都可能导致物理性爆炸。

此类爆炸一般发生在场站内。压力容器以及相关设备的受损，会直接导致场站停止运行而影响正常供气。目前，场站压力容器的压力有实时监控，设备和管线上均有安全阀、放散管等安全泄放装置，发生容器物理性爆炸的可能性较小。

（3）冷爆炸

冷爆炸是指当储槽内液化燃气发生泄漏，并与水接触发生大量气化，从而产生的爆炸形式。储罐采用的是双层真空罐，内层为 0Cr18Ni9 不锈钢材料，外层为 16MnR，双层同时破裂的可能性较小，同时，LNG 储存环境中没有水源，因此，发生冷爆炸的风险不大。

（4）电气爆炸

电气爆炸指电气设备箱体内的绝缘油温度、压力升高，喷出的油蒸气与空气混合形成爆炸性气体，遇明火发生的爆炸和火灾。该类设备在公司范围内数量很少，且设备本身很小，润滑油等储量极小，不易形成爆炸性气体。

（5）爆燃

以亚音速传播的爆炸称为爆燃。

爆燃发生在瞬间，火焰传播速度非常快，可以达每秒数百米至数千米，火焰球状向四方传播，在百分之几至十分之几秒内燃尽。也就是说燃料同时被点燃，烟气容积突然增大，这样造成的烟气阻力非常大，因来不及泄出而发生爆炸。

爆燃发生的时间很短，是个瞬间过程，在很短时间内燃料就会燃尽，因此影响范围较小，一般不会造成大的伤亡和财产损失事故。

（6）闪燃

燃气与空气混合达到一定浓度遇点火源发生一闪即逝的燃烧，或者将可燃固体加热到一定温度后，遇明火会发生一闪即灭的燃烧现象，叫闪燃。

闪燃的时间极短，一般损失较小，不会造成人员伤亡，但闪燃往往会造成人员身体局部被燎伤。

3. 窒息

燃气泄漏后，在一定空间内积聚，造成空气中的氧气含量不足，现场人员如果不及时撤离，可能会造成窒息、甚至死亡。在储罐等有限空间中检修，也会因氧气含量不足而导致人员窒息。

由于燃气管网及设施都设置在较偏远位置，通风情况较好，燃气泄漏很难在一定空间内积聚。容易发生燃气积聚的区域主要是阀室、阀井。目前阀室内均设置有燃气泄漏报警器以及通风联动系统，能有效避免泄漏燃气的积聚。同时，进入阀室、阀井以及储罐等有限空间作业，都应有严格的作业许可要求，也确保了人员生命安全。

4. 冻伤

液化天然气在蒸发过程中会吸收周围环境大量的热量，使周围环境温度显著降低，员工在操作或检修过程中接触，低温部位或泄漏的液体，有可能会造成冻伤。

由于 LNG 输送管道和储罐外面均有保温层，直接发生冻伤的概率较低，但低温对于员工身体有一定伤害。在 LNG 装卸和气化过程中会产生低温雾气，为此，各相关场站均配备了专用防冻手套、防寒服、防护眼镜以及护膝等防护用品。

5. 电气伤害

各种电气设备、电缆、电线等，因故障、误操作等原因均可能引发人身触电伤害和设备损坏。

6. 机械伤害

场站、管网中安装的转动设备的转动部位，如防护措施不到位，或防护存在缺陷，或在事故及检修等特殊情况下，存在机械伤害的可能。

燃气企业转动机械较少，主要是烃泵等设备，烃泵等均设置有防护罩，并定期检查，发生机械伤害的概率较低。

7. 噪声

生产装置中有机械设备，设备故障或润滑不好，场站燃气排空，烃泵运转，以及燃气泄漏、管线压力突变等情况均有产生噪声的可能。长时间在噪声环境中工作，不佩戴或不正确佩戴个人防护用品，极易导致听力下降，甚至失聪。在各场站以及烃泵房等可能产生高噪声的区域均应配置耳塞、耳罩等防护用品。

8. 物体打击

员工在设备操作、维修或巡检时，有可能受到不慎坠落的工具、机械零部件等落物打击的伤害。为防止物体打击或高处坠物，应配备安全帽等防护用品。

9. 高空坠落

在正常生产巡查和设备维修时，如果防护措施不到位，作业人员身体不适、注意力不集中或违反操作规程，即可能发生高处坠落事故。为防止高空坠落，企业应有明确的高空作业许可要求，并配备安全带、安全绳等防坠落用品。

10. 车辆伤害

LNG槽车在行驶中引起的人体坠落和物体倒塌、下落、挤压伤亡事故以及外来运输车辆可能对操作人员产生伤害。

3.2.4　其他伤害

1. 外力（含应力）伤害

（1）第三方施工对燃气管道及设备造成破坏。

（2）在燃气管道上方搭建构筑物（码头）、堆场、重型车辆频繁碾压等造成燃气管道不均匀沉降。

（3）挖掘燃气管道上方的覆土，可能危及燃气管道的安全运行。

（4）河水冲刷导致的河道两岸河堤塌方，管道裸露、漂移等。

（5）热胀冷缩和自然沉降导致燃气管道下沉、接口松动甚至断裂。

2. 生物伤害

白蚁等生物侵蚀PE管道，造成的管道穿孔导致燃气泄漏等。

3. 供电故障

供电系统发生故障、中断供电导致生产设备停止工作产生事故。

4. 气源事故

上游事故导致的燃气供应紧急情况。

5. 作业环境不良

地面高低不平，场地狭窄、杂乱，地面无防滑措施，采光强度不够或作业场所缺乏应急照明设施，造成扭伤、跌伤事故。

6. 标志残缺

作业场所或设备无标志、标志不清楚、标志不规范、标志选用不当、标志位置不当等易造成操作失误从而导致生产事故或意外伤亡事故的发生。

7. 爆破

周围开山爆破出现意外，产生飞石，落入气化站，则可能对设备和人员造成伤害。

8. 蓄意破坏或恐怖袭击

主要包括偷窃供输设备及附属设施等行为、人为蓄意破坏、恐怖袭击等对燃气生产、输配、运输、储存、销售、使用带来的影响。

为防止外力和人为破坏，企业应设置专业的巡查巡检队伍，定期对管道设施的完整性进行排查，在场站设置的安防监控系统，确保场站以及管网设施的正常运行。

3.3 典型作业场景关键环节风险分析

3.3.1 聚乙烯（PE）管道接驳作业

聚乙烯（PE）管道接驳作业风险分析见表 3-4。

聚乙烯（PE）管道接驳作业风险分析　　表 3-4

序号	工作步骤	潜在危险	危害原因	风险等级	风险控制措施
1	作业坑开挖	燃气泄漏	挖破燃气管道	一般	管道周边采用人工开挖，由专人监护；现场严禁烟火，消灭火种
2	作业坑开挖	塌方	未放坡、未加支撑	一般	按要求放坡，作业坑沿0.5m内不得堆放土及重物；深坑要加支撑
3	作业坑开挖	跌落	已开挖区域未警戒或无人监护	中等	设置警示标识，指定专人看护，无关人员不得进入作业区（超过2m按高处作业处理）
4	作业坑开挖	紧急情况逃生困难	未设置逃生通道	一般	按要求放坡或设置逃生设施
5	母管悬空	管道断裂、燃气泄漏	长时间未有效支撑断裂	一般	按要求支撑牢靠

续表

序号	工作步骤	潜在危险	危害原因	风险等级	风险控制措施
6	管道泄压	混合气导致火灾爆炸	未泄压	一般	加强操作培训，专人负责检查
7	管道切割	火灾、爆炸	产生静电或电火花	中等	使用冷切割设备；加强员工培训，专人监护
8	焊接管件氧化层刮除	燃气泄漏	刮除不彻底，影响焊接质量	中等	现场检查PE管道氧化层是否刮除完毕
9	发电机、电熔机、管件连接	触电	电源线漏电	一般	检查电缆、接头，发现损坏及时维修更换；加强人员操作培训
10	新建管道熔接	火灾、爆炸	焊接质量不合格	中等	熔接后气密性检查，作业人员持证上岗
11	带压开孔	火灾、爆炸	开孔过程因操作不当，造成燃气泄漏	一般	严格按技术要求检查新管道连接合格，才进行开孔。现场严禁烟火，消灭火种
12	检漏	火灾、爆炸	未按要求进行检漏	中等	按照要求由专人负责检漏，确保无燃气泄漏
13	安装密封盖	燃气泄漏	未安装或安装不到位	一般	加强员工培训，要求严格按照规范要求施工
14	回填	跌落	回填不实	一般	按照要求回填并检查验收

3.3.2　聚乙烯（PE）管道不停输维修作业

聚乙烯（PE）管道不停输维修作业风险分析见表3-5。

聚乙烯（PE）管道不停输维修作业风险分析　　表3-5

序号	工作步骤	潜在危险	危害原因	风险等级	风险控制措施
1	设备搬运	物体打击	磕碰、跌落	一般	轻拿轻放，穿戴劳动防护用品，超过10kg设备两人搬运
2	发电机、电熔机、管件连接	触电	电源线漏电	一般	检查电缆、接头，发现损坏及时维修更换；加强人员操作培训
3	PE管件熔接	燃气泄漏	焊接质量不合格	中等	按操作规程或管件焊接说明书操作；熔接后气密性检查，作业人员持证上岗
4	安装机架	物体打击	搬运过程不平稳、失手；机架安装时螺栓、螺丝及零配件配合不到位	一般	加强操作培训，配备专用劳保用品，安排专人监护

续表

序号	工作步骤	潜在危险	危害原因	风险等级	风险控制措施
5	安装机架	燃气泄漏	机架夹板阀卡槽密封圈破损或丢失	一般	加强现场检查，确认密封圈完好、无破损
6	开孔机刀具安装	划伤	操作不当、未穿戴防护手套	一般	要求作业人员按要求穿戴劳动防护用品，按规范操作
7	开孔机刀具安装	刀具脱落、开孔失败	开孔刀刀头连接不牢固、未安装止退片	一般	刀具安装时，对其牢固性进行全面检查，确保紧固、无松动
8	带压开孔	燃气泄漏	未按要求进行压力试验、检查管件及机架的严密性	一般	按要求进行压力试验，保证0.4MPa 压力 5min 不降；现场严禁烟火，消灭火种
9	带压开孔	燃气泄漏	开孔过程中，放散阀持续未关闭	一般	听到过气气流声后，对放散阀门进行关闭
10	带压开孔	钻杆起跳、物体打击	开孔前，钻杆锁紧装置未锁紧	一般	开孔前，对锁紧装置进行详细检查，保证处于紧锁状态
11	管道清扫	物体打击	人员操作不当	一般	加强操作培训，配备劳保用品，安排专人监护
12	管道清扫	封堵不严	管内壁清扫不干净	一般	若出现封堵不严实，可以进行二次清扫
13	封堵头安装	封堵管段放散失败	安装封堵头时，放散用螺丝安装不到位	一般	加强员工操作培训，将放散螺丝安装牢固
14	封堵作业	封堵失败	封堵器的安装方向、封堵的方向错误	一般	加强员工操作培训，确认封堵器的封堵方向为来气方向
15	封堵作业	燃气泄漏	旁通管连接不牢固	一般	连接完成后，检查其气密性
16	维修管道放散	燃气泄漏	未放散封堵管段天然气，未检查封堵效果	中等	加强员工操作培训，严格按技术要求进行放散，进行封堵有效性检查；现场严禁烟火，消灭火种
17	维修管道的切割	燃气泄漏	产生静电或电火花	中等	使用冷切割设备；加强员工培训，专人监护
18	卸封堵器	燃气泄漏	未确认管道连接、置换、检测完毕就卸封堵器	一般	严格按技术要求检查新管道连接合格，才卸封堵器；现场严禁烟火，消灭火种
19	下堵作业	燃气泄漏	堵塞未安装到位	中等	加强员工实操培训，严格按技术要求进行作业

续表

序号	工作步骤	潜在危险	危害原因	风险等级	风险控制措施
20	提堵作业	下堵杆向上微跳	堵塞脱离管件之前，快速下堵机构提升位置过高	中等	加强员工的实操培训和安全要点的管控，严格按照新型封堵技术要求进行作业
21	拆除机架	物体打击	机架拆卸、搬运过程不平稳、失手	一般	加强操作培训，配备劳保用品，安排专人监护
22	管帽安装	密封不严、堵塞老化	管帽松动	一般	加强现场检查，用专用链条将管帽上紧
23	回填	跌落	回填不实	一般	按照要求回填并检查验收

3.3.3　氧气、乙炔气割作业

氧气、乙炔气割作业风险分析见表 3-6。

氧气、乙炔气割作业风险分析　　表 3-6

序号	工作步骤	潜在危险	危害原因	风险等级	风险控制措施
1	劳动防护用品穿戴	灼伤、砸伤	未穿戴防护用品	一般	按要求正确穿戴好合适的劳动防护用品
2	气瓶搬运	物体打击，其他伤害	磕碰、跌落	一般	轻拿轻放，穿戴劳动防护用品，超过 10kg 设备两人搬运或吊装
3	严密性检查	乙炔气或氧气泄漏	未检查或检查不仔细	一般	由专人负责检查焊炬、割炬点火前连接处及胶带严密性的检查，确保无泄漏
4	割件固定	物体打击、烫伤	倾倒、脱落	一般	气割时应有防止割件倾倒、坠落的措施
5	氧气瓶、乙炔瓶直立固定	乙炔气泄漏	乙炔瓶平放	一般	乙炔瓶应直立使用，氧气瓶、乙炔瓶的安全距离为 5m
6	气割作业	燃烧、爆炸	操作不当	一般	氧气带、乙炔带严禁沾染油脂，严禁串通连接或互换使用。乙炔带着火时，应先灭火后停气；氧气带着火时，应先停气，后灭火

3.3.4　电焊机焊接作业

电焊机焊接作业风险分析见表 3-7。

电焊机焊接作业风险分析 **表 3-7**

序号	工作步骤	潜在危险	危害原因	风险等级	风险控制措施
1	电焊机连接	漏电	电源线裸露	中等	焊机连接前，由专人对电焊机电源线或焊接线进行详细检查，确保其绝缘性能良好
2	电焊机连接	触电	焊机外壳漏电	一般	电焊机外壳必须可靠接地，不得多台串联接地；露天装设的电焊机应设置在干燥的场所，并设遮阳棚
3	焊件打磨	烫伤	火星飞溅	一般	设置作业区，无关人员严禁进入；打磨焊件时，戴好防护镜，注意飞溅伤人
4	焊接作业	触电	焊把或焊机漏电	一般	焊工作业时应着阻燃服，穿绝缘鞋
5	焊接作业	高处坠落	高空焊接作业	一般	高处焊接作业必须系好安全带、保险绳后方可作业；所有焊接工具须使用工具袋盛放
6	焊接作业	火灾	作业区域内有易燃物	一般	清除焊接点 5m 以内易燃物；无法清除时，应采取可靠的防护措施
7	焊接作业	烫伤	焊渣飞溅	一般	焊工按要求着装阻燃服，使用防护面罩等劳动防护用品
8	挖补焊口	机械伤害	砂轮片飞出	一般	砂轮机打磨焊缝时，身体必须侧对砂轮机，严防用力过猛，砂轮片破碎
9	挖补焊口	灼伤	焊渣飞溅	中等	打磨时，焊工戴好护目镜
10	焊缝检查	漏气	焊接不合格	一般	作业焊工必须持证上岗，焊接完成后进行焊缝检查和气体检漏
11	现场清理	环境污染或二次污染	清理不干净	一般	施工结束后，将焊药皮、焊条头等清理干净

3.3.5　钢管不停输封堵作业

钢管不停输封堵作业风险分析见表 3-8。

钢管不停输封堵作业风险分析　　表 3-8

序号	工作步骤	潜在危险	危害原因	风险等级	风险控制措施
1	设备搬运	物体打击，其他伤害	磕碰、跌落	一般	轻拿轻放，穿戴劳动防护用品，超过 10kg 设备两人搬运或吊装
2	设备吊装	物体打击	摆动、脱落	中等	设备吊装捆绑可靠；隔离吊装区，无关人员严禁进入吊装区；专人指挥，作业区人员穿戴安全帽等劳动防护用品
3	四通封堵管件	火灾、爆炸	焊工技术不娴熟造成管道焊透、燃气泄漏	一般	作业焊工必须具备相应资质并且持证上岗
4	焊接	开孔、封堵设备倾斜	管件焊接没有进行水平定位	一般	管件焊接前用螺栓固定，并用水平仪进行标定
5	四通封堵管件	灼伤、烫伤	焊工未穿戴劳动防护用品，佩戴焊工面罩	低风险	作业人员必须按照相关要求正确穿戴劳动防护用品
6	夹板阀安装	物体打击	吊装过程不平稳、失手；机架安装时螺栓、螺丝及零配件配合不到位	一般	设置作业区，无关人员严禁进入；加强操作培训，配备劳保用品，安排专人监护
7	夹板阀安装	燃气泄漏	夹板阀密封面未除锈、涂脂，密封圈未安装，密封不严	一般	加强日常训练培训，强化安装规范标准
8	开孔机刀具安装	开孔失败，刀具断裂	刀具安装不牢固	一般	加强操作培训，专人负责检查
9	开孔机刀具安装	手或胳膊被划伤	未穿戴防护手套	一般	工作人员必须穿戴好防护手套后进行作业
10	开孔机安装	物体打击	吊装过程不平稳、失手；机架安装时螺栓、螺丝及零配件配合不到位	一般	设置作业区，无关人员严禁进入；加强操作培训，配备劳保用品，安排专人监护

续表

序号	工作步骤	潜在危险	危害原因	风险等级	风险控制措施
11	液压站安装、调试	触电	电源线漏电	一般	接电人员接电前对电源线进行详细检查，确保电线无裸露、断裂
12	液压站安装、调试	电机反转、开孔机损坏	电源线接错	一般	接线电工必须持证上岗，并对电线连接顺序要一再确认
13	开孔作业	开孔机损坏	未设置到正确档位	一般	要求专业人员进行操作，加强日常操作培训
14	开孔作业	燃烧、爆炸	断管连箱内未进行氮气置换	一般	开孔作业前，必须进行氮气保压、置换
15	开孔作业	刀具及夹板阀损坏	夹板阀未全开	一般	作业时严格按照《钢管不停输封堵操作规程》进行作业，确定夹板阀处于全开位置
16	开孔作业	人员跌落、受伤	未佩戴防坠落安全设备	一般	要求在平台作业过程中做好安全防护措施，挂好安全带
17	开孔作业	卡刀、刀具损坏，开孔失败	开孔速度过快	一般	要求专业人员进行操作，加强日常操作培训
18	开孔作业	四通封堵管件开透	运行里程超值	一般	操作人员必须严格按照计算里程进行开孔，在作业过程中密切观察开孔机行程进度
19	放散孔开口作业	物体打击、人员受伤	操作杆起跳	中等	操作人员在放散孔开孔成功后的提刀作业中，严格控制好操作杆的提升速度，防止伤到人员
20	封堵作业	燃气泄漏	封堵箱安装不到位、螺栓未上紧	一般	下堵前要求对封堵箱进行气密性检查
21	封堵作业	封堵筒损坏	夹板阀未全开	一般	现场检查夹板阀开启状态，确保处于全开位置
22	封堵作业	封堵失败	封堵筒未到达指定位置	一般	严格按照计算出的封堵里程，将封堵箱安放于指定位置
23	封堵作业	封堵失败	封堵筒未完全撑开	一般	封堵筒撑开时严格按照规定圈数进行撑开作业
24	放散、断管作业	火灾、爆炸	未进行燃气放散	一般	操作人员严格按照相关操作规程进行规范作业
25	放散、断管作业	火灾、爆炸	未进行氮气置换	一般	断管、焊接作业前必须进行氮气置换合格后方可作业

续表

序号	工作步骤	潜在危险	危害原因	风险等级	风险控制措施
26	下堵作业	无法到达指定位置	下堵器安装不牢固	一般	下堵前严格检查下堵器安装情况，确保无松动
27	堵塞嵌入	堵塞冲出，人员打击、燃气泄漏	堵塞未在封堵管件内撑开	一般	严格按照下堵作业相关操作规程进行作业
28	封堵法兰盲板安装	燃气泄漏导致火灾爆炸	密封不严	一般	加强员工操作培训，专人检查密封性
29	四通封堵管件的防腐	锈蚀穿孔导致燃气泄漏	四通管件腐蚀	一般	加强员工操作培训，专业人员防腐
30	回填	跌落	回填不实	一般	按照要求回填并检查验收

3.3.6 钢管带压开孔

钢管带压开孔风险分析见表3-9。

钢管带压开孔风险分析 **表3-9**

序号	工作步骤	潜在危险	危害原因	风险等级	风险控制措施
1	设备搬运	物体打击，其他伤害	磕碰、跌落	一般	轻拿轻放，穿戴劳动防护用品，超过10kg设备两人搬运或吊装
2	新建管道泄压	混合气导致火灾爆炸	未泄压	一般	加强操作培训，专人负责检查
3	开孔机吊装	物体打击	摆动、脱落	一般	设备吊装捆绑可靠；隔离吊装区，无关人员严禁进入吊装区；专人指挥，作业区人员穿戴安全帽等劳动防护用品
4	安装带压开孔机具	物体打击、刀头脱落	搬运过程不平稳、失手；机架安装时螺栓、螺丝及零配件配合不到位	一般	设置作业区，无关人员严禁进入；加强操作培训，配备劳保用品，安排专人监护
5	发电机连接开孔动力头	触电	电源线漏电	一般	检查电缆、接头，发现损坏及时维修更换；加强人员操作培训
6	开孔作业	物体打击；燃气泄漏	机具倾斜	一般	专人负责设备安装检查，确保处于水平位置

续表

序号	工作步骤	潜在危险	危害原因	风险等级	风险控制措施
7	开孔作业	刀头损坏、开孔失败	进刀速度过快	一般	刀具进度检查，并进行专人监护进程
8	提刀	刀具弹起、物体打击	刀具到达指定位置未固定	中等	加强人员操作培训，需有专人负责定位销的安装
9	开孔机拆卸	物体打击	搬运过程不平稳、失手	一般	设置作业区，无关人员严禁进入；加强操作培训，配备劳保用品，安排专人监护
10	封堵法兰盲板	燃气泄漏导致火灾爆炸	密封不严	中等	加强员工操作培训，专人检查密封性
11	带压连接件的防腐	锈蚀穿孔导致燃气泄漏	带压管件腐蚀	一般	加强员工操作培训，配置专业人员防腐
12	回填	跌落	回填不实	一般	按照要求回填并检查验收

第 4 章　燃气企业应急预案管理

4.1 概　　述

随着工业化进程的迅猛发展，生产规模不断扩大，但随之而来的重大事故也不断产生，特别是危及社会安全造成多人死亡的重特大事故时有发生，不仅造成经济损失，而且给人们的心理造成创伤，形成难以抹去的阴影。

伴随着我国城市化进程的日益加快，城市人口密度迅速增加，各种公共设施也越来越多，大量易燃、易爆物质在城市中的广泛使用，各类意外事故屡屡发生，触目惊心。

随着全球气候变暖，各种全球变暖背景下的极端气候影响在世界各地频频上演，愈加频繁肆虐的洪灾、旱灾、飓风和暴雪等灾难都让人类更加难以适应，极大地影响人们生活。

由于技术的快速发展、社会和环境的巨大变化，人们从失误中学习的机会越来越少，学习的成本越来越大，迫使人们关注对危害的研究和应急的处置，以期在重大灾害突然发生时，可依据预先制定的应急处置方法和措施，临危不乱，高效、迅速地做出反应，尽可能减少危害。

应急预案是经历惨痛事故后得出的教训。1984 年 12 月 3 日，印度博帕尔市发生甲基异氰酸盐泄漏的恶性中毒事故，2500 多人中毒死亡，20 余万人严重受伤且大多数人双目失明，67 万人受到残留毒气的影响。1986 年 4 月 26 日，切尔诺贝利核电站爆炸事故中 31 人死亡，13.5 万人紧急疏散，累计受害人员达 900 万人。2003 年 12 月 23 日，位于重庆开县高桥镇的中石油川东钻探公司发生特大井喷事故，造成 243 人死亡，4 万多人紧急疏散。2004 年 4 月 16 日重庆天源化工厂氯气泄漏爆炸事故造成 9 人死亡，15 万人紧急疏散。

2003 年 SARS 突然暴发，同年 5 月，我国《公共卫生突发事件应急条例》起草完成、火线出台，在之后的处置中发挥了重要作用；此后发生的 H1N1 流感，在相应的处置上比 SARS 期间要更及时、有序和有效。

2008 年春天，南方地区发生了低温雨雪冰冻灾害，反思处置过程，其一是重要基础设施抗灾能力不足，这与规划、设计及历史气候有关。其二是应急物资储备和保障能力不足，重特大灾害综合风险预警能力不足。

据国际劳工组织统计，全球每年发生伤亡事故约 2.5 亿起，大约造成 110 万人死亡。我们该如何面对这些突发事故？如何有效减少事故损失？紧急情况发生时，我们该如何行动并采取相应的措施？

4.1.1 应急预案的概念

应急预案是针对具体设备、设施、场所和环境，在安全评价的基础上，为降低事故造成的人身、财产与环境损失，就事故发生后的应急救援机构和人员，应急救援的设备、设施、条件和环境，行动的步骤和纲领，控制事故发展的方法和程序等，预先做出的科学而有效的计划和安排。

应急预案不仅仅是应对突发事故的处置，而且要减轻事故发生所造成的后果。对于企业来说，应急处置不仅涉及本企业的生产活动，还涉及本企业员工，以及和本企业相关的工作和生活的人们。

1. 应急预案作用和地位

（1）应急预案明确了应急救援的范围和体系，使应急准备和应急管理不再是无据可依、无章可循，尤其是培训和演习工作的开展。

（2）制定应急预案有利于做出及时的应急响应，降低事故后果。

（3）作为各类突发重大事故的应急基础。通过编制基本应急预案，可保证应急预案足够的灵活性，对那些事先无法预料的突发事件或事故，也可以起到基本的应急指导作用，成为开展应急救援的底线。在此基础上，可以针对特定危害编制专项应急预案，有针对性地制定应急措施，进行专项应急准备和演习。

（4）当发生超过应急能力的重大事故时，便于与上级应急部门的协调。

（5）有利于提高风险防范意识。

2. 应急预案的特点

（1）具有假设性，假设可能发生某类某种突发事件的情境或一些具体的标准；

（2）具有应急性，制定应急预案的目的是应对突发公共事件，而不是用于处理日常工作的；

（3）具有程序性，告诉公众按照什么步骤来处置突发公共事件；

（4）具有规范性，规范了应对突发公共事件时，相关行政部门、事发地政府及有关单位的行为和职责；

（5）具有可操作性，告诉公众在应对突发公共事件时，每一步、每一个环节如何做、谁去做等。

3. 应急预案工作原则

（1）以人为本，减少危害的原则；

（2）居安思危，预防为主的原则；

(3) 统一领导，分级负责的原则；

(4) 依法规范，加强管理的原则；

(5) 快速反应，协同应对的原则；

(6) 依靠科技，综合提高的原则。

4.1.2 燃气行业特点

1. 易燃易爆性

常用的燃气有液化石油气和天然气，均属易燃易爆气体。当液化石油气和天然气泄漏，与空气混合达到爆炸极限，遇到点火源就会发生爆炸。

液化石油气的爆炸极限2%～9.5%（体积比，下同）；天然气的爆炸极限为5%～15%。

2. 范围广

燃气的用途广：涉及居民用户、工商用户、工厂以及电力发电等；

使用区域广：燃油、燃柴时代已经结束了，燃气管网和瓶装燃气已经遍布了城市的每个角落。

3. 与公众生活和工作等紧密相关

燃气设施与水、电、暖一样，是城市发展、居民生活的基础生活设施之一，燃气与居民的生活息息相关。

4. 输送存储要求高

燃气的储存需要一定的储存装置，无论是压力储存，还是低温储存，对储存容器的运行有一定的安全要求，也对企业管理提出很高的要求。

燃气输送除使用管道输送外，最多的就是使用汽车运输。利用汽车槽车将液化燃气输送到储配站，利用运瓶车将燃气钢瓶送到门市网点甚至使用场所，由于道路状况越来越复杂，给运输车辆的安全行驶也造成了相当大的威胁。

5. 器具种类繁多、用气环境复杂

民用燃具燃气炉分为单头、双头、多头；燃气热水器有强制式排放、平衡式排放；取暖用壁挂炉、循环式取暖用家用热水器等。

工商燃具有旋风式燃气炉、大规模成套式炉具、烘箱、蒸炉、热水锅炉等。

工业燃具有窑炉、大型工业锅炉、直燃焊接、烘烤、燃气空调等。

由于气源的不同，所选用的燃具是不同的，气源热值的不同喷嘴口径是不同的。由于燃具功能的不同，供气压力有大有小，压力级别也不同。

市场上各类品牌繁多，质量参差不齐，安全性能差异很大。

燃气使用环境也各有不同，个别燃气使用场所由于空间的局限性，造成用气场所空间狭小或通风不良。

6. 泄漏事故极易引发严重的次生灾害

泄漏事故如果不能得到及时控制和消除，不可避免地会造成事故更加严重、后果更加不可预料，这也是燃气的性质与特性所决定的，泄漏后的燃气具有渗透性、流动性、扩散性，浓度过高可能造成人员窒息，达到爆炸极限遇到火源还会发生爆炸、引发火灾，产生次生灾害。

4.1.3 行业事故特点

(1) 1993 年 8 月 5 日，深圳市某危险物品储运公司危险品仓库发生特大爆炸事故。爆炸引发大火，lh 后着火区又发生第二次强烈爆炸，造成更大范围的破坏和火灾。火灾持续了数十小时，这起事故造成 15 人死亡，200 多人受伤，其中重伤 25 人，直接经济损失超过 2.5 亿元。

爆炸地点距离燃气场站和某油库以及槽车专用线不足百米。事故发生后，由于大火（氧化物燃烧）的炙热高温辐射及爆炸振动和爆炸后飞起水泥、石块、金属物的撞击，严重威胁到燃气的安全生产，迫使燃气场站和某油库停产近两月。

这是一起燃气场站周边发生生产安全事故，威胁到燃气场站安全从而影响供气保障的典型案例，对于燃气企业来讲，不应只考虑自身的生产经营，还应充分考虑到周边环境和设施可能发生的灾害对我们生产经营的影响。

(2) 1998 年 3 月 5 日，西安市某煤气公司液化石油气管理所储量为 400m^3 11 号球形储罐下部的排污阀上部法兰密封局部失效，造成大量的液化石油气泄漏，这起泄漏事故是古城西安自中华人民共和国成立以来罕见的一次严重泄漏闪爆事故，前后相继发生四次爆炸，共造成 11 人死亡，31 人受伤，6 个储罐焚毁（图 4-1、图 4-2）。

图 4-1 储罐局部

图 4-2 储罐区

这是一起典型的设备事故，当时企业没有应急救援的概念，没有相应的应急处理措施，因而在设备失效前期未能采取及时、有效处置措施，由此导致了严重后果。

从此事件后，燃气行业开始逐步考虑建立企业应急预案和应急救援体系。

图 4-3　事发现场

（3）2008 年，某市瓶装气用户发生燃气爆炸，巨大的爆炸冲击波将阳台炸飞，楼板被炸穿（图 4-3）。事故造成户内母亲严重烧伤，11 岁的女儿罹难。经了解，事发前用户曾经向燃气企业报警，但燃气企业没有足够重视，未到现场进行处置。因此燃气企业应建立应急救援队伍和机制。

（4）2008 年 3 月 14 日凌晨 4 点 30 分，某市发生一起液化石油气槽车颠覆事故，事故车当时装载 25t 液化石油气，事故发生后，由于事故车罐体安全阀损坏，造成液化石油气（液相）大量泄漏，对周围人民和财产构成很大威胁。事发后，消防、交管、建设等政府主管部门和相应燃气企业经过 14h 的奋战，通过采取自然排放、注水强制排放、氮气置换等措施后，事故槽车于当日傍晚 6 时扶正，险情解除，周围道路恢复通行（图 4-4）。从该事故处理可以看到，有了应

图 4-4　事故车辆

急预案后，应急处置工作得到了及时有效的开展，避免了次生灾害，减少了事故损失。

4.1.4 应急预案发展历程

从20世纪90年代开始，随着我国对安全生产工作重视程度的提高，预案的编制工作也引起了主管部门的高度重视，到2000年后，国家在总结大量事故的基础上，逐步建立起各类应急救援体系。

对于燃气行业来说，燃气事故不仅仅影响到燃气企业本身，还影响到燃气用户、供气用气周边环境，甚至可能影响到与燃气行业无任何关系的普通市民。我国燃气行业应急预案的发展历程，也是行业内对不断发生燃气事故的反思与总结。燃气企业制定应急预案不仅要参考本行业的相关案例，考虑本企业的特点，还要依据国家、省市有关法规和已颁布的预案。

城市燃气已成为城市必不可少的生命线之一，在人们的生产和生活中占据了极其重要的地位。但是由于燃气易燃、易爆和压力高的特点，其在生产、输配、供应以及使用过程中稍有疏忽，都有可能引发事故。因此，事故一旦发生，如何有效地将事故的影响和损失控制在最低限度，是亟待解决的问题。事实证明，制定事故预案是控制事故扩大最有效的方法之一。工业化国家的统计表明，有效的应急预案系统可将事故损失降低到无应急预案的6%。

生产经营单位生产安全事故应急预案是国家安全生产应急预案体系的重要组成部分。制定生产经营单位生产安全事故应急预案是贯彻落实“安全第一、预防为主、综合治理”方针，规范生产经营单位应急管理工作，提高应对风险和防范事故的能力，保证职工安全健康和公众生命安全，最大限度地减少财产损失、环境损害和社会影响的重要措施。

应急管理是一项系统工程，生产经营单位的组织体系、管理模式、风险大小以及生产规模不同，应急预案体系构成不完全一样。生产经营单位应结合本单位的实际情况，从公司、企业（单位）到车间、岗位分别制订相应的应急预案，形成体系，互相衔接，并按照统一领导、分级负责、条块结合、属地为主的原则，同地方人民政府和相关部门应急预案相衔接。应急处置方案是应急预案体系的基础，应做到事故类型和危害程度清楚，应急管理责任明确，应对措施正确有效，应急响应及时迅速，应急资源准备充分，立足自救。

4.2 应急预案体系

4.2.1 概述

生产经营单位的应急预案体系主要由综合应急预案、专项应急预案和现场处置方案构成。生产经营单位应根据本单位组织管理体系、生产规模危险源的性质以及可能发生的事故类型确定应急预案体系，并可根据本单位的实际情况，确定是否编制专项应急预案。风险因素单一的小微型生产经营单位可只编写现场处置方案。

1. 综合应急预案

综合应急预案是生产经营单位应急预案体系的总纲，主要从总体上阐述事故的应急工作原则，包括生产经营单位的应急组织机构及职责、应急预案体系、事故风险描述、预警及信息报告、应急响应、保障措施、应急预案管理等内容。

2. 专项应急预案

专项应急预案是生产经营单位为应对某一类型或某几种类型事故，或者针对重要生产设施、重大危险源、重大活动等内容而制定的应急预案。专项应急预案主要包括事故风险分析、应急指挥机构及职责、处置程序和措施等内容。

3. 现场处置方案

现场处置方案是生产经营单位根据不同事故类别，针对具体的场所、装置或设施所制定的应急处置措施，主要包括事故风险分析、应急工作职责、应急处置和注意事项等内容。生产经营单位应根据风险评估、岗位操作规程以及危险性控制措施，组织本单位现场作业人员及安全管理等专业人员共同编制现场处置方案。

4.2.2　企业预案的分类与分层

企业应急预案可分为综合预案、分预案或专项预案和现场处置方案，并可分为多个层次，见图 4-5。

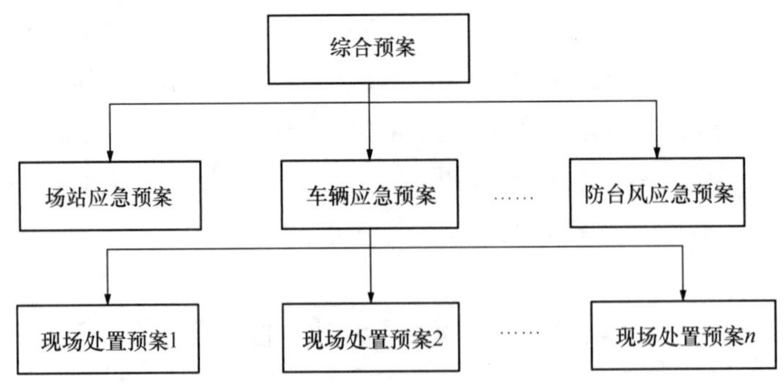

图 4-5　应急预案结构示意图

1. 综合应急预案

综合应急预案是从总体上阐述处理事故的应急方针、政策，应急组织结构及相关应急职责，应急行动、措施和保障等基本要求和程序，是应对各类事故的综合性文件。

综合应急预案主要内容包括：总则、生产经营单位的危险性分析、组织机构及职责、预防与预警、应急响应、信息发布、后期处置、保障措施、培训与演练、奖惩、附则 11 个章节。

2. 分预案或专项应急预案

专项应急预案是针对具体的事故类别（如台风、地质灾害、暴雨洪涝、燃气场站气体泄漏等引发的应急事件）、危险源（车辆、门市等）和应急保障而制定的计划或方案，是综合应急预案的组成部分，应按照综合应急预案的程序和要求组织制定，并作为综合应急预案的附件。专项应急预案应制定明确的救援程序和具体的应急救援措施。企业场站、门市等预案可以作为企业分预案或者专项预案进行编写。

专项应急预案主要内容包括：事故类型和危害程度分析、应急处置基本原则、组织机构及职责、预防与预警、信息报告程序、应急处置、应急物资与装备保障 7 个章节。

3. 现场处置方案

现场处置方案是针对具体的装置、场所或设施、岗位所制定的应急处置措施。现场处置方案应具体、简单、针对性强。现场处置方案应根据风险评估及危险性控制措施逐一编制，做到事故相关人员应知应会，熟练掌握，并通过应急演练，做到迅速反应、正确处置。

现场处置方案主要内容包括：事故特征、应急组织与职责、应急处置、注意事项、附件 5 个章节。

作为一个燃气企业的应急预案体系，首先要考虑建立一个企业的综合预案。根据企业危险源、管理架构情况，可以制定场站管理部门分预案、门市管理部门分预案、危险品运输部门分预案等分预案。

针对气源供应制定气源保障应急专项预案，针对台风暴雨等自然灾害制定防台风暴雨专项应急预案、防高温应急专项预案、防洪涝应急专项预案、防雷电应急专项预案、针对其他特殊要求如地震、反恐等可以制定防地震专项预案和反恐专项预案。

对于现场处置方案，可以考虑制定场站储罐泄漏现场处置预案、槽车交通事故现场处置方案、钢瓶泄漏现场处置方案等。

4.2.3 预案的目录框架和要素

预案的目录框架和要素见表 4-1。

预案的目录框架和要素 表4-1

章节	内容
1 总则	1.1 编制目的
	1.2 编制依据
	1.3 适用范围
	1.4 应急预案体系
	1.5 应急工作原则
2 生产经营单位的危险性分析	2.1 生产经营单位概况
	2.2 危险源与风险分析
3 组织机构及职责	3.1 应急组织体系
	3.2 指挥机构及职责
4 预防与预警	4.1 危险源监控
	4.2 预警行动
	4.3 信息报告与处置
5 应急响应	5.1 响应分级
	5.2 响应程序
	5.3 应急结束
6 信息发布	
7 后期处置	
8 保障措施	8.1 通信与信息保障
	8.2 应急救援队伍保障
	8.3 应急物资装备保障
	8.4 经费保障
	8.5 其他保障
9 培训与演练	9.1 培训
	9.2 演练
10 奖惩	
11 附则	

4.3 应急预案编制

4.3.1 应急预案编制程序

1. 概述

生产经营单位应急预案编制程序包括成立应急预案编制工作组、资料收集、风险评估、应急能力评估、编制应急预案和应急预案评审6个步骤。

2. 成立应急预案编制工作组

生产经营单位应结合本单位部门职能和分工，成立以单位主要负责人（或分管负责人）为组长，单位相关部门人员参加的应急预案编制工作组，明确工作职责和任务分工，制定工作计划，组织开展应急预案编制工作。

3. 资料收集

应急预案编制工作组应收集与预案编制工作相关的法律法规、技术标准、应急预案、国内外同行业企业事故资料，同时收集本单位安全生产相关技术资料、周边环境影响、应急资源等有关资料。

4. 风险评估

风险评估主要内容包括：

（1）分析生产经营单位存在的危险因素，确定事故危险源；

（2）分析可能发生的事故类型及后果，并指出可能产生的次生、衍生事故；

（3）评估事故的危害程度和影响范围，提出风险防控措施。

5. 应急能力评估

在全面调查和客观分析生产经营单位应急救援队伍、装备、物资等应急资源状况的基础上开展应急能力评估，并依据评估结果，完善应急保障措施。

6. 编制应急预案

依据生产经营单位风险评估及应急能力评估结果，组织编制应急预案。应急预案编制应注重系统性和可操作性，做到与相关部门和单位应急预案相衔接。

7. 应急预案评审

应急预案编制完成后，生产经营单位应组织评审。评审分为内部评审和外部评审，内部评审由生产经营单位主要负责人组织有关部门和人员进行，外部评审由生产经营单位组织外部有关专家和人员进行评审。应急预案评审合格后，由生产经营单位主要负责人（或分管负责人）签发实施，并进行备案管理。

4.3.2 编制预案应考虑的关键问题

1. 企业生产运行

（1）会发生什么事件？事件有哪些类别？

如：燃气泄漏、着火、爆炸等，若细分，还可能是不同原因造成的。

（2）事件对企业会有什么后果？在社会上会造成什么影响？

如：燃气泄漏发生后，如遇不明火源或静电、火花，极易导致着火或爆炸，给企业造成设备、人员、经济等多方面损失，同时还会引发不良社会舆论，影响企业的形象和信誉度，不利于未来发展。

（3）事件是否可以预防？如不能，会产生什么样的情况，会影响到什么范围？

如：在一定程度上，各类事件都是可以预防的，可从每类事件的具体原因进行进一步剖析，制定针对性措施。因施工或外力造成地埋管线破坏引发的燃气泄漏，可通过加强管线巡查、与第三方人员沟通避免第三方破坏发生。针对客户端发生的漏气，可持续加大安全宣传，引导用户使用带有熄火保护的灶具、长寿命软管，逐步实现户内本质安全；让用户学会判断漏气及如何处理漏气。

（4）企业厂区环境与事件有何关系？

如：厂区环境与突发事件可能相互影响，可根据实际情况进行分析。厂区如临近山体、河流，一旦发生山体滑坡、泥石流或洪水，可能导致设备设施损坏，直接造成燃气泄漏、着火、爆炸。厂区周围如有人员密集场所，也将加剧突发事件的影响后果。

（5）企业周边环境是怎么样的？

如：可查看企业周边，是否临近山体、河流、道路、企业（尤其是具有危险性的）、居民小区、商业区等。

（6）紧急事件时周边企业会对企业有何影响或帮助？

如：综合考虑周边企业的生产性质和规模，是否存在相关干扰或影响，如果存在，需要保持密切沟通，遇险情需及时告知。可与周边企业签订互助协议，开展联合演练，发生紧急事件，一方有难、八方支援。

2. 信息传递

（1）谁来报警？

如：普通员工、值班人员、用户、相关方等各类人员均可报警。

（2）用什么方式报警？给谁报警？有无联系方式？

如：可在平时加大企业热线电话、网站、微信公众号等联系方式的宣传，并有专人负责对接，保证最大范围、多种渠道收集信息。

（3）有哪些通信设备？

如：热线电话、固定电话、对讲机、手机等。

（4）如何确认紧急情况？

如：联系值班人员，现场确认情况。

3. 事件处置

（1）平时谁负责做什么，怎么做，什么时间做，做什么？

如：根据险情发生的原因，制定对应措施、做好预防，在制度、具体工作中予以体现，责任到人，落实到位。

（2）紧急情况时谁负责做什么，怎么做，什么时间做，做什么？

如：充分预想可能发生的各类情况，提前做好人员分工，并结合预案演练和实战，不断修订、完善，保证充分、有效、实用。

（3）紧急过程由谁负责？

如：值班领导总体负责，现场管理人员直接负责处置工作。

（4）紧急情况的管理模式是怎么样的？

如：根据影响程度划分不同级别，经领导确认是否需要启动预案，应急处置开始后，根据事态发展可进行升级响应。

（5）本企业人员和周边人员在什么时候需要避难或疏散？怎么疏散？

如：明确界定人员必须疏散的条件，由总指挥或现场指挥下达疏散指令，现场需要安排专人负责疏导人员。相关人员还需要在应急演练中参加疏散演练。

4. 应急救援人员

（1）本企业生产岗位有哪些人员？他们有哪些能力？他们可以处理哪类紧急事件？

如：除专业抢修人员外，本岗位人员做好先期应急处置至关重要。针对各岗位、场所或作业，应制定现场处置方案，保证岗位人员熟知、掌握。

（2）紧急情况下企业除生产岗位外还可以调动哪些人员？这些人的能力如何？他们可以参与处理哪类紧急事件？

如：非生产岗位（机关）人员也可参与应急，需通过演练检验实际情况，具体可视情况而定。

（3）什么时候需要求助，可以求助的人员有哪些？有没有可能到位？

如：应急处置有时需要 119、110 协助，或联合外部协作单位。

5. 应急保障

（1）企业具有哪些应急物资？

如：管材、管件、阀门、配件等。

（2）应急物资是否足够？是否有效？

如：除满足正常生产需求外，应急物资应常备，并且注意定期更新、轮换，保证充足、有效。

（3）紧急情况下是否能得到外部的物资？如何得到？

如：不便仓储或不便大量仓储的物资，可与厂家或相关单位签订协议，保证需要时及时提供。

（4）有哪些个人防护设备？是否完好？储存在哪里？什么类型，具有什么功能？

如：空气呼吸器、救援三脚架、阻燃防护服、长管呼吸器等。

（5）企业是否需要检测和监测？是否具有相应设备？设备是否完好？

如：特种设备及附件定检，防雷防静电每半年定检，固定式泄漏报警器探头、便携式泄漏检漏仪每年标定等。

6. 消防设备设施

（1）有哪些消防设施或设备？消防设备、设施是否完好？

如：各类灭火器、消火栓、消防报警器、烟感探头、温感探头等，需要注意维护保养和定期检测。

（2）有无消防水？消防水是否足够？有无替代水源？

如：有无消防水箱、消防水池，可考虑路边消火栓或水泵接合器补充水源。

（3）还有哪些消防设施或设备？

7. 交通工具

有哪些交通工具？是否完好？存放位置？紧急情况下是否能及时调用？

如：用于应急的交通工具应该专车专用、严禁挪用。除了企业专业抢修力量的车辆外，应考虑紧急情况下对其他生产车辆的调用，平时注意维保、有备无患。

8. 其他

其他信息，如气象信息的得到、大型施工机具的获得等。

如：由专人加强与外部单位的沟通联系，保障资源的及时获取。

4.3.3　综合应急预案的编制

1. 生产经营单位概况

生产经营单位情况介绍时，首先介绍单位的地址、从业人员、主要原材料、主要产品和产量等情况，以及周边重大危险源和重要设施、目标以及场所周边布局等情况。

对生产经营单位进行情况介绍时还应结合企业的应急能力评估进行叙述，应急能力分析对每一紧急情况应考虑如下问题：

（1）所需要的资源与能力是否配备齐全。

如：针对可能发生的突发事件类型和影响程度，现有各类装备、物资和人员是否能够应对，可通过排查、研讨推演或演练来评估。

（2）外部资源能否在需要时及时到位。

如：可通过协议、演练及实战，检验实际协调、配合情况。

（3）是否还有其他可以优先利用的资源。

2. 危险源与风险分析

（1）危险源的识别

企业有哪些危险源，危险源的具体识别可以参考《危险化学品重大危险源辨识》GB 18218—2018 进行划分，但是企业危险源的划分一般远低于国家重大危险源的量级，企业危险源的识别和划分应根据企业自身现状和相关规定和进行；比如可以将企业危险源划分为危运车辆、场站、门市、瓶组站等。

（2）针对危险源进行危险、有害因素的识别

这里主要阐述企业在前期准备工作中对企业危险源的危害、有害因素的一个

识别情况，比如：

1）主要物料危险性分析：易燃易爆、窒息、低温、压力等；

2）生产过程的危险、危害因素分析：泄漏、火灾、爆炸、冻伤等；

3）自然灾害分析：台风、暴雨、地震等；

4）其他危害。

3. 组织机构及职责

（1）应急组织体系

明确应急组织形式，构成单位或人员，并尽可能以结构图的形式表示出来。譬如图 4-6。

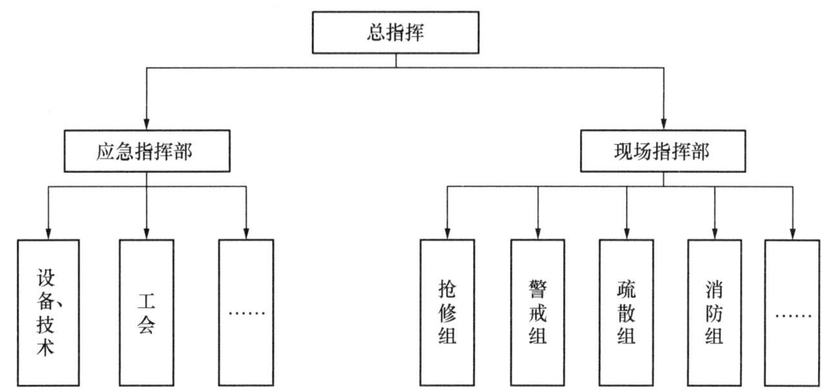

图 4-6　应急组织架构示意图

（2）指挥机构及职责

明确应急救援指挥机构总指挥、副总指挥、各成员单位及其相应职责。应急救援指挥机构根据事故类型和应急工作需要，可以设置相应的应急救援工作小组，并明确各小组的工作任务及职责。

应急指挥部、现场指挥部人员的组成：企业负责人及企业相关下设部门负责人。根据《中华人民共和国安全生产法》规定"生产经营单位的主要负责人对本单位的安全生产工作全面负责"，因此，企业负责人应为应急指挥部的负责人。

应急指挥部职责主要包括：负责指挥应急抢险和救援，发布和解除应急救援命令、信号；向上级汇报和向有关单位通报事故情况；分析事故发展趋势；必要时向有关单位发出救援请求；组织事故调查等。

现场指挥部职责主要包括：对现场情况进行研判，并在此基础上确定现场具体应急措施，组织协调各专业组工作；及时向应急指挥部汇报现场情况；指挥救援人员实施救援行动等。

各组成部分职责及功能如：警戒、事态监控、疏散、消防抢险、医疗、善后等。

企业应针对潜在事故的特点综合分析，将其分配给相关部门，对每一项应急功能都应明确其针对的形势、目标、负责机构和支持机构、任务要求、应急准备和操作程序等。

4. 预警

（1）预警监控

明确事故预警的方式和方法，比如企业内部的巡查、检查以及企业外部报警等，企业应该建立预警信息的接收、传递平台，明确信息发布程序。

（2）预警分级

所有的预警信息应该根据燃气事故进行分级；按照《国家突发公共事件总体应急预案》建议分为四级，比如可以分为一般（Ⅳ级）、较大（Ⅲ级）、重大（Ⅱ级）、特别重大（Ⅰ级）四个等级，并依次采用蓝色、黄色、橙色和红色表示。

总体应急预案预警分级：按照突发公共事件严重性和紧急程度，可分为一般（Ⅳ级）、较重（Ⅲ级）、严重（Ⅱ级）、特别严重（Ⅰ级）四级预警，并依次采用蓝色、黄色、橙色和红色表示。

蓝色预警（Ⅳ级）：预计将要发生一般以上的突发公共事件，事件即将临近，事态可能会扩大。

黄色预警（Ⅲ级）：预计将要发生较大以上的突发公共事件，事件已经临近，事态有扩大的趋势。

橙色预警（Ⅱ级）：预计将要发生重大以上的突发公共事件，事件即将发生，事态正在逐步扩大。

红色预警（Ⅰ级）：预计将要发生特别重大以上的突发公共事件，事件即将发生，事态正在蔓延。

企业的预警分级，以及级别的定义也可以参考国家、省市的预警分级和定义制定。

比较具有参考意义、容易理解的预警分级，可以参考气象灾害应急预案的预警分级，见表4-2。

台风灾害预警响应　　表4-2

	Ⅳ级/一般事件	Ⅲ级/较大事件	Ⅱ级/重大事件	Ⅰ级/特别重大事件
	台风蓝色预警信号	台风黄色预警信号	台风橙色预警信号	台风红色预警信号
公安部门	加强对重点地区、场所、人群、物资设备的保护；提示进入高速公路车辆注意防风	组织警力，随时准备投入抢险救灾工作；限制高速公路车流、车速	负责气象灾害事件发生地的治安救助工作；根据具体情况封闭部分高速公路	根据需要，实行道路警戒和交通管制
教育部门	提示学校做好防风准备工作、检查安全隐患	检查各学校停课及对已到学校学生的保护情况		

续表

	Ⅳ级/一般事件	Ⅲ级/较大事件	Ⅱ级/重大事件	Ⅰ级/特别重大事件
	台风蓝色预警信号	台风黄色预警信号	台风橙色预警信号	台风红色预警信号
海事部门	启动相应防热带气旋应急预案			
建设部门	督促施工单位根据台风等级，严格按照施工安全的法律、法规、规范、标准、规程做好防台风工作			
城管部门	组织检查户外危险广告牌；负责道路两侧树木的防风和加固	组织拆除户外危险广告牌或设立危险标志	通知切断霓虹灯招牌及危险室外电源；及时清理折断和倒伏的树木	

（3）预警信息的沟通和报告

明确预警信息上报的对象和方式，预警信息应该分级上报，并不是所有预警信息均上报到最高领导，应该分级进行汇报，这就与上面预警信息的分级相对应，不同级别预警信息上报到不同级别的领导。

5. 应急响应

在应急响应前，必须对紧急事件进行分级，应急响应是根据事件级别来进行响应展开的，并不是所有的紧急事件都进行同样的响应。

（1）紧急事件分级

企业应根据稳定供气、社会财产、人身安全、政治稳定和社会秩序造成危害和威胁，造成人员伤亡或财产损失以及企业控制事态的能力等进行突发紧急事件分级，将事故分成不同的等级。

企业紧急事件分级应结合企业的危险源危害性分析情况，在国家、省市分级的基础上进行分级，分级应注意与国家、省市的衔接，这在前面讲述企业预案与政府预案的衔接的时候已经具体讲过。

（2）响应分级

企业按照分级负责的原则，明确应急响应级别。

1）响应级别是与紧急事件分级相对应的，根据不同级别的紧急事件进行不同级别的响应。

2）每一级响应明确启动单位，明确职责，职责则与指挥部职责、各功能组的职责相对应。

3）超出企业自身应急能力范围的，需要社会力量援助的，应该与上一级预案进行衔接，向政府进行报告。

（3）响应程序

根据事故的大小和发展态势，组成相应级别的指挥部和相应的功能组，各功能组按职责进行响应救援。明确应急指挥、应急行动、资源调配、应急避险、扩大应急等响应程序。

响应程序注意要点：

1）负责抢修和日常维护的生产部门是突发紧急事件的第一响应责任部门，应在接警后赶赴现场确认事件真实性后立即开展警戒、疏散群众、控制现场、救护、抢险等基础处置工作；根据紧急事件等级逐级报告相关部门。

2）相关单位在接到报告后，应尽快做出综合分析，按照分级响应权限通知相关单位，组织专业人员前往事发现场。

3）现场指挥部可根据突发紧急事件需要，适时启动相关应急行动组。参与处置工作的应急行动组应立即赶到现场并开展工作。

（4）扩大应急

因突发事件次生或衍生出其他突发紧急事件，目前的应急救援能力不足以控制严峻的态势，需由多家专业应急机构、事件主管单位同时参与处置工作的，负责处置工作的专业应急机构或事件主管单位应及时向上一级报告。必要时向市应急指挥中心报告。

根据突发事件动态发展需要，可适时联系相关单位参与应急工作。

注意事项：与相关单位的应急救援应与这些单位签订联防协议，以确保随时支援救援。

（5）事件情况汇报

1）事件汇报内容

① 事件单位的名称、负责人、联系电话和地址。

② 事件发生时间、地点。

③ 事件造成的危害程度、影响范围、伤亡人数、直接经济损失。

④ 事件的简要经过，已采取的措施。

⑤ 其他需要上报的有关事项。

例：某企业的紧急事件现场报告单（表 4-3）。

2）上报时限

《生产安全事故报告和事故调查处理条例》（国务院令 第 493 号令）规定：单位负责人接到报告后，应于 1h 内向政府进行报告，每一级上报时间不得超过 2h。企业内部的上报程序和时限应以企业制度为基础制定。

6. 保障措施

保障信息应该全面，确保事故的及时处理。保障措施一般有以下方面：

（1）通信与信息保障；

（2）应急救援队伍保障；

（3）应急物资装备保障；

（4）经费保障；

（5）其他保障。

某企业的紧急事件现场报告单 表 4-3

单位： 年 月 日 时 分

第一人	姓名： 职务：
事件简况	时间： 地点： 周围环境描述：
事件涉及	□燃气管道 管道直径：□*DN*500、□*DN*400、□*DN*300、□*DN*250、□*DN*200、□其他 管道压力：□4.0MPa、□1.6MPa、□0.3MPa 管道材质：□钢管、□PE 管、□其他 □储配设备 □气化设备 □卸车设备 □调压设备 □增压设备（泵） □其他设备
事件类型	□泄漏、□火灾、□爆炸
伤亡、中毒情况	□死亡人数 □重伤人数 □中毒人数 □财物损失 □其他
社会援助	已向以下单位请救援助： □医疗、□消防、□公安、□安监办
其他情况	
备注：	抢险队员到达现场后应及时按记录单内容口头向调度中心报告，调度中心负责完成本报告单

审核： 填写人：

7. 其他

应急预案并不是起草完毕就算完成了，还应经过发布、实施、培训和演练，不断修改、完善应急预案。

应急演练的计划和实施应达到如下目的：

（1）有助于辨认工艺物质的危险性；

（2）有助于熟悉工艺特性和操作规程；

（3）有助于员工熟悉厂区布局和消防系统；

（4）提升员工处置突发事件的自信心；

（5）提出降低危险的建议，如引进新的安全装置，改进操作等。

4.3.4 其他应急预案的编写

专项应急预案的编写与综合应急预案的编写基本一致，主要是在预警和响应方面略有不同。预警分级和紧急事件的分级则针对具体事故进行分级。

1. 专项预案模块和编写要求（表 4-4）

专项预案模块和编写要求　　表 4-4

模块		编写要求
事故类型和危险程度分析		（1）能够客观分析本单位存在的危险源及危险程度
		（2）能够客观分析可能引发事故的诱因、影响范围及后果
		（3）能够提出相应的事故预防和应急措施
组织机构及职责	应急组织体系	（1）能够清晰描述本单位的应急组织体系（推荐使用图表）
		（2）明确应急组织成员日常及应急状态下的工作职责
	指挥机构及职责	（1）清晰表述本单位应急指挥体系
		（2）应急指挥部门职责明确
		（3）各应急救援小组设置合理，应急工作明确
预防与预警	危险源监控	（1）明确危险源的监测监控方式、方法
		（2）明确技术性预防和管理措施
		（3）明确采取的应急处置措施
	预警行动	（1）明确预警信息发布的方式及流程
		（2）预警级别与采取的预警措施科学合理
信息报告程序		（1）明确 24h 应急值守电话
		（2）明确本单位内部信息报告的方式、要求与处置流程
		（3）明确事故信息上报的部门、通信方式和内容时限
		（4）明确向事故相关单位通告、报警的方式和内容
		（5）明确向有关单位发出请求支援的方式和内容
应急响应	响应分级	（1）分级清晰合理，且与上级应急预案响应分级衔接
		（2）能够体现事故紧急和危害程度
		（3）明确紧急情况下应急响应决策的原则
	响应程序	（1）明确具体的应急响应程序和保障措施
		（2）明确救援过程中各专项应急功能的实施程序
		（3）明确扩大应急的基本条件及原则
		（4）能够辅以图表直观表述应急响应程序
	处置措施	（1）针对事故种类制定相应的应急处置措施
		（2）符合实际，科学合理
		（3）程序清晰，简单易行
应急物资与装备保障		（1）明确对应急救援所需的物资和装备的要求
		（2）应急物资与装备保障符合单位实际，满足应急要求

2. 现场处置预案模块和编制要求（表 4-5）

现场处置预案模块和编制要求　　表 4-5

事故特征	（1）明确可能发生事故的类型和危险程度，清晰描述作业现场风险
	（2）明确事故判断的基本征兆及条件
应急组织及职责	（1）明确现场应急组织形式及人员
	（2）应急职责与工作职责紧密结合
应急处置	（1）明确第一发现者进行事故初步判定的要点及报警时的必要信息
	（2）明确报警、应急措施启动、应急救护人员引导、扩大应急等程序
	（3）针对操作程序、工艺流程、现场处置、事故控制和人员救护等方面制定应急处置措施
	（4）明确报警方式、报告单位、基本内容和有关要求
注意事项	（1）佩戴个人防护器具方面的注意事项
	（2）使用应急救援器材方面的注意事项
	（3）有关救援措施实施方面的注意事项
	（4）现场自救与互救方面的注意事项
	（5）现场应急处置能力确认方面的注意事项
	（6）应急救援结束后续处置方面的注意事项
	（7）其他需要特别警示方面的注意事项

4.4　应急预案评审、发布与备案

应急预案评审是应急预案管理工作中非常重要的一环。为保证应急预案的科学性、合理性以及与实际情况的符合性，应急预案必须经过评审，包括组织内部评审和专家评审，必要时请上级应急机构进行评审。应急预案经评审通过和批准后，按有关程序进行正式发布和备案。

4.4.1　应急预案评审

应急预案编制完成后，应当组织有关人员对应急预案进行系统评审，通过评审发现应急预案在危险源辨识、各部门职责、应急力量及资源整合等方面存在的不足，并及时进行纠正，充分满足应急预案发布和实施的要求。因此，应急预案评审是应急预案编制或修订完成后，决定预案能否发布和实施的关键步骤。

《生产安全事故应急预案管理办法》（国家安全生产监督管理总局令第 17 号）明确规定，生产经营单位应做好生产安全事故应急预案（以下简称应急预案）评审工作，提高应急预案的科学性、针对性和实效性。

预案编制工作小组或牵头单位应当将预案送审稿及各有关单位复函和意见采

纳情况说明、编制工作说明等有关材料报送应急预案审批单位。因保密等原因需要发布应急预案简本的，应当将应急预案简本一起报送审批。

应急预案审核内容主要包括预案是否符合有关法律、行政法规，是否与有关应急预案进行了衔接，各方面意见是否一致，主体内容是否完备，责任分工是否合理明确，应急响应级别设计是否合理，应对措施是否具体简明、管用可行等。必要时，应急预案审批单位可组织有关专家对应急预案进行评审。

1. 评审方法

应急预案评审可采取形式评审和要素评审两种方法。形式评审主要用于应急预案备案时的评审，要素评审用于生产经营单位组织的应急预案评审工作。应急预案评审采用符合、基本符合、不符合三种意见进行判定。对于基本符合和不符合的项目，应给出具体修改意见或建议。

（1）形式评审。依据《生产经营单位生产安全事故应急预案编制导则》（以下简称《导则》）和有关行业规范，对应急预案的层次结构、内容、格式、语言文字、附件项目以及编制程序等内容进行审查，重点审查应急预案的规范性和编制程序。

（2）要素评审。依据国家有关法律法规、《导则》和有关行业规范，从合法性、完整性、针对性、实用性、科学性、操作性和衔接性等方面对应急预案进行评审。为细化评审，可采用列表方式分别对应急预案的要素进行评审。评审时，将应急预案的要素内容与评审表中所列要素的内容进行对照，判断是否符合有关要求，指出存在问题及不足。应急预案要素分为关键要素和一般要素。应急预案要素评审的具体内容及要求。

关键要素是指应急预案构成要素中必须规范的内容。这些要素涉及生产经营单位日常应急管理及应急救援的关键环节，具体包括危险源辨识与风险分析、组织机构及职责、信息报告、应急响应程序与处置技术等要素。关键要素必须符合生产经营单位实际和有关规定要求。

一般要素是指应急预案构成要素中可简写或省略的内容。这些要素不涉及生产经营单位日常应急管理及应急救援的关键环节，具体包括应急预案中的编制目的、编制依据、适用范围、工作原则、单位概况等要素。

2. 评审程序

应急预案编制完成后，生产经营单位应在广泛征求意见的基础上，组织对应急预案进行评审。

（1）评审准备。成立应急预案评审工作组，落实参加评审的单位或人员，将应急预案及有关资料在评审前送达参加评审的单位或人员。

（2）组织评审。评审工作应由生产经营单位主要负责人或主管安全生产工作的负责人主持，参加应急预案评审人员应符合《生产安全事故应急预案管理办法》要求。生产经营规模小、人员少的单位，可以采取演练的方式对应急预案进行论证，必要时应邀请相关主管部或安全管理人员参加。应急预案评审工作组讨论并提出会议评审意见。

（3）修订完善。生产经营单位应认真分析研究评审意见，按照评审意见对应急预案进行修订和完善。评审意见要求重新组织评审的，生产经营单位应组织有关单位评审人员对应急预案重新进行评审。

（4）批准印发。生产经营单位的应急预案经评审或论证，符合要求的，由生产经营单位主要负责人签发。

3. 评审注意事项

应急预案评审应坚持实事求是的工作原则，结合生产经营单位工作实际，按照《导则》和有关行业规范，从以下七个方面进行评审。

（1）合法性。符合有关法律、法规、规章和标准，以及有关部门和上级单位规范性文件要求。

（2）完整性。具备《导则》所规定的各项要素。

（3）针对性。紧密结合本单位危险源辨识与风险分析。

（4）实用性。切合本单位工作实际，与生产安全事故应急处置能力相适应。

（5）科学性。组织体系、信息报送和处置方案等内容科学合理。

（6）操作性。应急响应程序和保障措施等内容切实可行。

（7）衔接性。综合、专项应急预案和现场处置方案形成体系，并与相关部或单位应急预案相互衔接。

4.4.2　应急预案发布与备案

单位和基层组织应急预案须经本单位或基层组织主要负责人或分管负责人签发，审批方式根据实际情况确定。

不同行业、不同专业内容的应急预案，需要备案的部门也不同。黑龙江省安全生产应急救援指挥中心办公室发布《关于进一步明确安全生产应急预案修订与备案工作有关问题的通知》（黑安应指办发［2013］）2号对此有明确要求：

地方各级安全生产监督管理部门的应急预案，要报同级人民政府和上一级安全生产监督管理部门备案。

县级以上政府有关部门制定、修订的生产安全事故总体应急预案和专项预案要报同级政府安全生产监督管理部门和上级主管部门备案。

生产经营单位制定、修订的生产安全事故应急预案，要报所在地县级以上政府安全生产监督管理部门和有关主管部门备案。

中央管理企业和省属企业制定、修订的安全生产综合应急预案和专项预案要报属地政府安全生产监督管理部门备案，并抄送省政府安全生产监督管理部门和上级主管部门备案。

《生产安全事故应急预案管理办法》（国家安全生产监督管理总局令第17号）规定：生产经营单位申请应急预案备案时应当提交以下材料：

（1）应急预案备案申请表。

（2）应急预案评审或者论证意见。

参加应急预案评审的人员应当包括应急预案涉及的政府部门工作人员和有关安全生产及应急管理方面的专家。

（3）应急预案文本及电子文档。

审查意见书、综合预案要素审查表、专项预案要素审查表、现场处置预案要素审查表、预案形式审查表、应急预案附件要素评审表。

4.5 应急预案实施

应急预案实施是应急预案管理的重要内容之一。应急预案实施包括：开展预案宣传、进行预案培训，落实和检查各个有关部门职责、程序和资源准备。组织预案演练，使应急预案有机地融入安全保障工作之中，真正将应急预案所规定的要求落到实处。应急预案应及时进行修改、更新和升级。尤其是在每一次演练和应急响应后，应认真进行评审和总结，针对实际情况的变化以及预案中所暴露出的缺陷，不断地更新、完善，以持续地改进应急预案文件体系。

预案的培训、宣传和演练。针对预案目标与内容的培训、宣传和演练是应急预案管理的基础。在美国国家应急预案编制指南的前言中提出“没有经过培训和演练的任何预案文件只是束之高阁的一纸空文”“预案不仅是让人看，更重要的是要在实践活动中切实应用”。应急预案中列入的所有功能和活动都必须经过培训演练，包括切实提高领导干部在内的各类应急工作人员的意识和能力，熟悉和掌握应急响应程序和方法。在培训和演练中发现的问题可以成为预案修改更新的参考。

4.5.1 应急预案培训

明确对本单位人员开展的应急培训计划、方式和要求。如果预案涉及社区和居民，要做好宣传教育和告知等工作。

4.5.2 应急预案演练

应急预案的演练包括：桌面推演、功能演练和全面演练三类。在具体实施中应明确应急演练的规模、方式、频次、范围、内容、组织、评估、总结等内容。

1. 应急演练定义

应急演练是指各级人民政府及其部门、企事业单位、社会团体等（以下统称演练组织单位）组织相关单位及人员，依据有关应急预案，模拟应对突发事件的活动。

2. 应急演练目的

（1）检验预案。通过开展应急演练，查找应急预案中存在的问题，进而完善应急预案，提高应急预案的实用性和可操作性。

（2）完善准备。通过开展应急演练，检查对应突发事件所需应急救援队伍、物资、装备、技术等方面的准备情况，发现不足及时予以调整补充，做好应急准备工作。

（3）锻炼队伍。通过开展应急演练，增强演练组织单位、参与单位和人员等对应急预案的熟悉程度，提高其应急处置能力。

（4）磨合机制。通过开展应急演练，进一步明确相关单位和人员的职责任务，理顺工作关系，完善应急机制。

（5）科普宣教。通过开展应急演练，普及应急知识，提高公众风险防范意识和自救互救等灾害应对能力。

3. 应急演练原则

（1）结合实际、合理定位。紧密结合应急管理工作实际，明确演练目的，根据资源条件确定演练方式和规模。

（2）着眼实战、讲求实效。以提高应急指挥人员的指挥协调能力、应急救援队伍的实战能力为着眼点。重视对演练效果及组织工作的评估、考核，总结推广好经验，及时整改存在的问题。

（3）精心组织、确保安全。围绕演练目的，精心策划演练内容，科学设计演练方案，周密组织演练活动，制订并严格遵守有关安全措施，确保演练参与人员及演练装备设施的安全。

（4）统筹规划、厉行节约。统筹规划应急演练活动，适当开展跨地区、跨部门、跨行业的综合性演练，充分利用现有资源，努力提高应急演练效益。

4. 应急演练分类

（1）按组织形式划分，应急演练可分为桌面演练和实战演练

1）桌面演练。桌面演练是指参演人员利用地图、沙盘、流程图、计算机模拟、视频会议等辅助手段，针对事先假定的演练情景，讨论和推演应急决策及现场处置的过程，从而促进相关人员掌握应急预案中所规定的职责和程序，提高指挥决策和协同配合能力。桌面演练通常在室内完成。

桌面推演是在没有时间压力情况下，由应急组织的代表或关键岗位人员参加的，按照应急预案及其标准工作程序，讨论应急情况时应采取行动的演练活动。

桌面演练的特点是对演练情景进行口头演练，一般是在会议室内举行。由应急组织的代表或关键岗位人员参加，按照应急预案和标准行动程序，讨论所应采取的应急行动。讨论问题不受时间限制，采取口头评论形式，并形成书面总结和改进建议。

桌面推演的目的是发现和解决预案中的问题，取得一些有建设性的讨论结果，锻炼参演人员解决问题的能力以及解决应急组织相互协作和职责划分的问题。

桌面演练一般仅限于内部协调活动，应急人员主要来自本地应急组织，事后一般采取口头评论形式收集演练人员的建议，并提交一份简短的书面报告，总结演练活动和提出有关改进应急响应工作的建议。

桌面演练方法成本低，主要为实战演练做准备。

2）实战演练。实战演练是指参演人员利用应急处置涉及的设备和物资，针对事先设置的突发事件情景及其后续的发展情景，通过实际决策、行动和操作，完成真实应急响应的过程，从而检验和提高相关人员的临场组织指挥、队伍调动、应急处置技能和后勤保障等应急能力。实战演练通常要在特定场所完成。

（2）按内容划分，应急演练可分为单项演练和综合演练

1）单项演练。单项演练是指只涉及应急预案中特定应急响应功能或现场处置方案中一系列应急响应功能的演练活动。注重针对一个或少数几个参与单位（岗位）的特定环节和功能进行检验。

2）综合演练。综合演练是指涉及应急预案中多项或全部应急响应功能的演练活动，又称为“功能演练”，是指针对某项应急响应功能或其中某些应急响应行动举行的演练活动，主要目的是针对应急响应功能，检验应急人员以及应急体系的策划和响应能力。注重对多个环节和功能进行检验，特别是对不同单位之间应急机制和联合应对能力的检验。

功能演练比桌面演练规模要大，需动员更多的应急人员和机构，因而协调工作的难度也随着更多组织的参与而加大。演练完成后，除采取口头评论形式外，还应向地方提交有关演练活动的书面汇报，提出改进建议。

（3）按目的与作用划分，应急演练可分为检验性演练、示范性演练和研究性演练

1）检验性演练。检验性演练是指为检验应急预案的可行性、应急准备的充分性、应急机制的协调性及相关人员的应急处置能力而组织的演练。

2）示范性演练。示范性演练是指为向观摩人员展示应急能力或提供示范教学，严格按照应急预案规定开展的表演性演练。

3）研究性演练。研究性演练是指为研究和解决突发事件应急处置的重点、

难点问题，试验新方案、新技术、新装备而组织的演练。

不同类型的演练相互结合，可以形成单项桌面演练、综合桌面演练、单项实战演练、综合实战演练、示范性单项演练、示范性综合演练等。

全面演练针对应急预案中全部或大部分应急响应功能，检验、评价应急组织应急运行能力的演练活动。全面演练一般要求持续几个小时，采取交互式方式进行，演练过程要求尽量真实，调用更多的应急人员和资源，并开展人员、设备及其他资源的实战性演练，以检验相互协调的应急响应能力。

演练完成后，除采取口头评论、书面汇报外，还应提交正式的书面报告。

（4）演练类型的选择

选择采取何种演练形式，主要考虑以下几种因素：

1）应急预案、程序的制定及有关应急准备工作的进展情况；

2）所面临的风险性质和大小；

3）现有的应急响应能力；

4）演习成本及资金筹措状况；

5）关键部门对应急演习工作的态度；

6）应急组织投入的资源状况；

7）国家及地方的有关应急演习的规定。

无论选择何种演练方法，应急演练方案必须与事故应急管理的需求和资源条件相适应。

5. 应急演练规划

应急演练组织单位要根据实际情况，并依据相关法律法规和应急预案的规定，制定年度应急演练规划，按照“先单项后综合、先桌面后实战、循序渐进、时空有序”等原则，合理规划应急演练的频次、规模、形式、时间、地点等。

6. 应急演练实施

应急演练组织机构。演练应在相关预案确定的应急演练领导机构或指挥机构领导下组织开展。应急演练组织单位要成立由相关单位领导组成的应急演练领导小组，通常下设策划部、保障部和评估组；对于不同类型和规模的应急演练活动，其组织机构和职能可以适当调整。根据需要，可成立现场指挥部。

（1）成立应急演练领导小组

应急演练领导小组负责应急演练活动全过程的组织领导，审批决定应急演练的重大事项。应急演练领导小组组长一般由应急演练组织单位或其上级单位的负责人担任；副组长一般由应急演练组织单位或主要协办单位负责人担任；小组其他成员一般由各应急演练参与单位相关负责人担任。在应急演练实施阶段，应急演练领导小组组长、副组长通常分别担任应急演练总指挥、副总指挥。

1）策划部

策划部负责应急演练策划、应急演练方案设计、应急演练实施的组织协调、应急演练评估总结等工作。策划部设总策划、副总策划，下设文案组、协调组、控制组、宣传组等。

① 总策划。总策划是应急演练准备、应急演练实施、应急演练总结等阶段各项工作的主要组织者，一般由应急演练组织单位具有应急演练组织经验或突发事件应急处置经验的人员担任；副总策划协助总策划开展工作，一般由应急演练组织单位或参与单位的有关人员担任。

② 文案组。在总策划的直接领导下，负责制定应急演练计划、设计应急演练方案、编写应急演练总结报告以及应急演练文档归档与备案等；其成员应具有一定的应急演练组织经验或突发事件应急处置经验。

③ 协调组。负责与应急演练涉及的相关单位以及本单位有关部门之间的沟通协调，其成员一般为应急演练组织单位及参与单位的行政、外事等部门人员。

④ 控制组。在应急演练实施过程中，在总策划的直接指挥下，负责向应急演练人员传送各类控制消息，引导应急演练进程按计划进行。其成员最好有一定的应急演练经验，也可以从文案组和协调组抽调，常称为应急演练控制人员。

⑤ 宣传组。负责编制应急演练宣传方案，整理应急演练信息、对接新闻媒体和开展新闻发布等。其成员一般是应急演练组织单位及参与单位宣传部门的人员。

2）保障部

保障部负责调集应急演练所需物资装备，购置和制作应急演练模型、道具、场景，准备应急演练场地，维持应急演练现场秩序，保障运输车辆，保障人员生活和安全保卫等。其成员一般是应急演练组织单位及参与单位后勤、财务、办公等部门人员，常称为后勤保障人员。

3）评估组

评估组负责设计应急演练评估方案和编写应急演练评估报告，对应急演练准备、组织、实施及其安全事项等进行全过程、全方位评估，及时向应急演练领导小组、策划部和保障部提出意见、建议。其成员一般是应急管理专家、具有一定应急演练评估经验或突发事件应急处置经验专业人员，常称为应急演练评估人员。评估组可由上级部门组织，也可由应急演练组织单位自行组织。

4）参演队伍和人员

参演人员包括应急预案规定的有关应急管理部门（单位）工作人员、各类专兼职应急救援队伍以及志愿者队伍等。

参演人员承担具体应急演练任务，针对模拟事件场景做出应急响应行动。有时也可使用模拟人员替代未在现场参加应急演练的人员，或模拟事故的发生过程，如释放烟雾、模拟泄漏等。

(2) 应急演练准备

1) 制定应急演练计划

应急演练计划由文案组编制，经策划部审查后报应急演练领导小组批准。主要内容包括：

① 确定应急演练目的，明确举办应急演练的原因、应急演练要解决的问题和期望达到的效果等。

② 分析应急演练需求，在对事先设定事件的风险及应急预案进行认真分析的基础上，确定需调整的应急演练人员、需锻炼的技能、需检验的设备、需完善的应急处置流程和需进一步明确的职责等。

③ 确定应急演练范围，根据应急演练需求、经费、资源和时间等条件的限制，确定应急演练事件类型、等级、地域、参演机构及人数、应急演练方式等。应急演练需求和应急演练范围往往互为影响。

④ 安排应急演练准备与实施的日程计划，包括各种应急演练文件编写与审定的期限、物资器材准备的期限、应急演练实施的日期等。

⑤ 编制应急演练经费预算，明确应急演练经费筹措渠道。

2) 设计应急演练方案

应急演练方案由文案组编写，通过评审后由应急演练领导小组批准，必要时还需报有关主管单位同意并备案。主要内容包括：

① 确定应急演练目标

应急演练目标是需完成的主要应急演练任务及其达到的效果，一般说明“由谁在什么条件下完成什么任务，依据什么标准，取得什么效果”。应急演练目标应简单、具体、可量化、可实现。一次应急演练一般有若干项应急演练目标，每项应急演练目标都要在应急演练方案中有相应的事件和应急演练活动予以实现，并在应急演练评估中有相应的评估项目判断该目标的实现情况。

② 设计应急演练情景与实施步骤

应急演练情景要为应急演练活动提供初始条件，还要通过一系列的情景事件引导应急演练活动继续，直至应急演练完成。应急演练情景包括应急演练场景概述和应急演练场景清单。

A. 应急演练场景概述。要对每一处应急演练场景的概要说明，主要说明事件类别、发生的时间地点、发展速度、强度与危险性、受影响范围、人员和物资分布、已造成的损失、后续发展预测、气象及其他环境条件等。

B. 应急演练场景清单。要明确应急演练过程中各场景的时间顺序和空间分布。应急演练场景之间的逻辑关联依赖于事件发展规律、信息的传递和应急演练人员收到信息后应采取的行动。

③ 设计评估标准与方法

应急演练评估是通过观察、体验和记录应急演练活动，比较应急演练实际效果与目标之间的差异，总结应急演练成效和不足的过程。应急演练评估应以应急演练目标为基础。每项应急演练目标都要设计合理的评估项目方法、标准。根据应急演练目标的不同，可以用选择项（如：是/否判断，多项选择）、主观评分（如：1—差、3—合格、5—优秀）、定量测量（如：响应时间、被困人数、获救人数）等方法进行评估。

为便于应急演练评估操作，通常事先设计好评估表格，包括应急演练目标、评估方法、评价标准和相关记录项等。有条件时还可以采用专业评估软件等工具。

④ 编写应急演练方案文件

应急演练方案文件是指导应急演练实施的详细工作文件。根据应急演练类别和规模的不同，应急演练方案可以编为一个或多个文件。编为多个文件时可包括应急演练人员手册、应急演练控制指南、应急演练评估指南、应急演练宣传方案、应急演练脚本等，分别发给相关人员。

A. 应急演练人员手册。内容主要包括应急演练概述、组织机构、时间、地点、参演单位、应急演练目的、应急演练情景概述、应急演练现场标识、应急演练后勤保障、应急演练规则、安全注意事项、通信联系方式等，但不包括应急演练细节。应急演练人员手册可发放给所有参加应急演练的人员。

B. 应急演练控制指南。内容主要包括应急演练情景概述、应急演练事件清单、应急演练场景说明、参演人员及其位置、应急演练控制规则、控制人员组织结构与职责、通信联系方式等。应急演练控制指南主要供应急演练控制人员使用。

C. 应急演练评估指南。内容主要包括应急演练情况概述、应急演练事件清单、应急演练目标、应急演练场景说明、参演人员及其位置、评估人员组织结构与职责、评估人员位置、评估表格及相关工具、通信联系方式等。应急演练评估指南主要供应急演练评估人员使用。

D. 应急演练宣传方案。内容主要包括宣传目标、宣传方式、主要任务及分工、技术支持、通信联系方式等。

E. 应急演练脚本。对于大型综合性示范应急演练，应急演练组织单位要编写应急演练脚本，描述应急演练事件场景、处置行动、执行人员、指令与对白、视频背景与字幕、解说词等。

⑤ 应急演练方案评审

对综合性较强、风险较大的应急演练，评估组要对文案组制定的应急演练方案进行评审，确保应急演练方案科学可行，以确保应急演练工作的顺利进行。

3）应急演练动员与培训

在应急演练开始前要进行应急演练动员和培训，确保所有应急演练参与人员掌握应急演练规则、应急演练情景和各自在应急演练中的任务。

所有应急演练参与人员都要经过应急基本知识、应急演练基本概念、应急演练现场规则等方面的培训。对控制人员要进行岗位职责、应急演练过程控制和管理等方面的培训；对评估人员要进行岗位职责、应急演练评估方法、工具使用等方面的培训；对参演人员要进行应急预案、应急技能及个体防护装备使用等方面的培训。

4）应急演练保障

① 人员保障

应急演练参与人员一般包括应急演练领导小组、应急演练总指挥、总策划、文案人员、控制人员、评估人员、保障人员、参演人员、模拟人员等，有时还会有观摩人员等其他人员。在应急演练的准备过程中，应急演练组织单位和参与单位应合理安排工作，保证相关人员参与应急演练活动的时间；通过组织观摩学习和培训，提高应急演练人员素质和技能。

② 经费保障

应急演练组织单位每年要根据应急演练规划编制应急演练经费预算，纳入该单位的年度财政（财务）预算，并按照应急演练需要及时拨付经费。对经费使用情况进行监督检查，确保应急演练经费专款专用、节约高效。

③ 场地保障

根据应急演练的方式和内容，经现场勘察后选择合适的应急演练场地。桌面应急演练一般可选择会议室或应急指挥中心等；实战应急演练应选择与实际情况相似的地点，并根据需要设置指挥部、集结点、接待站、供应站、救护站、停车场等设施。应急演练场地应有足够的空间，良好的交通、生活、卫生和安全条件，尽量避免干扰公众生产生活。

④ 物资和器材保障

根据需要，准备必要的应急演练材料、物资和器材，制作必要的模型设施等，主要包括：

A. 信息材料：主要包括应急预案和应急演练方案的纸质文本、演示文档、图表、地图、软件等。

B. 物资设备：主要包括各种应急抢险物资、特种装备、办公设备、录音摄像设备、信息显示设备等。

C. 通信器材：主要包括固定电话、移动电话、对讲机、海事电话、传真机、计算机、无线局域网、视频通信器材和其他配套器材，尽可能使用已有通信器材。

D. 应急演练情景模型：搭建必要的模拟场景及装置设施。

⑤ 通信保障

应急演练过程中应急指挥机构、总策划、控制人员、参演人员、模拟人员等之间要有及时可靠的信息传递渠道。根据应急演练需要，可以采用多种公用或专用通信系统，必要时可组建应急演练专用通信与信息网络，确保应急演练控制信息的快速传递。

⑥ 安全保障

应急演练组织单位要高度重视应急演练组织与实施全过程的安全保障工作。大型或高风险应急演练活动要按规定制定专门应急预案，采取预防措施，并对关键部位和环节可能出现的突发事件进行针对性应急演练。根据需要为应急演练人员配备个体防护装备，购买商业保险。对可能影响公众生活、易于引起公众误解和恐慌的应急演练，应提前向社会发布公告，告示应急演练内容、时间、地点和组织单位，并做好应对方案，避免造成负面影响。

应急演练现场要有必要的安保措施，必要时对应急演练现场进行封闭或管制，保证应急演练安全进行。应急演练出现意外情况时，应急演练总指挥与其他领导小组成员会商后可提前终止应急演练。

（3）应急演练实施

1）应急演练启动

应急演练正式启动前一般要举行简短仪式，由应急演练总指挥宣布应急演练开始并启动应急演练活动。

2）应急演练执行

① 应急演练指挥与行动

A. 应急演练总指挥负责应急演练实施全过程的指挥控制。当应急演练总指挥不兼任总策划时，一般由总指挥授权总策划对应急演练过程进行控制。

B. 按照应急演练方案要求，应急指挥机构指挥各参演队伍和人员，开展对模拟应急演练事件的应急处置行动，完成各项应急演练动作。

C. 应急演练控制人员应充分掌握应急演练方案，按总策划的要求，熟练发布控制信息，协调参演人员完成各项应急演练任务。

D. 参演人员根据控制消息和指令，按照应急演练方案规定的程序开展应急处置行动，完成各项应急演练动作。

E. 模拟人员按照应急演练方案要求，模拟未参加应急演练的单位或人员的行动，并做出信息反馈。

② 应急演练过程控制

总策划负责按应急演练方案控制应急演练过程。

A. 桌面演练过程控制

在讨论桌面演练中，应急演练活动主要是围绕对所提出的问题进行讨论。由总策划以口头或书面形式，部署引入一个或若干个问题。参演人员根据应急预案及有关规定，讨论应采取的行动。

在角色扮演或推演式桌面应急演练中，由总策划按照应急演练方案发出控制消息，参演人员接收到事件信息后，通过角色扮演或模拟操作，完成应急处置动作。

B. 实战应急演练过程控制

在实战应急演练中，要通过传递控制消息来控制应急演练进程。总策划按照应急演练方案发出控制消息，控制人员向参演人员和模拟人员传递控制消息。参演人员和模拟人员接收到信息后，按照发生真实事件时的应急处置程序，或根据应急行动方案，采取相应的应急处置行动。

控制消息可由人工传递，也可以用对讲机、电话、手机、传真机、网络等方式传送，或者通过特定的声音、标志、视频等呈现。应急演练过程中，控制人员应随时掌握应急演练进展情况，并向总策划报告应急演练中出现的各种问题。

③ 应急演练解说

在应急演练实施过程中，应急演练组织单位可以安排专人对应急演练过程进行解说。解说内容一般包括应急演练背景描述、进程讲解、案例介绍、环境渲染等。对于有应急演练脚本的大型综合性示范应急演练，可按照脚本中的解说词进行讲解。

④ 应急演练记录

应急演练实施过程中，一般要安排专门人员，采用文字、照片和音像等手段记录应急演练过程。文字记录一般可由评估人员完成，主要包括应急演练实际开始与结束时间、应急演练过程控制情况、各项应急演练活动中参演人员的表现、意外情况及其处置等内容，尤其是要详细记录可能出现的人员“伤亡”（如进入“危险”场所而无安全防护，在规定的时间内不能完成疏散等）及财产“损失”等情况。

照片和音像记录可安排专业人员和宣传人员在不同现场、不同角度进行拍摄，尽可能全方位记录应急演练实施过程。

⑤ 应急演练宣传报道

应急演练宣传组按照应急演练宣传方案做好应急演练宣传报道工作。认真做好信息采集、媒体组织、广播电视节目现场采编和播报等工作，扩大应急演练的宣传教育效果。

3）应急演练结束与终止

应急演练完毕，由总策划发出结束信号，应急演练总指挥宣布应急演练结束。应急演练结束后所有人员停止应急演练活动，按预定方案集合进行现场总结讲评或者组织疏散。保障部负责组织人员对应急演练现场进行清理和恢复。

应急演练实施过程中出现下列情况，经应急演练领导小组决定，由应急演练总指挥按照事先规定的程序和指令终止应急演练：

A. 出现真实突发事件，需要参演人员参与应急处置时，要终止应急演练，使参演人员迅速回归其工作岗位，履行应急处置职责；

B. 出现特殊或意外情况，短时间内不能妥善处理或解决时，可提前终止应急演练。

（4）应急演练评估与总结

1）应急演练评估

应急演练评估是在全面分析应急演练记录及相关资料的基础上，对比参演人员表现与应急演练目标要求，对应急演练活动及其组织过程做出客观评价，并编写应急演练评估报告的过程。所有应急演练活动都应进行应急演练评估。

应急演练结束后可通过组织评估会议、填写应急演练评价表和对参演人员进行访谈等方式，也可要求参演单位提供自我评估总结材料，进一步收集应急演练组织实施的情况。

应急演练评估报告的主要内容一般包括应急演练执行情况、预案的合理性与可操作性、应急指挥人员的指挥协调能力、参演人员的处置能力、应急演练所用设备装备的适用性、应急演练目标的实现情况、应急演练的成本效益分析、对完善预案的建议等。

2）应急演练总结

应急演练总结可分为现场总结和事后总结。

1）现场总结。在应急演练的一个或所有阶段结束后，由应急演练总指挥、总策划、专家评估组长等在应急演练现场有针对性地讲评和总结。内容主要包括本阶段的应急演练目标、参演队伍及人员的表现、应急演练中暴露的问题、解决问题的办法等。

2）事后总结。在应急演练结束后，由文案组根据应急演练记录、应急演练评估报告、应急预案、现场总结等材料，对应急演练进行系统和全面地总结，并形成应急演练总结报告。应急演练参与单位也可对本单位的应急演练情况进行总结。

应急演练总结报告的内容包括：应急演练目的、时间和地点，参演单位和人员，应急演练方案概要，发现的问题与原因，经验和教训，以及改进有关工作的建议等。

3）成果运用

对应急演练暴露出来的问题，应急演练单位应当及时采取措施予以改进，包括修改完善应急预案、有针对性地加强应急人员的教育和培训、对应急物资装备有计划地更新等，并建立改进任务表，按规定时间对改进情况进行监督检查。

4）文件归档与备案

应急演练组织单位在应急演练结束后应将应急演练计划、应急演练方案、应急演练评估报告、应急演练总结报告等资料归档保存。

对于由上级有关部门布置或参与组织的应急演练，或者法律、法规、规章要求备案的应急演练，应急演练组织单位应当将相应资料报有关部门备案。

5）考核与奖惩

应急演练组织单位要注重对应急演练参与单位及人员进行考核。对在应急演练中表现突出的单位及个人，可给予表彰和奖励；对不按要求参加应急演练，或影响应急演练正常开展的，可给予相应批评和处罚。

（5）名词解释

1）应急演练情景。指根据应急演练的目标要求，按照突发事件发生与演变的规律，事先假设的事件发生发展过程，一般从事件发生的时间、地点、状态特征、波及范围、周边环境、可能的后果以及随时间的演变进程等方面进行描述。

2）应急响应功能。突发事件应急响应过程中需要完成的某些任务的集合，这些任务之间联系紧密，共同构成应急响应的一个功能模块。比较核心的应急响应功能包括：接警与信息报送、指挥与调度、警报与信息公告、应急通信、公共关系、事态监测与评估、警戒与治安、人群疏散与安置、人员搜救、医疗救护、生活救助、工程抢险、紧急运输、应急资源调配等。

3）应急指挥机构。应急预案所规定的应急指挥协调机构，如现场指挥部等。

4）应急演练参与人员。参与应急演练活动的各类人员的总称，主要分为以下几类：

应急演练领导小组：负责应急演练活动组织领导的临时性机构，一般包括组长、副组长、成员。

应急演练总指挥：负责应急演练实施过程的指挥控制，一般由应急演练领导小组组长或上级领导担任；副总指挥协助应急演练总指挥对应急演练实施过程进行控制。

总策划：负责组织应急演练准备与应急演练实施各项活动，在应急演练实施过程中在应急演练总指挥的授权下对应急演练过程进行控制；副总策划是总策划的助手，协助总策划开展工作。

文案人员：指负责应急演练计划和方案设计等文案工作的人员。

评估人员：指负责观察和记录应急演练进展情况，对应急演练进行评估的专家或专业人员。

控制人员：指根据应急演练方案和现场情况，通过发布控制消息和指令，引导和控制应急演练进程的人员。

参演人员：指在应急演练活动中承担具体应急演练任务，需针对模拟事件场景做出应急响应行动的人员。

模拟人员：指应急演练过程中扮演、代替某些应急响应机构和服务部门，或模拟事件受害者的人员。

后勤保障人员：指在应急演练过程中提供安全警戒、物资装备、生活用品等后勤保障工作的人员。

观摩人员：指观摩应急演练过程的其他各类人员。

5）应急演练控制消息。指应急演练过程中向参演人员传递的事件信息，一般用于提示事件情景的出现和引导、控制应急演练过程。

6）应急演练规划。指应急演练组织单位根据实际情况，依据相关法律法规和应急预案的规定，对一定时期内各类应急演练活动做出的总体计划安排，通常包括应急演练的频次、规模、形式、时间、地点等。

7）应急演练计划。指对拟举行应急演练的基本构想和准备活动的初步安排，一般包括应急演练的目的、方式、时间、地点、日程安排、经费预算和保障措施等。

8）应急演练方案。内容一般包括应急演练的目的、应急演练情景、应急演练实施步骤、评估标准与方法、后勤保障、安全注意事项等。

9）应急演练评估。由专业人员在全面分析应急演练记录及相关资料的基础上，对比参演人员表现与应急演练目标要求，对应急演练活动及其组织过程做出客观评价，并编写应急演练评估报告。

4.6　现场应急处置"一事一卡一流程"编制

4.6.1　定义

"一事一卡一流程"是应急预案体系的重要组成部分，是现场处置方案在班组的延伸和落脚点，是班组在发生突发事件后开展应急工作的作业指导书。"一事"指预想可能发生的某一具体突发事件或状况，如：燃气泄漏、设备损坏超压等；"一卡"指应对某一事件而预先编制并存放在现场，用以指导现场开展处置工作的一张应急操作卡（必要时还可能包括附件）；"一流程"指应对某一事件而采取的信息报告、现场组织安排、现场应急操作的一个完整应急处置流程。

4.6.2　编制原则和范围

"一事一卡一流程"应当在编制应急预案的基础上，针对工作场所、岗位的特点进行编制，规定重点岗位、人员的应急处置程序和措施，以及相关联络人员和联系方式，便于从业人员携带，同时还要达到简明、实用、有效的目的。

编制“一事一卡一流程”的核心是针对班组作业现场可能发生的各类事件，根据现场处置的一般原则、流程和基本要求，编制便于快速、准确、有效开展事故处置的流程和应急操作卡，明确现场人员在事故处置中的职责，指导现场人员准确、规范和快速有效进行应急处置。

4.6.3 编制内容

“一事一卡一流程”包括应急处置流程图、应急操作卡和附件等。

1. 应急处置流程图

应急处置流程图主要包括应急事件和具体流程。应急事件按照事件处置人员和特征等进行描述，格式为：某某应对某个现场处置，如：运行工应对场站燃气泄漏现场处置；流程图中的现场应急处置部分可直接引用应急操作卡内容，格式为：按《应急操作卡》进行现场处理，其中处理方式一般为急救、抢修、操作等。

2. 应急操作卡

应急操作卡是指导现场开展具体应急处置行动的一张卡片，主要包括风险预控措施和现场处置步骤。标题中的事件名称与相应的应急处置流程图对应；风险预控措施包括重要的、特殊的现场应急安全措施和安全注意事项；现场处置步骤的分类可根据应急处置的特性，选择一个划分标准，如时间阶段、处置人员、处置对象、处置方法等。

示例：某运行工应对场站进站阀门前超压现场处置。

风险预控措施：上游超压要冷静、逐级上报走流程、开启出站放散阀。

处置步骤：

（1）某运行工发现进站阀门前超压后，逐级上报，并将情况报公司调度中心。

（2）上游值班员关闭上游出站阀门，并通知公司生产调度中心采取相应的供气调度措施，通知下游进行检查或抢险。

（3）该运行工开启出站放散阀降压至生产调度标准，检查并消除事故原因。

（4）在确定事故处理完毕后，站长派专人现场监护，使其情况完全稳定下来后，经抢修指挥确认恢复生产，做好现场记录，并将事故处理情况报公司安全管理部门备案。

3. 附件

必要时，为了更快速、准确、有效开展现场应急处置工作，可预先准备与现场处置直接相关的资料，提高现场处置的正确性和效率。主要包括图（如：火灾逃生图）、作业证、检查对照表以及与处置有关的其他文档资料。

4.6.4　编制程序

编制按照计划、编制、审核、批准和发布程序进行。

1. 计划

根据燃气企业实际情况，制定编制或修订“一事一卡一流程”的工作计划。

2. 编制

班组根据某事件的应急处置流程，按“一事一卡一流程”的编制原则编制“一事一卡一流程”，并由班组长组织相关人员进行预审查。

3. 审核

部门组织对班组编制的“一事一卡一流程”进行审核，并将审核结果书面反馈给班组。

4. 批准和发布

班组根据部门审核意见完成修改后，经部门领导签字批准后发布，并将电子文档报公司安全管理部门备案。

“一事一卡一流程”宜每年由班组进行一次复查，并经部室审核人签名确认。

“一事一卡一流程”宜每 3～5 年进行一次全面修订，并行编制、审核、批准和发布的程序。期间如出现下列情况时应时重新修订：

（1）上级标准、规程、规定相关内容发生较大变化。

（2）应急预案和现场处置方案发生较大变化。

（3）处置流程发生较大变化。

（4）工艺流程发生较大变化。

（5）技改、扩建后设备发生较大变更。

（6）演练中发现严重不符合的内容。

4.6.5　保管和使用

（1）经批准发布的“一事一卡一流程”应打印三套。其中一套报部门备案，一套由班组存档，一套放在班组明显位置，供应急处置人员随时取用。

（2）每套“一事一卡一流程”应编制目录并装订皮册，内附审批页和修改页。

（3）发生应急事件时，由现场应急处置负责人将与事件对应的“一事一卡一流程”带到现场，并按照处置流程和步骤进行处置。

4.6.6　培训和演练

（1）班组应按照应急管理工作的要求，制定“一事一卡一流程”年度培训和演练计划，并按计划实施。培训可结合日常培训和事故演习等进行，演练一般采用模拟实战演练方式。

（2）班组宜每半年进行一次“一事一卡一流程”演练。

（3）当出现相关应急事件的风险预警时，应提前组织相关人员按“一事一卡一流程”进行针对性预演。

（4）演练计划实施前，应根据演练内容制定演练方案，并全过程记录。演练结束后，应对演练进行全面评估，并提出改进意见和建议。

第 5 章　应急救援队伍建设与管理

应急救援队伍是应急体系的重要组成部分，是应对突发事件的重要力量，也是企业应急管理水平的集中体现。“养兵千日、用在一时”。企业应组建专职或兼职应急救援队伍，配置各类装备、仪器，加强技能训练、应急演练，不断提升应急能力。

5.1 组 织 架 构

企业可根据规模、覆盖区域、员工及用户数量等因素，配置相应的应急力量。区域跨度较大、业务种类较多或业务点较分散的企业，可以考虑建立多支应急救援队伍，也可依托生产单位建立专业应急救援队伍，最终应保证 40min 到达现场、及时处置。企业规模较小的，可建立兼职应急救援队伍，或与施工队伍、关联企业通过协议实现资源共享。

企业常备应急力量应架构清晰、分工合理、职责明确。

5.1.1 人员组成

应急救援队伍可设主管和副主管各一名。主管负责队伍的全面工作，副主管协助主管开展工作。队伍下设小组若干，负责日常作业，轮流值勤。同时，设综合管理员若干，开展辅助性综合事务；设接话员若干，负责警情接听与传递。人员组成见图 5-1。

企业可根据实际情况决定队伍的人数和规模，有条件的可设置单独的二级单位，如：综合管理、装备管理、培训演练、计划财务等部门。

5.1.2 岗位职责

1. 主管岗位职责

（1）全面负责应急救援队伍工作，负责工作任务的组织安排；

（2）建立健全安全生产管理制度、岗位安全操作规程并检查监督执行情况；

（3）组织紧急和突发事故的抢修与抢险工作；

（4）组织应急救援队伍的安全管理工作，包括安全生产、安全教育、安全检查等；

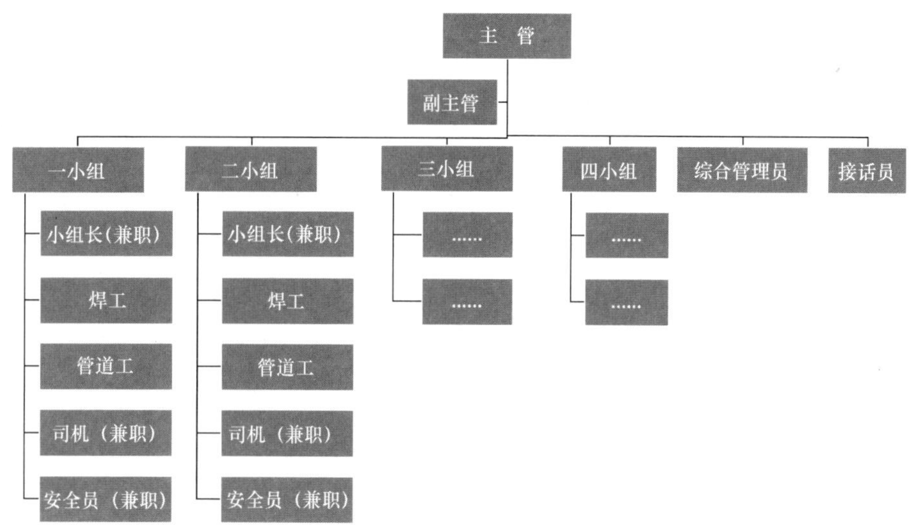

图 5-1 人员结构示意图

（5）组织车辆、设备、仪器的维护、维修及材料、备件的保管工作，确保处于良好状态；

（6）组织小型管网工程施工组织方案的编制工作；

（7）组织管理各类报表、台账工作，确保资料的及时性、完整性、准确性；

（8）组织各项安全活动，包括消防演习、抢修演练等。

2. 副主管岗位职责

（1）协助开展应急救援队伍各项工作，协助施工任务的组织安排；

（2）协助组织紧急和突发事故的抢修与抢险工作；

（3）协助组织应急救援队伍的安全管理工作，包括安全生产、安全教育、安全检查等；

（4）协助组织车辆、设备、仪器的维护、维修及材料、备件的保管工作，确保处于良好状态；

（5）协助组织小型管网工程施工组织方案的编制工作；

（6）协助管理各类报表、台账的工作，确保资料的及时性、完整性、准确性。

3. 综合管理员岗位职责

（1）贯彻有关安全生产的指示和规定，开展安全生产管理的各项工作；

（2）实施班组员工的“三级”安全教育和日常安全培训；

（3）发放劳动防护用品发放并登记建档；

（4）负责各类台账、报表填写和工作总结、数据统计填报工作；

（5）负责工程竣工图的绘制工作；

（6）负责作业许可证的申请办理；

(7) 负责班组间工作传递工作；

(8) 配合主管做好中心内绩效考核工作。

4. 接话员岗位职责

(1) 负责接听报警电话，记录详细准确；

(2) 负责仓库设备、机具、仪器、备品、备件的保管及管理工作；

(3) 配合抢修设备、材料的准备工作；

(4) 负责办公区域卫生环境的打扫与清洁工作；

(5) 认真执行交接班制度，不得擅自脱岗、离岗，并做好值班记录。

5. 小组长岗位职责

(1) 组织市区管网紧急和突发事故的抢修与抢险工作；

(2) 组织小组内的安全管理工作，包括安全生产、安全教育、安全检查等；

(3) 完成小型管网工程施工组织方案的编制工作；

(4) 组织小组成员进行设备使用后的维护、保养；

(5) 及时上交相关工作记录、表单。

6. 焊工岗位职责

(1) 负责抢修、抢险或维修工程施工焊接任务；

(2) 负责焊机和焊接材料的维护保养工作；

(3) 配合完成施工过程中的运料等项工作；

(4) 负责施工现场清理等项工作；

(5) 掌握各项抢险技能，熟悉应急预案，保证通信畅通；

(6) 认真执行交接班制度，不得擅自脱岗、离岗，并做好值班记录。

7. 管道工岗位职责

(1) 完成施工过程中的运料、卸料、辅助焊接等项工作；

(2) 完成除焊机以外的机具、设备，以及材料备件的维护保养工作；

(3) 负责施工现场清理等项工作；

(4) 掌握各项抢险技能，熟悉应急预案，保证通信畅通；

(5) 认真执行交接班制度，不得擅自脱岗、离岗，并做好值班记录。

8. 小组司机（兼职）岗位职责

(1) 认真遵守交通规则和公司车辆管理制度；

(2) 负责车辆的安全运行，维护保养及运行记录的完备工作；

(3) 负责车载工具的管理及施工现场车载设备的运行；

(4) 积极配合本班组完成工作任务；

(5) 完成领导交办的其他工作。

9. 小组安全员（兼职）岗位职责

(1) 贯彻有关安全生产的指示和规定，开展安全生产管理的各项工作；

（2）负责组织小组各项安全活动，组织消防演习和抢修演练；

（3）负责小组设备、仪器、灭火器材、防护器材和急救器具的管理；深入现场进行日常安全检查和监护，及时发现隐患，制止违章作业；

（4）负责危险作业过程中的安全措施落实情况；

（5）负责现场草图的绘制上报工作；

（6）负责抢维修现场记录及数据的收集工作；

（7）负责小组劳动防护用品发放管理工作并建档。

5.1.3 工作计划

1. 每日工作

（1）主管/副主管

1）组织召开交接班小组晨会；

2）对办公环境、作业现场安全检查；

3）审核前一天值班记录；

4）安排当日工作统计油耗、登记油表，清点仓库、补充前一天周转的管件、配件。

（2）小组长（当班）

1）组织小组成员参加班组交接会；

2）检查车辆状况，检查工具、设备；

3）交工作记录；

4）根据需求，随时出警。

（3）焊工/管道工（当班）

1）参加工作交接会；

2）根据需求，随时出警；

3）作业完成后，随即维护保养设备。

（4）接话员（当班）

1）打扫办公区域；

2）根据出警需要，配合准备工作。

（5）综合管理员

1）完成日常工作；

2）办理作业许可手续。

2. 每周工作

（1）主管/副主管

1）组织各小组长召开周例会；

2）给各小组补充工作所需耗材；

3）不定时对出警反映情况进行抽查。

（2）小组长（全部）

1）参加周例会；

2）清点耗材使用，提出补充需求。

（3）小组安全员（兼职）

1）开展现场安全检查；

2）保养本小组的工具、设备。

3. 每月工作

（1）主管/副主管

1）组织召开全体人员月度例会；

2）开展安全学习日，观看安全宣传片；

3）组织开展“理论＋实操”月度考评工作；

4）组织开展2次岗位训练工作。

（2）小组长

1）组织小组成员参加月度例会；

2）组织小组成员参加安全学习日；

3）开展小组月度考评工作；

4）组织小组成员参加岗位训练工作。

（3）焊工/管道工

1）参加月度例会；

2）参加安全学习日；

3）参加岗位训练工作；

4）对分管的设备进行2次保养。

（4）综合管理员

1）配合开展月度例会、安全学习日活动；

2）配合完成月度考评工作；

3）配合开展岗位训练工作。

4. 季度工作

全体人员

（1）评选安全标兵。

（2）开展应急演练。

（3）开展生产安全事故安全讨论活动。

（4）开展作业安全讨论活动。

（5）开展安全生产合理化建议或创新亮点。

5.2 装 备 配 置

“工欲善其事，必先利其器”，充足、合理的装备配置，是保障和提升应急力量必不可少的硬件支撑，也是保护应急人员职业健康安全、提升工作效率的利器。

重要设备、仪器在队伍内可共享使用，常用工具配发给各小组、每小组一套。各小组工具、物品分别放置在各自柜中、自行管理。

5.2.1 个人防护装备

应结合燃气行业特点配置充分、适宜的个人防护装备。燃气企业一线人员多在小区、道路等处作业，人员、车辆走动频繁，故很有必要通过警戒线、反光锥等警示标志设置作业区域，并安排监护、疏导人员，防止碰撞事故。现场人员还应配置反光背心，在白天和晚上均能醒目提示。

燃气具有易燃、易爆的特性，作业各环节中防静电被放在安全措施的首位，工作服、工作鞋都应保证防静电。此外，动火作业还应注意着阻燃防护服，焊接作业应穿焊接防护服，有限空间作业应配备正压式空气呼吸器等。

1. 一般作业（通用要求）

一般作业需要的装备见图 5-2。

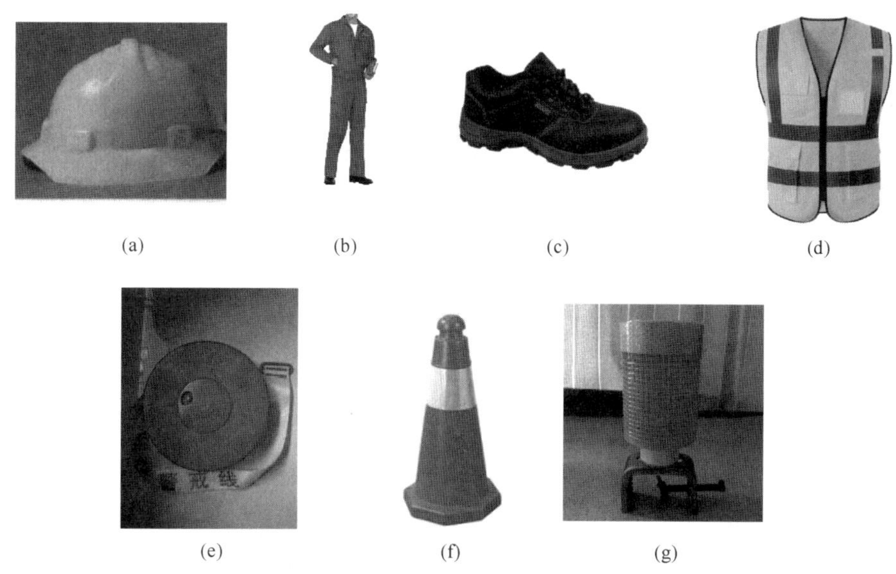

图 5-2 一般作业需要的装备

（a）安全帽；（b）工作服；（c）防静电防砸防穿刺鞋；（d）反光背心；（e）警戒线；（f）反光锥；（g）太阳能警示灯

2. 抢修作业（附加要求）

（1）带气作业（图 5-3）

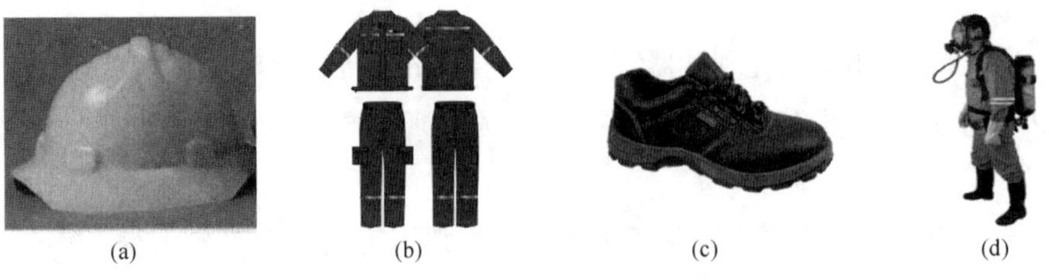

(a)　(b)　(c)　(d)

图 5-3　带气作业需要的装备

（a）安全帽；（b）阻燃防护服；（c）防静电防砸防穿刺鞋；（d）正压空气呼吸器

（2）动火作业（图 5-4）

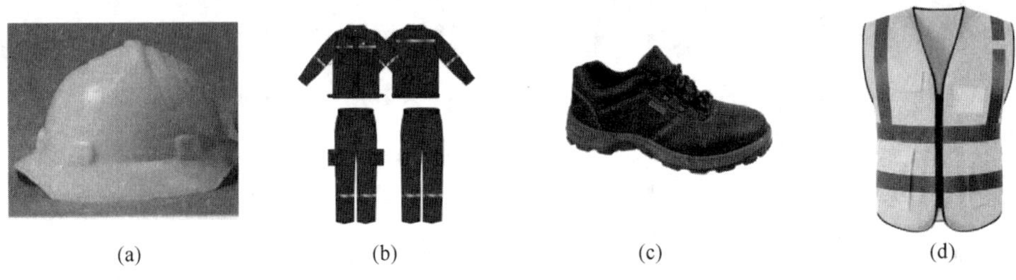

(a)　(b)　(c)　(d)

图 5-4　动火作业需要的装备

（a）安全帽；（b）阻燃防护服；（c）防静电防砸防穿刺鞋；（d）反光背心

（3）焊接作业（图 5-5）

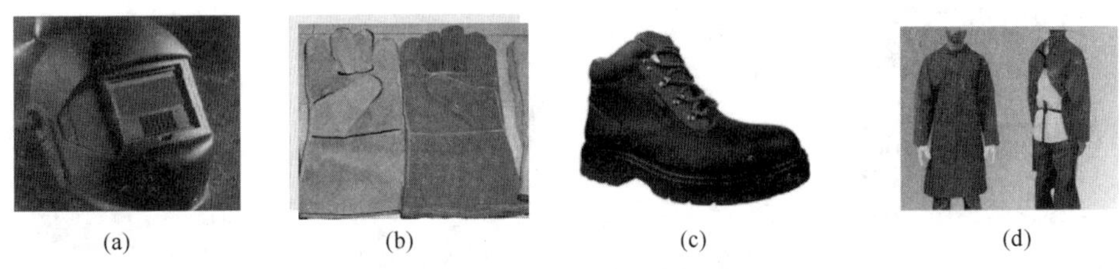

(a)　(b)　(c)　(d)

图 5-5　焊接作业需要的装备

（a）焊接面罩；（b）焊接手套；（c）焊接防护鞋；（d）焊接防护服

（4）切割、打磨、破碎作业（图 5-6）

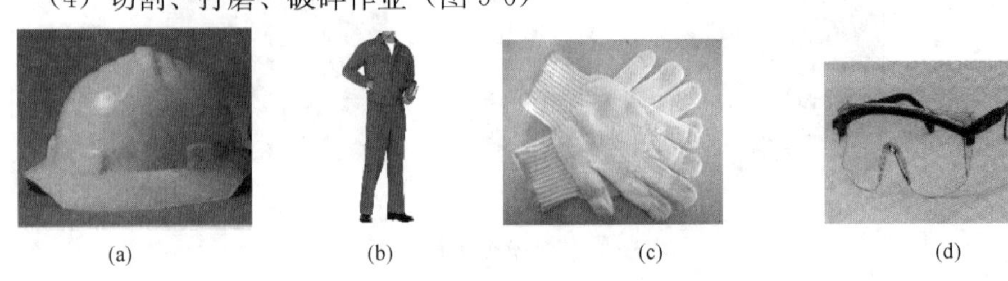

(a)　(b)　(c)　(d)

图 5-6　切割、打磨、破碎作业需要的装备

（a）安全帽；（b）工作服；（c）手套；（d）防护眼镜

3. 密闭空间作业（阀门井、基坑、凝水缸等）

密闭空间作业需要的装备见图 5-7。

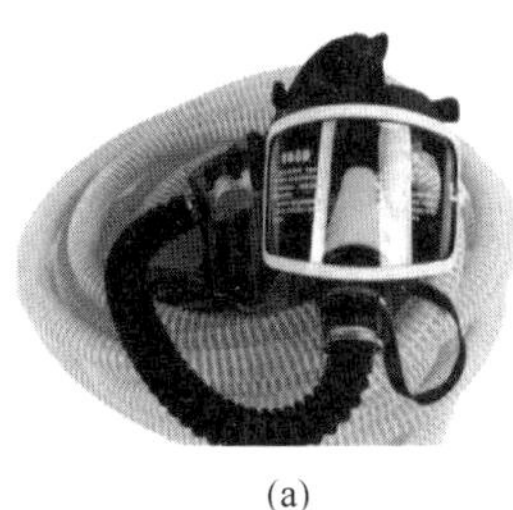

(a)

(b)

(c)

(d)

图 5-7 密闭空间作业需要的装备

（a）长管空气呼吸器；（b）救援三脚架；（c）安全带；（d）阻燃防护服

5.2.2 设备设施

考虑常见作业类别、工作场景，配置设备设施，保证生产、抢修的使用。管道接驳作业中，切割、焊接设备必不可少，针对钢质管道和 PE 管道还应配置对应设备。野外作业或取电不便，为了保证焊机、套丝机、照明等设备的正常用电，发电机必须常备。同时，也可提前预制管件，减少抢修现场时间、提高工作效率。

1. 常用设备设施类别

名称及用途

（1）交流电焊机

常用的焊接设备，具有结构简单、易造易修、成本低、效率高等优点，多用于在用电方便时预制抢修管件用（图 5-8）。

（2）逆变式直流弧焊机

逆变式直流弧焊机广泛应用于不锈钢、合金钢、碳钢、低合金钢、铜和其他金属的焊接（图 5-9）。

图 5-8 交流电焊机

图 5-9 逆变式直流弧焊机

（3）内燃弧焊机

内燃弧焊机使用汽油或柴油为动力的焊机，具有线路结构简单，使用维护方便，故障率低，重量轻、性能高，易于操作等优点。多在外出抢修、没有电源的情况下使用（图 5-10）。

（4）聚乙烯电熔焊接机

聚乙烯电熔焊接机对预埋设在电熔套筒内部的电熔丝加热，使电熔套筒内表面和管道外表面受热熔化，并由塑料管道自身的热胀效应使两者融合在一起（图 5-11）。

图 5-10　内燃弧焊机

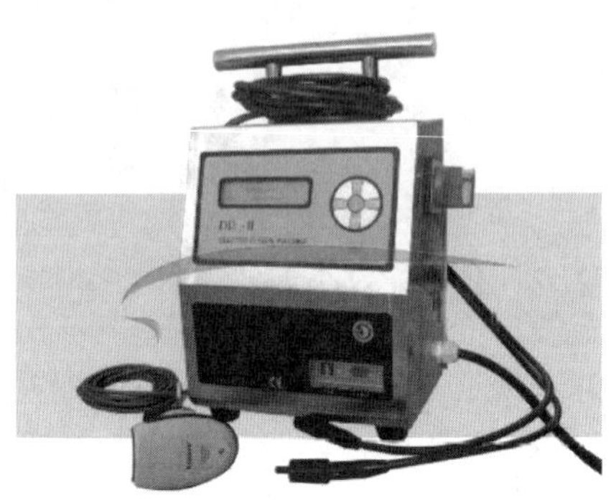

图 5-11　聚乙烯电熔焊接机

（5）热熔焊接机

热熔焊接机将管道连接界面用热板加热到黏流态后，移开热板，再给连接界面施加一定压力，并在此压力状态下冷却固化，形成牢固的连接（图 5-12）。

（6）发电机

发电机燃烧油料，提供临时电源的工具（图 5-13）。

图 5-12　热熔焊接机

图 5-13　发电机

（7）电动套丝机

电动套丝机用于加工管子外螺纹的电动工具，降低管道安装工人的劳动强度（图 5-14）。

（8）空气压缩机

空气压缩机用于新建管线保压试验，以及管线被异物堵塞、水堵时吹扫管道

(图 5-15)。

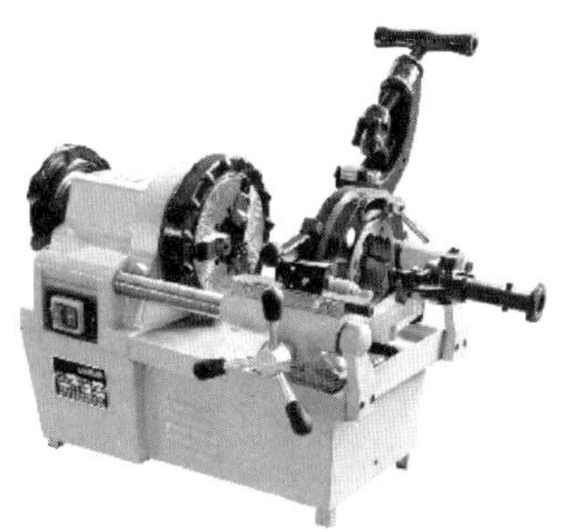

图 5-14 电动套丝机

图 5-15 空气压缩机

(9) 防爆型轴流式通风机

适用于对管道沟施工前排气和进入有毒、有害气体扩散的密闭空间前的送风(图 5-16)。

(10) 砂轮切割机

可对多种材料进行切割的常用设备(图 15-17)。

图 5-16 防爆型轴流风机

图 5-17 砂轮切割机

(11) 全方位自动升降灯

适用于各种户外施工作业、维护抢修、事故处理、抢险救灾等作移动照明和应急照明(图 5-18)。

(12) 燃气综合检测仪

可用于甲烷气体检漏、测爆、浓度测量及有毒气体检测、乙烷分析等(图 5-19)。

2. 设备维护保养

所有装备器材应定位放置，摆放整齐，固定牢靠，不准挪作他用。器材装备应当登记造册，并建立使用维护台账。应按照产品说明书要求，对各类装备进行日常维护保养。装备维护应坚持“三定”原则，即定责任人、定维护内容、定维护时间。压力表、安全阀等仪表、附件要按时进行校验，确保其灵敏好用。

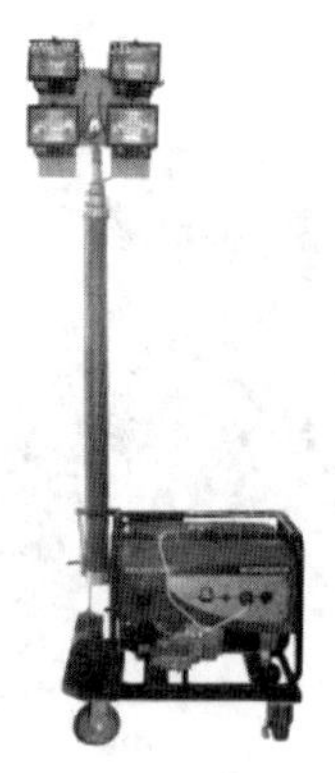

图 5-18　全方位自动升降灯

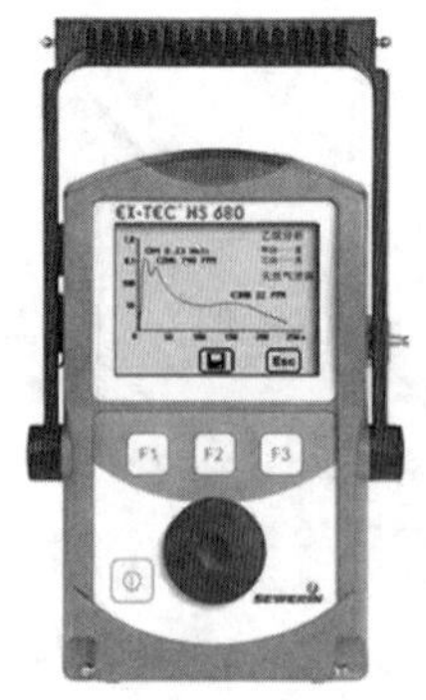

图 5-19　燃气综合检测仪

装备应保持外表洁净，灵敏好用，随时处于备战状态。出警、训练和演练使用过的器材要及时擦洗干净，晒（晾）干后，放回原位。对于不能安全使用或性能不能满足要求的装备与部件，应及时维修、更换或报废。

（1）清洁：所有抢维修设备每月清扫擦拭两次，保证设备干净整洁、摆放有序。

（2）检测仪器：使用仪器后及时清洗过滤片、气体导管并检查电量，如电量不足要及时充电（干电池及时上报更换），使用后拆除干电池放至仪器旁，做到"机电分离"防止漏液。每月清洗过滤片、气体导管不少于两次。

（3）机电设备：每月对电源线和螺栓至少检查两次，按要求更换机油。

（4）机械工具：每次使用前检查机械联接有无松动，需使用液压油的按要求更换液压油。

（5）消防器材：每半月检查消防器材外观、压力是否正常，铅封是否完好。

5.2.3　常用工具清单

抢修班组工具清单，见表 5-1。

抢修班组工具清单　　表 5-1

序号	工具名称	单位	序号	工具名称	单位
1	呼吸保护器	个	9	剥线钳	把
2	梅花扳手	把	10	管钳	把
3	开口扳手	把	11	十字螺丝刀	把
4	活口扳手	把	12	一字螺丝刀	把
5	内六方扳手	套	13	手 锤	把
6	合金钢錾	支	14	鸭嘴锤	把
7	手钳	把	15	阀门启闭工具	个
8	尖嘴钳	把	16	灭火器	具

续表

序号	工具名称	单位	序号	工具名称	单位
17	斧 子	把	25	焊枪	把
18	钢 锯	把	26	剪刀	把
19	铲刀	把	27	电焊面罩	个
20	医药箱	个	28	风 镜	副
21	电笔	支	29	气焊眼镜	副
22	氧气表	块	30	防爆对讲机	个
23	乙炔表	块	31	调压箱（柜）钥匙	把
24	割枪	把	32	警示围挡	个

5.3 日 常 管 理

5.3.1 制度与规程

应急救援队伍应建立健全岗位责任制、接警出警、现场检查、业务培训、科目训练、装备设施、应急演练、考勤和奖励处罚等日常管理制度。各岗位应根据各自职责制定具体的工作程序和工作标准，保证规章制度落到实处。

应急救援队伍应建立并不断修订完善抢修抢险、安全防护、应急装备等相关操作规程、作业指导书，并发放到相关岗位。

工作中，应按要求规范记录并保存各类文档、档案、表单。

相关规定及记录类别列举如下：

1. 管理制度

（1）岗位责任制度；

（2）接警出警制度；

（3）班前会制度；

（4）班组学习培训制度；

（5）交接班管理制度；

（6）安全检查制度；

（7）设备维护（保养）制度；

（8）安全绩效管理制度；

（9）抢维修工作标准；

（10）作业许可管理制度。

2. 操作规程

（1）交流电焊机操作规程；

(2) 直流电焊机操作规程；

(3) 气焊安全操作规程；

(4) 内燃弧焊机操作规程；

(5) 电熔焊机操作规程；

(6) 热熔焊机操作规程；

(7) 空气压缩机操作规程；

(8) 砂轮切割机操作规程；

(9) 发电机操作规程；

(10) 乙炔瓶操作规程；

(11) 氧气瓶操作规程；

(12) 自动升降工作灯操作规程；

(13) 防爆型轴流通风机操作规程；

(14) 电动套丝机操作规程；

(15) 正压式呼吸器操作规程；

(16) 燃气综合检测仪操作规程；

(17) 可燃气体报警器操作规程；

(18) 隔热防护服操作规程。

3. 作业指导书

(1) 钢制管道焊接作业指导书；

(2) 聚乙烯管道安装作业指导书；

(3) 管网停气作业指导书；

(4) 放散降压作业指导书；

(5) 管网防腐作业指导书；

(6) 抢修抢险作业指导书；

(7) 带气低压保压作业指导书；

(8) 带气中压保压作业指导书；

(9) 楼栋低压保压作业指导书；

(10) 阀门检修安全作业指导书；

(11) 燃气管线安装作业指导书；

(12) 庭院燃气工程作业指导书切割下料作业指导书；

(13) 电工安全作业指导书；

(14) 登高作业指导书；

(15) 有限空间作业指导书。

4. 工作记录

(1) 工作会议记录；

（2）收文及传达记录；

（3）月度工作计划表；

（4）安全教育培训台账；

（5）设备设施管理台账；

（6）办公机具台账；

（7）工具管理台账；

（8）隐患管理台账；

（9）劳动防护用品管理台账；

（10）专项活动工作记录；

（11）抢修班组值班表；

（12）抢修班组交班记录表；

（13）管网抢修班组出警现场记录表；

（14）带气、动火作业许可证；

（15）临时用电作业许可证；

（16）高处作业工作许可证；

（17）有限空间作业许可证；

（18）高处作业点检表；

（19）有限空间作业点检表；

（20）应急抢险点检表。

5. 抢修应急操作卡（通用版）

（1）作业程序

1）接警、接单：接警、接单后，管理员根据情况进行派单，接单后按流程进行工作安排。

2）出警：应急任务 40min 内赶到现场。

3）现场处置：检测现场气体环境，设立警戒、作业区，设立交通管制，必要时启动应急预案。

4）抢修方案：根据现场情况，班组长制定抢修方案；情况复杂时，由主管、经理制定抢修方案。

5）抢修实施：按照方案和安全操作规程实施抢维修作业，作业期间做好气体检测、安全监护。如需停气则按停气作业流程执行。遇到复杂和突发情况时，及时逐级上报。

6）应急恢复：检查施工质量，上报施工情况。上报调度，恢复供气。

7）现场清理：清点工具设备，撤销警戒区，恢复交通。

8）信息上报：综合管理员负责抢修施工后，办理或补办各类手续，如：动火、带气、有限空间作业证、破路申请等，整理抢修资料并将处置情况报调度部门。

9）报表填写：当班班长做好抢维修各项记录。

（2）岗位危险源告知

1）施工现场或井内缺氧、有毒或存在可燃气体，导致中毒、窒息或爆炸。

2）作业过程烧伤、烫伤。

3）现场地面杂乱，人员易跌伤。

4）高处作业坠落受伤。

5）高空坠物或井盖脱落砸伤。

6）工具戳伤或划伤。

7）现场施工机械伤害

8）触电伤害。

9）施工方不理解，造成人身伤害。

10）交通事故。

11）夏季高温中暑。

5.3.2　教育培训

强化员工的教育培训和训练，不断提升全体人员综合素质，锤炼出一支基础扎实、素质过硬、经验丰富的应急救援队伍，关键时刻拉得出、用得上、打得赢。

1. 新进员工培训

新上岗的从业人员安全培训时间不得少于72学时，每年接受再培训的时间不得少于20学时。

（1）企业级安全培训内容

1）本单位安全生产情况及安全生产基本知识；

2）本单位安全生产规章制度和劳动纪律；

3）从业人员安全生产权利和义务；

4）有关事故案例等。

（2）部门级安全培训内容

1）工作环境及危险因素；

2）所从事工种可能遭受的职业伤害和伤亡事故；

3）所从事工种的安全职责、操作技能及强制性标准；

4）自救互救、急救方法、疏散和现场紧急情况的处理；

5）安全设备设施、个人防护用品的使用和维护；

6）本部门安全生产状况及规章制度；

7）预防事故和职业危害的措施及应注意的安全事项；

8）有关事故案例；

9）其他需要培训的内容。

（3）班组级安全培训内容

1）本班组生产概况、特点、范围、作业环境、设备状况，消防器材等。

2）班组规章制度和操作规程，保证员工严格遵守。

3）本工种岗位责任及有关安全注意事项。

4）岗位使用的机械设备、工器具的性能，防护装置的作用和使用方法。

5）正确使用劳动保护用品及其维护保养要求。

6）事故教训和发生事故的紧急救灾措施。

从业人员在本单位内调整工作岗位或离岗一年以上重新上岗时，应当重新接受部门和班组级的安全培训。

2. 人员取证

根据国家相关规定，从事焊接、登高等特殊作业人员，必须按要求持证上岗，并且定期进行复审。人员取证情况详见表 5-2。

人员取证明细表 **表 5-2**

序号	工种	证件名称	发证单位
1	焊工	熔化焊接与热切割作业	市安全生产监督管理局
2	焊工	压力容器焊接	市质量监督管理局
3	焊工	特种设备焊接作业	市安全生产监督管理局
4	焊工	特种设备非金属材料焊工	市质量监督管理局
5	焊工 管道工	登高架设作业	市安全生产监督管理局
6	管道工	管道工	人力资源和社会保障局
7	管道工	低压电工作业	市安全生产监督管理局
8	驾驶员	驾驶证、内部准驾证	交警支队及企业内部发证

3. 日常培训

开展经常性岗位练兵，通过采取“理论＋实际操作＋考试”相结合的培训方式，提高员工处置突发事件的反应能力和技能。

（1）出警训练

接到事故电话通知后，电话值班员应立即按下电铃作为预备铃，值班员听到，应立即做好出警准备。电话值班员必须按规定接听和记录事故电话内容：事故单位名称、事故地点、事故类别、遇险人数、通知人姓名及单位，确认有关信息后，立即拉响事故警报。

值班队员听到事故警报，立即跑步集合，面向汽车列队，小组长清点人数。电话值班员向小组长简要报告事故情况，小组长简要布置任务后，乘指挥车领路救援。

自拉响事故警报起，至人员上车车轮转动为止，用时不应超过60s。电话值班员记录出动分队（战斗班）及人数、带队指挥员、出动时间。

（2）装备使用

应急救援队伍须对装备操作人员进行规范的安全操作培训，装备操作人员应做到“四懂三会”，即懂原理、懂性能、懂构造、懂用途；会操作、会维修保养、会排除故障。

（3）正压空气呼吸器佩戴训练

1）佩戴训练

① 操作程序

器材摆放——检查器材——“开始”口令——背好空气呼吸器——扣牢腰带——连接快速导管——将盔帽推至颈后——打开气瓶开关——戴好面罩（由上而下戴好，收紧系带，深呼吸使空气供给阀启动）——呼吸正常后，戴上头盔——系紧盔帽带——立正喊“好”。

② 操作要求

A. 气瓶应开足。

B. 面罩系带应松紧适度，且不漏气。

C. 肩带、腰带长度要合适，呼吸器应紧贴身体；达到实战状态。

D. 自“开始”口令起，至立正喊“好”止，用时不应超过30s。

2）换瓶训练

① 操作程序

器材摆放——检查器材——“开始”口令——卸空瓶——连接满瓶——检查气密性及气压——检查正常——立正喊“好”。

② 操作要求

满瓶连接上后，应检查管路气密性及气瓶气压，满足使用要求。自“开始”口令起，至立正喊“好”止，用时不应超过50s。

（4）现场急救

能够正确进行人工呼吸、心肺复苏、止血、包扎、骨折固定及伤员搬运等现场简易急救操作。

（5）应急拉练

应采取单项演练、多项演练、实地演练、模拟演练以及不同类型的演练相互组合等多种形式进行应急演练，对各类应急预案进行熟悉与改进。

5.3.3 例会管理

1. 班前会

每天早上班长（副班长）召开班前会，交接班的两个小组全体人员参加。班长总结各项工作任务，并通报安全工作情况，安排当日工作等。

2. 每周例会

每周主管（副主管）召开周例会，各小组组长和骨干人员参加。各小组汇报各自安全生产工作开展情况，班长对班组整体情况进行汇总、分析，解决存在的问题，统筹、安排人员开展下周工作。

3. 月例会

主管（副主管）召开月度例会，全体人员参加。学习公司安全会议的有关精神，按照公司安全会议的要求，分析存在的问题，讨论、解决班组在生产运营中出现的安全问题，总结安全工作中的经验教训。

5.3.4 安全检查

依据应急抢险点检表（表 5-3），小组长或兼职安全员对本小组进行安全检查，主管（或副主管）不定期对各小组进行安全检查，一周内应覆盖到所有的人员和现场，及时发现和处置各种安全隐患。对检查发现的问题，应进行原因分析，制定整改措施，落实整改时间、责任人，并对整改情况进行验证，保存相应记录。

应急抢险点检表 **表 5-3**

编号	检查项	检查项目描述	问题描述
1	现场警戒	抢险人员已穿戴好劳动保护用品	
2		在现场确定警戒区域、设立警示标识	
3		现场作业有专人监护	
4	抢险车辆	抢险物资设有专人负责管理，抢修工机具齐全，定期盘点，账物相符	
5		车辆内保持清洁整齐	
6		抢险物资摆放整齐并有防止滚动措施	
7		抢险配件材料在有效期内	
8		车辆车况良好	
9	抢险作业	抢险作业中使用防爆工具	
10		抢险人员进入事故现场立即控制气源	
11		放散或放燃方式安全可靠	
12		杜绝火种，切断电源，驱散积聚的燃气	
13		抢险作业时，与作业相关的控制阀门有专人值守	
14		现场有专人指挥、监护	
15		作业前后气体的置换、检测符合作业要求	
16		严格执行公司抢险作业流程/作业指导书	

检查人： 检查时间： 检查地点：

5.4 现 场 处 置

针对作业过程开展危险源辨识、评价工作，采取针对性措施有效管控作业风险。明确各类情况的现场处置措施，更好应对各类突发状况。

5.4.1 作业危险性分析

作业危险性分析见表5-4。

作业危险性分析 表5-4

序号	工作步骤	潜在危险	危害原因	风险等级	风险控制措施
1	抢修准备	出警延误，不能正常开展抢修作业	人员不到位	一般	执行值班制度和不在岗人员外出备案制
2	抢修准备	出警延误，不能正常开展抢修作业	机具设备不在正常状态	一般	定期检查和维护机具设备
3	抢修准备	出警延误，不能正常开展抢修作业	应急抢修物资准备不足	一般	定期盘点应急抢修物资；每次作业后必须及时补充
4	接报	多次去电询问，拖延抢险时间；或赶往目的地	信息传递不准（语词不清、错误）	一般	采用标准、统一的格式，综合语音、短信、图示等传递方式
5	接报	信息传递不达	通信设备故障或信号不良	一般	采取电话、手机、网络等两种以上组合方式
6	赶赴现场途中	延误抢险，引发事故的扩大	交通堵塞	一般	定期对交通状况进行勘察和评估
7	赶赴现场途中	延误抢险，引发事故的扩大	交通事故	一般	定期对驾驶人员进行交通安全培训和考核
8	赶赴现场途中	延误抢险，引发事故的扩大	市政工程交通管制或改道	一般	定期搜集市政工程引起的交通管制、改道
9	前期处置	延误抢险，造成人员受伤	车辆停放位置不当	一般	抢修车辆必须停放在事故点上风向，与事故点的水平间距不小于25m
10	前期处置	引发爆燃、爆炸或火灾，人员受伤	使用非防爆通信工具	一般	配置防爆通信工具；使用非防爆通信工具必须到安全区域
11	前期处置	引发爆燃、爆炸或火灾，人员受伤	未穿戴个人防护用品或不符合要求	一般	防静电服、鞋等应备用2件以上；个人防护用品定期检查
12	前期处置	引发爆燃、爆炸或火灾，人员受伤	手机、打火机等火源带入事故点	中等	赶赴途中，所有的手机、打火机等均应取出放置在车内

续表

序号	工作步骤	潜在危险	危害原因	风险等级	风险控制措施
13	前期处置	引发爆燃、爆炸或火灾，人员受伤	未进行浓度检测即进入事故点	中等	进入现场之前必须进行浓度检测
14		引发爆燃、爆炸或火灾，人员受伤	警戒范围过小	中等	初步警戒后，应根据浓度检测情况，结合气象条件，如风向，再调整警戒范围
15		无关人员围观，引发爆燃、爆炸或火灾，人员受伤	人员疏散不及时	中等	抵达现场，第一时间组织人员疏散
16		引发爆燃、爆炸或火灾，人员受伤	交通疏导不及时、措施不当	中等	抵达现场，第一时间组织交通疏导，特别是机动车辆
17		停气范围扩大	阀门关闭不严	中等	定期维护和检查阀门
18	抢险中的警戒	外部车辆伤害、无关人员围观，人员受伤	警示标识不足或设置不当；警戒人员不足	中等	合理设置警示标识；安排专人警戒、维护秩序
19	信息反馈	抢险资源支援不足；上级或政府部门追问情况	险情反馈不及时，险情判断有误	一般	应急预案中设定险情反馈节点，调度跟踪提醒
20	开启井盖	中毒、窒息或爆燃	开启前未检测气体浓度	中等	开启阀门前必须检测气体浓度，并记录
21		砸伤	打开井盖砸伤	一般	配防砸鞋，两人配合
22		大面积停气	误操作	中等	具备条件的进行关阀分析；关阀前进行确认
23	阀门井内作业	中毒、窒息	（1）下井前未检测井内有毒气体，导致人员中毒； （2）下井前未检测井内氧气含量，导致人员窒息	重大	进行高危作业培训，配备检测仪、三角架、防爆通风机
24		爆炸	井内漏气，未用防爆工具产生火花，气体爆炸，导致人员伤亡	重大	配备防爆工具或在接触面涂抹黄油，或喷洒水雾
25	放散作业	造成其他设施、植物等损毁；影响交通等	安全间距不足；警戒范围不够；放散点选择不当	一般	合理选择放散点，与其他设施、植物等保持足够的间距

续表

序号	工作步骤	潜在危险	危害原因	风险等级	风险控制措施
26	事故点开挖	引起着火或爆炸	开挖作业产生火花	中等	防爆风机吹散防止气体聚集；或喷洒水雾
27		塌方	未放坡	一般	事先做好支护措施或按规定放坡
28		物体打击	锹、镐等工具	一般	专人监护
29		车辆伤害	挖掘机作业时碰到作业人员	中等	人员不得进入作业范围
30		跌落	已开挖区域未警戒或无人监护	一般	设置警示标识，指定专人看护
31		紧急情况逃生困难	未设置紧急逃生台阶或梯子	中等	必须设置紧急逃生设施
32	维修	焊接质量不合格	未按照规程进行焊接作业	中等	按照程序进行作业，关键步骤应设置检查或检测环节
33		烧伤	未穿戴专用阻燃服	中等	配置阻燃服，专人监护作业人员必须穿戴
34		触电	无证操作	一般	必须持证上岗
35		触电	电线等不符合要求	中等	监护人应检查临时用电安全措施落实情况
36		摔伤	地面湿滑或电线、绳索等乱摆放	中等	监护人应检查作业环境和电线、工具等摆放
37		中毒、窒息	有限空间作业未采取防护措施	重大	作业前进行气体浓度检测，作业中定期进行气体浓度检测；个人佩戴防护用品；采取强制通风措施
38		职业伤害	电焊作业、噪声等	一般	配置个人防护用品，并检查佩戴情况
39		爆炸或燃烧	未采取消除静电措施	中等	设置防静电接地装置
40	检漏	燃气泄漏	检漏不规范、不认真	一般	设置两人检测，使用肥皂水、检测仪
41	置换	用户在使用过程中，造成安全事故发生	置换不彻底	中等	必须按照规程连续检测 3 次以上
42	防腐	管道腐蚀，重新开挖防腐	未做或不彻底	一般	进行防腐层质量检测

续表

序号	工作步骤	潜在危险	危害原因	风险等级	风险控制措施
43	回填	违章造成防护层破坏	未按要求	一般	按照要求先回填河沙或黏土
44	现场清理	影响交通	现场未及时清理	中等	及时清理
45	事故档案整理	影响信息完整	未及时整理归档	一般	建立事故档案管理制度，规定归档时限和管理部门

5.4.2 现场应急处置措施

1. 现场警戒

抢修人员到达现场后，要将现场情况上报调度中心，确定其影响范围和需要紧急停气的用户并确认现场下一步处理措施，根据燃气泄漏程度和气象条件等确定警戒区、设立警示标志。在警戒区内应管制交通，严禁烟火，无关人员不得留在现场，并应随时监测周围环境的燃气浓度。

抢修人员应佩戴职责标志。进入作业区前应按规定穿戴防静电服、鞋及防护用具，并严禁在作业区内穿脱和摘戴。作业现场应有专人监护，严禁单独操作。

抢修时，与作业相关的控制阀门应有专人值守，并应监视管道内的压力。当抢修中暂时无法消除漏气现象或不能切断气源时，应及时通知有关部门，并应做好现场的安全防护工作。

2. 现场控制

（1）泄漏的处置

燃气设施泄漏的抢修宜在降压或停气后进行。停气时应分别关闭上、下游阀门以及各支管阀门，切记事故管段支管阀门必须关闭，不得漏关、错关。

（2）着火的处置

当燃气设施发生火灾时，应采取切断气源或降低压力等方法控制火势，并应防止产生负压。应迅速关闭下游阀门，通过减小上游阀门开度，控制下游管道压力，安装测压表，确保管道内保持微正压，压力控制在 300～800Pa。管道泄漏处有明火，不得直接关闭上下游阀门，以免造成管道回火。控制上游阀门后，管道内压力降低，待火势变小后，使用灭火器扑灭明火。如火势蔓延至其他区域，导致火势增大，则需立即组织进行人员疏散，确保人员安全，等待火警救援。

（3）爆炸的处置

当燃气泄漏发生爆炸后，应迅速控制气源和火种，防止发生次生灾害。

（4）实施放散

当泄漏得到控制时，应对管道内余气进行放散，为抢修做好准备。如若泄漏发生着火，则需火势变小、成功灭火后进行放散操作。放散管应远离居民住宅、明火、高压架空电线等场所。当无法远离居民住宅等场所时，应采取有效的防护措施。放散管应选用金属管道，并牢固安装、可靠接地，高出地面2m以上。

当燃气浓度未降至爆炸下限的20%以下时，作业现场不得进行动火作业，警戒区内不得使用非防爆型的机电设备及仪器、仪表等。

3. 管道泄漏的抢修

(1) 地下泄漏点开挖

抢修人员应根据管道敷设资料确定开挖点，并对周围建（构）物的燃气浓度进行检测和监测；当发现漏出的燃气已渗入周围建（构）筑物时，应根据事故情况及时疏散建（构）筑物内人员并驱散聚积的燃气。

应对作业现场的燃气浓度进行连续监测，当环境中的燃气浓度超过爆炸下限的20%时，应使用防爆通风设备进行强制通风，在浓度降低至允许值以下后方可作业。应根据地质情况和开挖深度确定作业坑的坡度和支撑方式，并设专人监护。

(2) 钢质、铸铁管道的泄漏抢修

当采用阻气袋阻断气源时，应将管道内的燃气压力降至阻气袋有效阻断工作压力以下；阻气袋应采用专用气源工具或设施进行充压，充气压力应在阻气袋允许充压范围内。钢质管道泄漏点进行焊接处理后，应对焊缝进行内部质量和外观检查。同时，还要对防腐层进行修复，达到原管道防腐层等级。

(3) PE管道损坏的抢修

当PE管道发生断管、开裂等损坏时，应在采取有效措施阻断气源后进行抢修，使用夹管器夹扁后的管道应复原并标注位置，同一个位置不得夹2次。同时，应采取措施防止静电的产生和聚积。进行管道焊接作业时，当环境温度低于−5℃或风力大于5级时，还应采取防风保温措施。

4. 其他情况的处置

(1) 用户室内泄漏的处置

接到用户泄漏报告后，应立即派人到现场进行抢修。在抢修作业现场，不得接听或拨打电话，移动电话应处于关闭状态。抢修人员进入事故现场，应立即控制气源、消除火种、切断电源、通风并驱散积聚室内的燃气。应借助燃气检漏仪准确判断泄漏点，彻底消除隐患，严禁使用明火查漏，当未查清泄漏点时，严禁撤离现场。作业时，应避免由于抢修造成其他部位泄漏，并应采取防爆措施，严禁产生火花。

(2) 调压设施故障的抢修

调压站、调压箱发生燃气泄漏时，应立即关闭泄漏点前后阀门。如在室内，还需打开门窗或开启防爆风机，故障排除后方可恢复供气。

当调压站、调压箱因调压设备、安全切断设施失灵等造成出口超压时，应立即关闭调压器进出口阀门，并应对超压管道放散降压，排除故障。当压力超过下游燃气设施的设计压力时，还应对超压影响区内的燃气设施进行全面检查，排除所有隐患后，方可恢复供气。

（3）低压储气柜泄漏的处置

宜使用燃气浓度检测仪或采用检漏液、嗅觉、听觉查找泄漏点。应根据泄漏部位及泄漏量采用相应的方法堵漏。当发生大量泄漏造成储气柜快速下降时，应立即打开进口阀门、关闭出口阀门，用补充气量的方法减缓下降速度。

（4）压缩机房、烃泵房泄漏的处置

压缩机房、烃泵房发生燃气泄漏时，应立即切断气源和动力电源，并应开启室内防爆风机，故障排除后方可恢复供气。

（5）瓶组或槽车泄漏的处置

汽车载运气瓶组或拖挂气瓶车发生燃气泄漏时，应立即启动紧急切断装置，并应设置安全警戒线、疏散人员，采取有效措施和消除泄漏点。如因泄漏造成火灾，除控制火势进行抢修作业外，还要对未着火的其他设备和容器进行隔热、降温处理。

（6）CNG 站异常的处置

压缩天然气（简称 CNG）站出现大量泄漏时，应立即启动全站紧急切断装置，并应停止站区全部作业、设置安全警戒线、采取有效措施和消除泄漏点。

当 CNG 站因泄漏造成火灾时，除控制火势进行抢修作业外，还要对未着火的其他设备和容器进行隔热、降温处理。

（7）LNG 泄漏的处置

液化天然气（简称 LNG）储罐进、出液管道发生少量泄漏时，可根据现场情况采取措施消除泄漏。当泄漏不能消除时，应关闭相关阀门，并应将管道内 LNG 放散或通过火炬燃烧掉，待管道恢复至常温后，再进行维修。维修后可利用干燥氮气进行检查，无泄漏方可投入运行。

当 LNG 大量泄漏时，应立即启动全站紧急切断装置，并应停止站区全部作业。可使用泡沫发生设备对泄漏出的 LNG 进行表面泡沫覆盖，并应设置警戒范围，快速撤离疏散人员，待 LNG 全部气化扩散后，再进行检修。

LNG 泄漏着火后，不得用水灭火。当 LNG 泄漏着火区域周边设施受到火焰灼热威胁时，应对未着火的储罐、设备和管道进行隔热、降温处理。

5. 置换及恢复供气

抢修作业完成后，将管道或设备中置换为天然气后方可恢复供气。

置换可分为直接置换法和间接置换法两种。直接置换法是指采用燃气置换燃气设施中的空气的过程。间接置换是指采用惰性气体（一般为氮气）置换燃气设施中的空气后，再用燃气置换燃气设施中的惰性气体的过程。

从安全角度出发，一般采用间接置换法。

（1）氮气的基础知识

氮气占大气总量的约78%，通常情况下是一种无色、无味、无臭、无毒的气体。它是一种惰性气体，化学性质极不活泼，气体分子比氧分子大，不易热胀冷缩，变形幅度小，在标准情况下的气体密度是1.25g/L，氮气在水中溶解度很小，在常温常压下，1体积水中大约只溶解0.02体积的氮气。

工业用氮气通常采用黑色钢瓶盛放氮气（氧气瓶为淡蓝色，乙炔气瓶为白色）。常用的氮气钢瓶为40L，充装压力为13.5MPa，充装量约5.4m^3，通过氮气减压阀控制氮气输出的流量及压力。瓶装氮气为高压充装气体，移动氮气钢瓶时应使用钢瓶手推车。包装的氮气钢瓶上均有使用的年限，一般为5年必须检验，30年强制报废，凡到期的气瓶必须送往有部门进行安全检验。每瓶氮气在使用到尾气时，应保留瓶内余压在0.5MPa，最小不得低于0.25MPa余压。

瓶装氮气产品在运输、储存、使用时都应分类堆放，严禁可燃气体与助燃气体堆放在一起，不准靠近明火和热源，应做到勿近火、勿沾油脂、勿暴晒、勿重抛、勿撞击，严禁在气瓶身上进行引弧或电弧，严禁野蛮装卸。钢瓶运输时必须戴好安全帽，平放并将瓶口朝同一方向、不可交叉，高度不得超过车辆的防护栏板并用三角木垫卡牢、防止滚动。

氮气瓶发生泄漏时，会造成空气中氮气含量过高，人员会因吸入氧分下降而缺氧窒息。应迅速撤离泄漏污染区人员至上风处，并进行隔离，严格限制出入。

（2）置换标准

1）氮气置换空气标准

管道末端取样点检测人员使用测试仪检测，每隔5min检测取样气体中氧气含量。连续三次氧气含量测定值均低于2%vol，说明管道内充满了氮气，氮气置换合格。

2）天然气置换氮气标准

管道末端取样点检测人员使用测试仪检测，每隔5min检测取样气体中天然气含量。连续三次天然气含量达到85%vol以上时，说明管道内充满了天然气，天然气置换合格。

（3）恢复供气

管道和设备修复后，应对周边夹层、窨井、烟道、地下管线和建（构）筑物等场所的残存燃气进行全面检查。对抢维修管道、设备所有连接处用肥皂水检测，无渗漏气泡为合格。也可采用燃气泄漏检测仪进行辅助检测，仪器无可燃气体读数为无漏检。

符合运行要求后，方可恢复通气。用户停气后的通气，应在有效地通知用户后进行。严禁在 22：00～次日 6：00 之间恢复民用户供气，工商用户恢复供气时间由双方协商确定，恢复供气前必须进行联合保压和试火。

恢复供气时，需对管道进行气密性测试。中压管道可采用精度等级为 0.4 的压力表进行测试。观察时间不少于 30min ，无压降合格。低压管道可采用最小刻度为 1mm 的 U 形压力计进行测试。测试时间，居民用户试验 15min，工业和商业用户试验 30min，无压降合格。

第 6 章　应急救援综合保障

6.1　作　业　管　理

6.1.1　类别及流程

1. 作业类别

危险作业包括：带气、动火作业或在有爆炸危险场所内的动火作业、进入有限空间作业、高处作业、临时用电作业等。

2. 工作流程

工作流程见图 6-1。

图 6-1　工作流程

6.1.2　带气、动火作业

1. 定义

带气、动火作业是指带气作业、动火作业、带气动火作业三类作业。

（1）带气作业是指管道通气置换、恢复供气、停气降压、管道碰通、场站停气维修等作业；

（2）动火作业是指在防爆区域及防火区域内进行直接或间接产生明火的作业；

（3）带气动火作业是指在用燃气管道和设施进行切割、焊接等产生明火的作业。

2. 级别划分

根据带气、动火作业实施位置及设施运行压力分级管理，将带气、动火作业分为以下三类：

（1）一级作业：燃气高压管道和设施或场站压力管道和设施带气、动火作业；

（2）二级作业：中压管道和设施的带气、动火作业；

（3）三级作业：低压管线和设施的带气、动火作业。

3. 作业方案

（1）施工前准备

作业前应根据该次作业的条件进行风险评估，识别出风险并确定相应的控制措施，应制定带气、动火作业方案。

为了保证带气、动火作业的安全，必须做到：

1）必须设置专人控制、监测管道压力，专人负责停供气、放散等工作；

2）在放散过程中，应设置放散安全区域，放散安全区域内应做好禁火和警戒工作；

3）放散压力合格后方可动火；

4）采用隔断措施进行停气焊接，必须有专人负责监护，保证隔断处不漏气。

带气作业过程中必须坚持“四防”原则：

1）防止空气窜入燃气管道、设施；

2）防止作业期间发生人员烧伤、中毒、窒息等；

3）消除火源、静电等，防止作业现场着火、爆炸；

4）在管道内的燃气未置换完全时，禁止对新建管道的任何部位进行带气、动火作业。

现场负责人要组织对带气、动火作业人员进行作业方案、安全措施、应急处置等内容的培训。现场负责人、监护人未到现场严禁作业。作业人员要按照规定穿戴个人劳动防护用品，监护人要对作业人员的劳动防护用品穿戴情况进行检查，未按要求穿戴的，不得实施作业。

电动工具、焊接（切割）等设备的调试要在安全区域进行。场负责人应对带气、动火作业现场及安全措施进行检查，监护人应进行确认，填写带气、动火作业前检查表。未执行的，不得实施作业。

（2）实施作业

带气、动火作业应划定施工作业区域，并进行现场警戒。监护人要保障消防设施距作业人员距离不超过 2m；对管道的切割作业，监护人要持消防器材，随时准备灭火。作业人员要对管道压力、燃气浓度等数据进行监控，发现异常及时上报，并记录。

焊接、打磨等作业遇 5 级以上大风原则上不许带气、动火作业，必须进行带气、动火作业时要进行围挡隔离并控制火花飞溅。作业过程中，一旦发现安全隐患，或安全附件（报警器、安全阀）启动时，要立即停止作业，待安全隐患消除后，方可继续实施作业。

作业人员要严格按照操作规程实施作业，严禁违章作业。监护人在监护过程，发现有违章指挥、违章作业等行为时，应立即要求停止作业，纠正违章行为后，方可继续作业。作业过程中，焊接（切割）等作业人员宜轮换，或工作一段时长应安排休息。监护人及各作业人员换岗时要做好工作内容、工作责任的交接。作业过程中，监护人应做好记录。

作业中止或结束，应由现场负责人、监护人在许可证上进行签字确认。现场负责人应组织应消除火种、清理和恢复现场，由监护人检查确认符合安全要求之后，方可离开。

6.1.3　有限空间作业

1. 定义

有限空间是指封闭或者部分封闭，与外界相对隔离，出入口较为狭窄，作业人员不能长时间在内工作，自然通风不良，易造成有毒有害、易燃易爆物质积聚或者氧含量不足的空间。

有限空间作业是指作业人员进入或探入以上场所进行的作业。

2. 级别划分

一级作业：

(1) 深度超过 1.5m 的阀井；

(2) 坑、沟、涵洞等封闭、半封闭的场所；

(3) 用于储存易燃易爆物品或有害化学品的罐、仓、槽车、隧道等场所。

二级作业：

除一级有限空间作业的其他情况。

3. 作业方案

(1) 作业准备

有限空间作业前，有关人员应针对有限空间作业内容、作业环境等方面进行风险评估，根据风险评估的结果制定相应的控制措施，必要时制定安全专项方案。

检查有限空间作业现场应当符合下列要求：

1) 保持有限空间出入口畅通；

2) 楼梯、梯子、三脚架、安全绳等逃生救援设施符合要求；

3) 设置明显的隔离区域、安全警示标志和警示说明；

4) 设置合格的消防应急器材；

5) 气体检测仪器和通风设施符合要求并处于正常状况；

6) 符合安全用电要求；

7) 其他安全措施落实到位。

作业前清点作业人员和工器具，并记录。现场负责人、监护人将有限空间作业方案和作业现场可能存在的危险有害因素、安全措施等告知作业人员，实施安全教育培训。监护人应当监督作业人员按照方案完成作业准备工作。

采取可靠的隔断（隔离）措施，将可能危及作业安全的设施设备、存在有毒有害物质的空间与作业环境隔开。根据设备、场所具体情况搭设安全梯及脚手架，并配备必要的急救和消防器材。作业人员必须穿戴工作服、安全帽、工作鞋、全身式安全带等个人防护用品。进入罐体等环境前应采取消除静电的措施。

有限空间作业严格遵守“先通风、再检测、后作业”的原则。检测指标包括氧浓度、易燃易爆物质（可燃性气体、爆炸性粉尘）浓度、有毒有害气体浓度。氧气浓度应满足《缺氧危险作业安全规程》GB 8958—2006 的规定，不应小于19.5%，可燃气体和有害气体浓度参考《工作场所有害因素职业接触限值 第1部分：化学有害因素》GBZ 2.1—2019、《工作场所有害因素职业接触限值 第2部分：物理因素》GBZ 2.2—2007，可燃气体浓度不得超过 1%、一氧化碳浓度不得超过 24mg/L、硫化氢浓度不得超过 7mg/L。未经通风和检测合格，任何人员不得进入有限空间作业。检测的时间不得早于作业开始前 30min。

检测人员进行检测时，应当记录检测的时间、地点、气体种类、浓度等信息。检测记录经检测人员签字后存档。检测人员作业时采取相应的安全防护措施，防止中毒窒息等事故发生。现场负责人和监护人在对现场安全措施落实情况全面复查无误后，签署认可意见，方可进入作业。

（2）实施作业

在进入有限空间作业期间，严禁同时进行各类与该空间相关的试车、试压、试验及交叉作业。每个作业点必须有专人进行安全监护，在进行安全监护时应注意以下内容：

1）有限空间的出入口内外不得有障碍物，应保证其畅通无阻，便于人员出入和抢救疏散；

2）检查各项安全防护措施是否都得到有效落实，设备器材是否能够可靠使用；

3）各项检测数据是否满足作业要求；

4）对于出现预料之外的危害因素，做出合理的判断并及时处置；

5）进入有限空间作业人每次连续作业时间不应超过 1h，应适当安排轮换作业或间歇休息；风险级别较高的应酌情缩短单次作业时间；

6）作业人员与外部有可靠的通信联络方式。监护人不得离开作业现场，并与作业人员保持联系。

在有限空间作业过程中，作业现场应当采取通风措施，保持空气流通，禁止采用纯氧通风换气。发现通风设备停止运转、有限空间内氧含量浓度低于或者有毒有害气体浓度高于国家标准或者行业标准规定的限值时，作业人员必须立即停止有限空间作业，作业监护人清点作业人员，撤离作业现场。

在有限空间作业过程中，作业人员应对作业场所中的危险有害因素进行定时检测或者连续监测。作业中断超过 30min，作业人员再次进入有限空间作业前，应重新通风、检测合格后方可进入。

有限空间作业场所的照明灯具电压应符合《特低电压（ELV）限值》GB/T 3805—2008 等国家标准或者行业标准的规定；作业场所存在可燃性气体、粉尘的，其电气设施设备及照明灯具的防爆安全要求应当符合《爆炸性环境　第 1 部分：设备　通用要求》GB/T 3836.1—2021 等国家标准或者行业标准的规定。

作业结束后，现场负责人、监护人应当对作业现场进行清理，清点作业人员和工器具，必须与作业前相符。所有作业人员及所携带的设备和物品均已撤离，或者在有限空间及其附近发生了许可所不容许的情况，要终止进入有限空间许可。

6.2　应急安全保障

6.2.1　现场安全警戒

抢险队伍到达现场后，迅速实施现场安全警戒，具体包括：

（1）迅速疏散周围无关人员，综合考虑燃气泄漏程度和气象条件等因素，利用警示带、围挡划出警戒区域，实行临时交通管制措施，疏导、限制各类车辆、人员经过。110 或 119 人员如果在现场，由其协助进行疏导，效果更好。

（2）树立风向标，由专人密切关注风向变化。在周围尤其是下风向安排人员进行燃气浓度检测，谨防燃气扩散至人员密集区或有限空间区域形成爆炸气体。

（3）对进入警戒区域，尤其是作业区域的人员进行管控，禁止携带火种、钥匙或拨打手机。作业人员进入作业区前应按规定穿戴防静电服、鞋及防护用具，并严禁在作业区内穿脱和摘戴。抢修车辆进入警戒区前，应加装防火帽。

（4）现场作业如果持续时间较长，应提前设置应急照明设施，照明设施也应达到防爆级别。围挡或隔板上还应加设警示灯。

6.2.2　现场安全保障

现场安全保障由抢险队伍现场安全员、运行部门人员负责。

1. 抢险队伍现场安全员职责

（1）掌握抢险现场安全状况。

（2）对现场采取的各项安全措施到位情况严格监督。

（3）检查现场劳动防护措施的完成情况。

（4）做好抢险过程中现场监护。

（5）严格各项安全管理制度的规范执行。

（6）检查工作现场工作人员对工作任务和安全要求的掌握情况。

（7）对现场安全工作认真总结分析，对遇到的问题及时提交安全管理监督组协调解决。

2. 运行部门人员职责

（1）做好抢险现场管线情况、设备带气情况等作业条件和工作环境的安全交底。

（2）协助抢险队伍做好现场安全措施，做好停送气的联系配合和工作许可、调度汇报工作。

（3）及时将抢险过程中安全工作碰到的问题，配合上存在的难点向安全管理监督人员汇报，以便协调解决。

6.2.3 现场安全督查

现场安全督查由安全消防组指派人员负责，负责抢险现场的动态安全监察，根据抢险现场的具体情况，提出保证现场安全的要求和规定。

现场安全督查人员职责：

（1）对抢险现场开展安全动态监察。

（2）监督抢险现场各项安全措施执行情况。

（3）监督检查现场安全劳动防护措施的落实情况。

（4）监督检查现场抢险指挥部做出的决策和部署的执行情况。

（5）监督检查各项安全管理制度的执行情况。

（6）对每天现场安全监察情况进行分析、总结。

（7）及时通报现场存在的各类违章现象，对存在的重大问题及时上报指挥部。

6.3 应急物资保障

“兵马未动、粮草先行。”应急物资储备在保障应急工作中起到至关重要的作用，企业应将应急物资管理纳入日常管理中。

6.3.1 仓储管理

应急物资应建立清单，并注明规格、数量、存放地点等项目，定期进行检查、维持保养，保证账物一致、实时更新。应急物资存放在取用的固定场所，摆放整齐，不得随意摆放、挪作他用，并且明确专人管理。

应急物资储备分为实物储备、协议储备和动态周转等方式。

实物储备是指应急物资采购后存放在应急物资储备仓库内的一种储备方式；协议储备是指应急物资存放在协议供应商处的一种储备方式；动态周转是指在建设项目工程物资、大修技改物资、生产备品备件等作为应急物资使用的一种方式。

实物储备的应急物资管理应按照本单位仓储配送管理规定进行管理，保证应急物资质量完好、随时可用。

实物储备的应急物资应根据物资特性确定轮换周期，储存时间达到轮换周期的应急物资，应纳入本单位平衡利库物资范围，优先安排利库，无法纳入平衡利库的应急物资，应与供应商签订协议，组织轮换。

动态周转物资信息由各级物资供应部门负责收集和维护。

6.3.2　物资需求与采购

应急物资耗用后，应及时进行补充。应急物资的需求按储备定额与实际储备量的差额确定。

储备的应急物资由物资管理部门上报采购计划，由物资部门组织采购。

应急物资不能满足抢险需要时，可按实际需求组织紧急采购，在应急状态解除后组织合同补签。

6.3.3　供应与调配

应急物资由本单位应急指挥中心统一调用。

在应急状态下，应急物资保障组先组织本单位库存利库，库存满足应急需要的，立即组织配送；库存物资无法满足应急需要的，向上级应急物资保障组请求跨区域的应急物资调配。

应急物资保障组负责辖区内各单位之间的应急物资调配。

6.4　应急通信保障

6.4.1　信息管理系统

信息管理系统可实现信息报送、统计、辅助应急指挥等功能，满足燃气企业内部信息的互联互通，完成指挥员与现场的高效沟通及信息快速传递，为应急管理和指挥决策提供可靠的信息支撑和有效的辅助手段。

常用的信息管理系统有 SCADA 系统、GIS 系统等。

1. SCADA 系统

SCADA（Supervisory Control And Data Acquisition）系统，即数据采集与

监视控制系统。SCADA 系统是以计算机为基础的 DCS 与电力自动化监控系统；它应用领域广泛，可以应用于电力、冶金、石油、化工、燃气、铁路等领域的数据采集与监视控制以及过程控制等诸多领域。

各燃气场站通过 SCADA 系统提供、显示的管网系统工艺过程的压力、温度、流量、密度、设备运行状态等信息，调度人员可对整个系统进行操作和管理。系统具体可实现的功能包括：数据采集和处理，工艺流程的动态显示，报警显示、管理以及事件的查询、打印，实时数据的采集、归档、管理以及趋势图显示；历史数据的归档、管理以及趋势图显示；下达调度和操作命令；危险源定位等。

2. GIS 系统

地理信息系统（Geographic Information System 或 Geo-Information system，GIS）有时又称为“地学信息系统”。它是以地理空间数据库为基础，在计算机软、硬件支持下，对空间相关数据进行采集、输入、管理、编辑、查询、分析、模拟和显示，并采用空间模型分析方法，适时提供多种空间和动态信息，为地理研究和决策服务而建立起来的计算机技术系统。

GIS 系统可极大提升燃气企业对管线、阀门等各类设备设施的管理效率，具体包括：分层显示功能，快速查询、定位功能，设定区域内管道设施全属性综合查询、分析功能，异常状况追踪、分析判定及智能化预案提示功能等。

6.4.2 信息传递

企业应建立抢维修全天候值班制度，抢维修人员分批轮休，当班人员随时待命，物料、工具、备品备件等随车携带、一应齐备，遇到险情立即出发。企业还应设置 24h 应急报修电话或热线电话，并广泛宣传。电话用于接听内部、外部报警、转办或发布指令信息。企业也可分别设立对外热线和内部电话，形成内外两条线，便于各类信息及时、准确、高效地同步传达。

企业应根据实际情况建立并优化接报处理流程，同时实行领导带班、值班制度，保证有高管和中层人员在岗，便于对突发事件的快速反应、及时跟进处理。

应急预案体系中各级预案中应急人员通信录，应做到实时更新。企业各级管理人员，尤其是关键部门管理人员电话应全天处于开机状态，以保证异常情况的联动、协调。

6.5 应急后勤保障

6.5.1 应急后勤保障管理职责

1. 党群工作部门（工会）

党群工作部门（工会）作为抢险救灾慰问品发放的归口管理部门，负责慰问食品、生活用品等的采购及发放。其他部门慰问支出需经党群工作部门（工会）审批同意，慰问品发放应提供发放记录。

2. 人力资源部门

人力资源部门负责审核外部劳务发放标准，各部门外部劳务支出发放标准需报经人力资源部门审批同意，具体人员考勤天数由现场管理部门确认。

3. 综合办公室

综合办公室负责抢险救灾工作报道，开展抢险救灾新闻宣传，同时负责抢险救灾住宿费、餐费、食品、生活用品（包括帐篷、床、防潮垫、被褥等）、应急劳保用品（非计划类）、药品等的采购与发放，其他部门发生上述支出需经综合服务中心审批同意；负责确定住宿和用餐标准，各类物品发放应提供发放记录。

6.5.2　后勤保障物资管理流程

1. 购置

食品、日用品等后勤保障物资购置应当取得正规发票与销售清单，如因特殊情况，对方单位无法开具销售清单的，采购人应当根据实际采购物品、数量、单价、金额列出采购清单，采购清单应当由采购人、验收人签字确认。

2. 发放

购入后勤保障物资应当根据实际发放需编制发放清单，发放清单应当有具体发放至某个现场或抢修施工队伍、发放数量及领用人、发放人员签字等信息的清单，由于抢修工作具有一定的紧急性，领用人可由具体现场负责人统一签字，不得由发放人员或采购人员代签。

3. 报销

食品、日用品等后勤保障物资购置费用报销时，应当附有发票、采购清单、发放清单，且采购清单与发放清单数量应当核对一致。根据实际情况也可自行采用其他格式或手工填写，但各项清单要素与采购、验收、发放、领用人签字应当齐全。

餐费：应当取得发票及用餐清单，按日列明用餐情况，包括用餐对象（某抢险现场或抢险队伍），用餐人数、人均标准、用餐天数等信息。

住宿费：应当取得住宿费发票及住宿情况明细清单，清单应包括人数、天数、住宿房间数量、人均标准、住宿人员负责的抢修现场等相关信息。

临时工费用：外部抢修单位聘用的临时用工全部纳入施工费结算，本单位聘用临时用工人员支付工资应当取得正规发票（可税务局办理代开），提供用工说明，用工事项、人数、用工时长收费标准。收费标准应当与市场临时用工收费水平一致，特殊情况需履行审批流程。

运输费：抢险救灾工作中发生的物资运输费用应当取得正规运输发票与运输

清单，清单中应当注明日期、运输物资、重量、运输起始地点、运输到达地点与接收人签字。

6.5.3 后勤保障物资归口管理流程

后勤保障物资采购分别由综合办公室与党群工作部门（工会）归口管理，党群工作部门（工会）负责慰问物资的采购、发放，综合办公室负责抢修后勤供应物资的采购、发放，抢修工作中如遇特殊情况，各抢修场地需自行购置发放物资，可向归口部门负责人进行电话审批，在报销时由归口部门责人签字确认后办理报销手续。

餐费、住宿费、运输费由综合办公室归口管理，抢修工作中如遇特殊情况自行安排就餐与住宿，可向归口部门责人进行电话审批，在报销时由归口部门负责人签字确认后办理报销手续。

临时用工费用由人力资源部门管理，抢险救灾过程中需要聘用临时用工的，经抢修指挥中心负责人审批同意后（特殊情况可电话审批，事后补办审批手续）聘用，人资部负责审核临时用工标准的合理性。

6.6 应 急 资 金 保 障

6.6.1 基本原则

在重大灾害预警准备、灾害发生、抢险救灾、后续处置过程中，各单位、各部门应树立全员、全过程价值管理理念，有序开展各项工作，坚持以下基本原则。

坚持特事特办，全力做好资金保障的原则。财务应服务于业务，做好资金筹措、预算调整、费用报销等工作，确保抢险救灾工作有序开展。

坚持应赔尽赔，切实降低资产损失的原则。迅速响应风险预警，及时提示保险公司，财务、运行及其他业务部门协同做好资产损失统计、现场取证等工作。

坚持依法合规，确保风险可控在控的原则。各单位运行、物资、后勤、财务、审计应按照预案规定，加强抢险施工、物资、后勤管理、监督，及时、安全、完整地取得、保管、传递各类资料，确保原始凭证合法合规，有效防范经营风险。

6.6.2 灾害发生阶段

在灾害发生阶段，各单位财务、运行、生产工区应各司其职，协同做好受损资产统计、现场损失记录、出险报案等工作。

1. 上报受损资产

各单位基层生产部门负责统计受损资产，填写损失统计表，按资产管理职责，分部门上报；并在第一时间报告本单位财务部门，并对报修费用进行估算。

2. 出险报案

各单位运行部门接到基层生产部门汇报后，登记出险报案记录表，将记录表在报案当天递交给本单位财务部门，并收集当地新闻媒体有关报道作为证明材料备用。

3. 受损资产取证

各单位基层生产部门应于抢险救灾开始前对受损资产进行拍照或摄像，留下证据，填制现场损失记录单，在一周内将现场损失记录单及影像资料提交给本单位财务部门。

4. 受损资产统计发布

各单位财务部门在受灾期间应汇总统计资产受损情况，填写资产损失统计表，定期向本单位各部门、承保公司发布资产受损简报。

6.6.3　抢险救灾阶段

在抢险救灾阶段，各单位财务、运行、物资、后勤、施工单位等部门应协同做好物料入库、领用、退库、废旧物资回收等原始单据的记录、保管，为后续费用结算、账务处理提供真实、合法的原始凭证。

1. 应急抢修物资领用

无论受灾单位或是施工（援助）单位，对于抢修发生的各类物资消耗，都应设立专人做好明细记录，填写应急抢修物资申领单，注明领用单位、领用人和联系方式等信息。援助单位（外协单位）如有自带材料，需要交由物资部门登记，使用填写应急抢修物资申领单，明确用于具体的抢修项目。负责对口的财务专职应密切关注应急抢修物资领用情况，并要求物资供应部门联络人及时上报当日应急抢修物资申领单以及应急抢修物资领用汇总表。

2. 应急抢修物资退料

抢修过程中对已领未耗物资、设备要及时做好退库工作、在退料环节，受灾单位、施工单位要按照“从哪里领来、退到哪里”的原则，严格区分受灾单位物资仓库现场领用和抢修队自带两种情况，分别填写应急抢修物资退料单，援助单位自带材料要自行带走需经物资部门登记审核。

3. 废旧物资回收

受灾单位要组织施工单位加强废旧物资、拆除物资的回收、保管，事后统一进行处置，防止国有资产流失。废旧物资回收时，各单位要结合实际情况，按照重要性原则，对可利用的物资要加强回收力度。

4. 资料移交

抢险救灾结束后，施工（援助）单位应在撤离前将有关资料移交给受灾单位，并由受灾单位运行、物资、财务、审计四方签字确认。

施工（援助）单位与受灾单位办理交接手续时，受灾单位物资供应部门负责对应抢修物资申领单、应急物资使用清册、应急抢修物资退料单进行核对，核对无误并签字确认后提交运行部门办理交接。审计部应指定专人负责监督。

施工（援助）单位和受灾单位办理移交手续后，受灾单位运行、物资应妥善保管有关资料。其中，应急抢修物资申领单、应物资使用清册、应急抢修物资退料单、废旧物资回收单原件应提交财务部门，财务部门作为账务处理的原始凭证。

施工（援助）单位应将有关资料复印留存，以备后续结算所用。

6.6.4 后期处置阶段

1. 保险索赔

在后期处置阶段，各单位财务、各实物归口管理部门、资产使用部门应协同做好出险通知书填报、现场查勘定损、预付赔款申请、索赔资料准备及提交、协商赔付协议、收取保险赔款等索赔工作。

2. 填报出险通知书

保险事故报案后，财务资产部组织填制出险通知书，提交给保险承保公司。

3. 现场查勘定损

财务部门组织相关部门及保险承保公司等单位，明确灾情现场查勘计划及下一步赔付事宜。各实物归口管理部门、资产使用部门配合保险承保公司、公估公司进行现场查勘。在查勘完毕后，又有损失事故发生的，应及时通知保险承保公司进行补充查勘。

现场查勘结束时，各实物归口管理部门组织进行现场查勘记录（由保险承保公司出具）与现场损失记录单的核对，无异议后签字确认，在两个工作日内提交给财务部门。

4. 申请预付赔款

财务部门根据受损程度向保险承保公司申请预付赔款。组织收集申请预付赔款的相关资料，提交保险承保公司。

5. 准备索赔资料及提交

财务部门组织各实物归口管理部门、基层生产部门等，收集、整理索赔资料。资料齐全后由财务部门提交给保险承保公司，双方在保险事故索赔资料移交清单上签字确认。

6. 协商赔付协议

财务部门负责督促保险承保公司及时出具理赔意见，并会同相关部门进行审核，若对理赔意见存在异议，应与保险承保公司进行沟通谈判。审核通过后，财务部门与保险承保公司签订协议，明确赔付金额。

7. 收取保险赔款

财务部门向保险承保公司提供收款账号，收取保险赔款并进行账务处理。

8. 费用结算

费用结算的总体要求：后续处置阶段，受灾单位应及时与施工单位做好费用结算工作，费用结算遵循“费用随资产走”的原则，即以资产产权所属单位为费用归集中心，因灾害造成的损失费用以及实施抢修过程中发生的各类费用，原则上统一纳入受灾单位进行成本费用归集，各施工（援助）单位自行采购及其他发生的费用，与受灾单位协商进行结算。

6.7　燃气企业舆情处置

6.7.1　舆情处置的概念

舆情处置是指对于网络事件引发的舆论危机，通过利用一些舆情监测手段，分析舆情发展态势，加强与网络的沟通，以面对面的方式和媒体的语言风格，确保新闻和信息的权威性和一致性，最大限度地压缩小道消息、虚假信息，变被动为主动，先入为主，确保更准、更快、更好地引导舆情的一种危机处理方法。

6.7.2　舆情处置背景

现代社会，任何企业和单位的工作都离不开互联网，网络已经融入了我们生活的各个角落。

庞大的网民数量，使互联网应用空前地繁荣。而信息传播的便捷性和网民观点交互性使网络舆情发酵更为容易，影响更为深远。因此，积极的网络舆情处置成为政府、企业和个人不可避免的选择。

6.7.3　舆情处置方法

（1）重视互联网。互联网把人类带入一个多维的信息化、网络化时代，网络舆论成为民意的“晴雨表”。把握网络的发展趋势，认识网络的深刻影响，正视网络的严峻挑战，把网络作为日益强势的新兴媒体来对待，把关注网络舆情当作一种工作常态来坚持，把引导网络舆情作为一种能力来锻炼，高度重视网络建设，主动掌握网络技术充分利用网络资源，大力发挥网络作用，切实把互联网建设好利用好、管理好。

（2）尽量在第一时间发布新闻，赢得话语权。先入为主，掌握主导权。危机管理实质上是危机沟通管理。真实透明的信息、开放式的报道、人本化的沟通，不仅不会引发恐慌，给政府添乱，而且会促进网络民间力量与政府力量良性互动，产生积极效应。

（3）在网络舆情中勇于“抢旗帜”。在舆情频发的今天，要高扬社会公正、司法公正、以人为本和谐社会的旗帜，积极排查和解决社会各种不和谐、不稳定因素，维护人民群众的切身利益。

（4）在舆情应对中充分发挥主场优势，企业掌握的信息远比网民个人所了解的信息全，要充分发挥媒体优势，不失语、不妄语，发挥信息优势，学会有节奏地抛出系统化的专业信息，利用企业与民间的信息不对称，有力地引导舆论。

（5）建立燃气企业网络舆情预判预警机制。这一机制包括网络舆情信息收集机制，网络舆情信息分析机制，网络舆情发展方向的预测机制和网络舆情发展的干预机制。通过建立预判预警机制，企业可以有计划、有目的地对网络舆情进行干预。如在收集分析舆情信息时发现了负面信息，则可以通过报道正面消息冲淡负面信息的影响。

（6）建立网络舆情危机处理机制。公共危机事件的发生实际上是社会系统由有序向无序发展，最终爆发突发性危机事件的过程。因此，设立综合性决策协调机构和常设的办事机构，加强与政府部门的协调以提高处置重大突发事件的能力。

第 7 章 应急处置案例分析

燃气安全管理是城市安全运行管理的重要内容，直接关系人民群众生命财产安全。当前，我国燃气使用规模不断增长，燃气安全隐患点多面广，燃气事故时有发生。特别是湖北十堰“6·13”燃气爆炸事故造成重大人员伤亡，直接冲击人民群众的安全感，社会影响恶劣，暴露出一些地方和企业安全发展理念不牢、安全基础薄弱、安全管理缺失、应急抢修处置不当等突出问题，燃气安全风险防控任务依然艰巨。

7.1 案例 1：广东省深圳市龙岗区“12·13”长输管道破坏泄漏事故[1]

1. 事故概况

2010 年 12 月 13 日 15 时 10 分，中铁某局对承建的厦深铁路某特大桥进行桥墩桩基施工时，重约 3.8t 的桩锤打中了埋深约 10m 的广东某液化天然气公司的高压天然气管道，致使管道受损破裂，引起管道内高压天然气泄漏。

2. 处置过程

事故管道管径 762mm，运行压力 8.1MPa，管径大、压力高，又处在泄漏状态下，随时都可能进一步破裂引起爆炸，危及周边 800m 区域内的居民区、学校以及 22 万 V 高压走廊等，危险性极大。如果采取停气抢修是相对安全快速的方案，但是事故管道是供应广州、佛山、东莞等市的主要气源，一旦停气，会给下游几个城市带来严重影响，时值亚残运会期间，社会影响不可估量。在此情况下，相关部门经研究决定，采取带压封堵不停气的方案进行抢修。

抢险工作从 2010 年 12 月 13 日—2011 年 1 月 14 日，历时 33 天，共投入抢险人员 29324 人次，各类机械设备车辆 4883 台次，使用沙包 9000 多个，钢管、钢材 60 余吨，完成土石方 2 万多立方米，抢险期间累计疏散群众 688 人次，初步估算投入费用达 3678 万元。抢险主要分为三个阶段：一是事故应急抢险阶段（2010 年 12 月 13 日—12 月 23 日）。该阶段任务是完成泄漏管段上下游封堵，安

[1] 来源：深圳市人民政府应急管理办公室。

装封堵阀门，设置旁通管，实现泄漏管段与旁通管物理隔离。二是事故应急抢修阶段（2010 年 12 月 23 日—2011 年 1 月 3 日）。该阶段任务是完成泄漏管段土方基坑开挖，切除泄漏管段，更换新管。三是恢复供气阶段（2011 年 1 月 4 日—1 月 14 日）。该阶段任务是完成主管恢复通气，切断旁通管，封闭上、下游三通阀，完成管道防腐和阴极保护，回填土方，恢复原状。

3. 分析评估

此次事故抢险工作任务重、难度大，时间长，各级领导高度重视，相关部门和单位密切配合、辛勤工作，圆满完成了任务，做到了既排除险情，又保障供气，维护了大局稳定。

（1）领导重视，亲自挂帅。事故发生后，常务副市长、副市长连夜召开会议，部署抢险工作。会议决定成立处置工作领导协调小组，由常务副市长任组长、副市长任副组长，市应急办、住建局、科工贸信委、公安局、区管委会及天然气公司相关负责人为成员。同时成立现场联合指挥部，全面负责事故抢险抢修工作。

（2）周密部署，严格管理。抢险工作风险高、难度大，涉及范围广，每道关键工序都需要设置安全警戒线、采取隔离及安全保护等措施，要求各专业单位必须按照程序，协同作业。现场联合指挥部为此专门制定了周密的工作方案，建立了有效的工作机制，如领导值班和每日工作例会等多项制度。每遇到重要作业，均召开现场会议，对作业的外围环境和条件逐项核实，确保泄漏点周边居民、行人、车辆安全，确保现场抢险施工人员的安全。

（3）密切配合，协同作战。按照“一切为了抢险，一切保障抢险”的指导思想，现场联合指挥部进行全面动员，积极发动新区有关部门主动投入抢险工作。驻区公安分局、交警大队、消防大队，高速交警大队、消防特勤大队、办事处和燃气集团等单位积极配合开展抢险各项工作。此外，还调集各有关单位大量的人力物力协同参与，保障了工作的顺利进行。

（4）高度负责，严守岗位。所有参与抢险工作的同志以高度的使命感和责任感，在一线工作中认真负责，一丝不苟，冒着危险，克服严寒，严守各自工作岗位，安全、高效、优质地完成了每一项抢险任务。

4. 对策措施

抢修工作虽然取得成功，但此次天然气泄漏危险性极大，在全国也属罕见。根据专家的意见，管道被破坏至泄漏没有引发爆炸实属幸运。在做好事故调查、分析原因、认定责任的同时，也要总结事故教训，研究整改措施，强化日后管理工作。

（1）加大对国家建设项目的协调力度

天然气公司高压管道项目属国家重点能源项目，按照现行国家标准《输气管道工程设计规范》GB 50251 的要求，管线应避开城镇规划区。厦深铁路广东段也是国家重点建设项目，该项目设计的线路与已建成的高压天然气管道相邻，增大了安全风险，这也是造成“12·13”泄漏事故的一个重要原因。这种由于国家建设项目引发安全事故的情况仍可能出现，因此，加大对此类项目的有效监管，防止安全事故的发生。

（2）建立健全燃气管道监管工作体制

深圳市是天然气大市，也是珠三角地区和香港天然气输出，国家西气东输二线调峰储备的枢纽城市。境内燃气场站较多，高压、超高压天然气管线纵横，全市天然气管道保护工作任务重，难度大。根据《中华人民共和国石油天然气管道保护法》等有关燃气管道安全保护法律法规的规定，有必要研究建立健全各级燃气管理监管体制，成立专门机构，配备监管人员，加强对燃气行业和天然气管道设施的监督管理。

（3）进一步加大管道安全的监管力度

由市住房建设部门会同规划国土、发展改革和交通运输、科工贸信、水务、农林、城管等有关部门，建立市、区燃气管道安全保护联席会议制度，全面加强对天然气管道运营企业的监督管理。要加大执法力度，不断加强对危及管道安全行为的查处，要督促管道运营企业建立健全安全管理体系，建立完善的管道地理信息档案，全面加强管线安全巡查，及时发现和制止破坏管线的行为，确保管线运行安全。同时，适时出台《深圳市燃气管道设施安全保护办法》等政府规章，进一步明确各级政府和相关单位在燃气管道设施安全保护方面的职责，充分发挥各级、各部门的作用，齐抓共管，共同做好燃气管道设施的安全保护。

7.2　案例 2：陕西省西安市“5·26”液化石油气罐车泄漏处置事故[1]

1. 事故概况

2014 年 5 月 26 日 13 时 30 分，西安某危险化学品运输公司的重型罐式半挂车，装载 23t 液化石油气从咸阳出发，前往河南西峡县。经福银高速蓝田县段辋川一号隧道口外 K1485＋000 时，驾驶员和押运员按照行车规定停车检查，发现车辆左后轮中轴内胎温度很高，随即用水给轮胎降温，在向后轮胎浇第二桶水时，罐体后轮胎突然着火，两人在自救的同时拨打“119”报警，并及时向公司总经理报告情况。由于火势逐渐扩大，人力无法控制，两人在公路上设置警戒线，并主动疏散过往车辆，等待救援。由于火势不断蔓延，致罐体内液化石油气

[1] 来源：陈巴尔虎旗人民政府门户网站。

泄漏。

2. 处置过程

接到报告后，蓝田县在第一时间向市委、市政府报告情况的同时，组织力量赶赴现场救援；市政府立即安排副秘书长带领市级相关部门和省市应急专家赶赴现场，组建现场指挥部，迅速从全省召集有关专家共同研究和部署救援处置工作，并组织公安人员实施安全警戒和交通管制。号称“西安铁军”的西安消防支队在支队长的带领下，7个中队90余名官兵和23台消防车辆赶赴现场及时将大火扑灭。由于燃烧过程中造成排污阀被烧坏，现场组织消防人员对罐车车体喷水降温，并稀释罐体底部的泄漏气体，险情当时得到了控制。22时突发意外情况，在降温稀释泄漏气体过程中由于静电导致罐车二次着火，火势凶猛，火焰垂直上升，高达2m，罐车随时都有爆炸的可能，情况十分危急。现场指挥部经过研判，果断决定采取加大灭火力度、安装接地线和转移周边群众等措施，并将情况迅速报告市委、市政府。27日凌晨，市长带领市政府相关领导赶赴现场研究制定处置方案，并明确由市委常委、常务副市长负责，组织救援力量快速有序开展现场处置、环境监测、疏散群众、交通疏导和事故调查等应急处置工作。通过一系列的措施，火情得到了有效控制。

为了尽快处置泄漏事故，防止次生灾害发生，指挥部重新召集有关专家，再次对处置方案进行研究，决定实施倒罐作业。27日20时，现场指挥部组织技术人员对罐体实施倒罐作业；28日2时30分，完成倒罐并清理剩余气体；5时将事故罐车拖离事故路段；6时30分解除交通管制和安全警戒，该路段恢复通车。至此，经过40多个小时的紧急救援与处置，“5·26”蓝田县石油液化气罐车泄漏事故得到成功处置，未造成人员伤亡，未发生次生灾害。

3. 分析评估

液化石油气是一种无色挥发性液体，其主要成分为丙烷、丙烯、丁烷、丁烯，并含有少量戊烷、戊烯和微量硫化物杂质，具有易燃特性，空气中液化石油气含量达一定浓度范围时，遇明火即爆炸。“5·26”液化石油气罐车泄漏点周围方圆1.5km居住群众2300余人，事发点距辋川一号隧道1km。在处置过程中出现了二次复燃，火势凶猛，罐车随时都有爆炸的可能。根据国际标准测算，1t液化石油气的爆炸威力相当于6tTNT炸药的威力，23t液化石油气则相当于138tTNT炸药的威力。一旦处置不当，引发次生衍生灾害，形成爆炸，方圆2km内的地面建筑将被夷为平地，事发地周围2300名群众生命财产安全将受到严重威胁，秦岭辋川隧道可能遭受严重破坏，给国家财产造成巨大损失，福银高速大动脉将被长时间切断，给社会安全稳定和国民经济发展带来不可估量的损失。

由于泄漏事故极可能引发次生衍生灾害，这给事故的救援与处置带来了巨大的压力。采取何种措施，以何种形式和方法组织处置与救援是这次泄漏事故处置的难点之一；事发地方圆1.5km内居住着2300余名群众，加之天色已晚，如何组织群众有效疏散，确保人民群众生命财产安全，这是事故处置的难点之二；现场处置空间有限，各种救援力量相对集中，如何将这些救援处置力量形成救援拳头，确保事故得到快速有效处置，这是事故处置的难点之三；社会对事故处置的关注度高，如何及时将处置与救援信息告知公众，争取社会的支持，形成全社会参与应急救援与处置的共识，这是事故处置的难点之四。

4. 对策措施

在接到"5·26"液化石油气罐车泄漏事故报告后，市政府立即启动应急预案和相应程序，现场指挥部及时组织专家会商研判，不间断更新传递救援信息，组织10个单位协同进行应急响应。当地政府积极参与救援与处置工作，当地媒体实事求是地报道事态进展情况，确保了液化石油气罐车泄漏事故有力、有度、有序的救援与处置。

(1) 根据事态进展及时科学决策

蓝田县政府接报后立即组织力量开展先期救援工作。市政府按照安全生产应急救援预案要求，立即安排市政府领导带领市级相关部门和省市专家赶赴现场。16时30分，现场指挥部正式建立，下设专家技术咨询、现场处置、交通管制、群众疏散、指挥协调、安全保障和对外宣传7个工作小组，依照明确的职责，分头开展救援与处置工作。由于罐体燃烧导致排气阀烧坏，现场专家组研究提出使用最原始的处置方法即自然排放的方法进行处置。按照专家建议，指挥部决定组织各种救援力量采取降温稀释的方式展开救援工作，并将此情况向市政府作了汇报。22时，由于静电导致罐车第二次着火，指挥部对处置措施进行重新研究，在征求专家意见后，决定采取加大灭火力度、安装接地线和转移周边群众等措施，并将此决策情况及时报告市委、市政府。27日凌晨，市长带领市政府相关领导赶赴现场，听取了专家组的意见，了解了现场处置工作进展情况，常务副市长坐镇现场指挥，并研究制定处置方案。再次从省市抽调专家赶赴现场，加强专家队伍力量。27日20时，专家组重新对泄漏事故进行会诊分析，提出更换排气阀门再进行倒罐作业的建议，现场指挥部决定按现场专家意见，组织技术人员对罐体实施倒罐作业。28日2时30分，完成倒罐作业。专家经过技术分析和研判，提出危险解除，可以终止响应的意见，28日5时将事故罐车拖离事故现场。在事故处置过程中，针对不断出现的新情况，组织专家研判和分析，为指挥部决策提供科学保障，是这次事故得到快速有效处置的重要原因。

(2) 综合运用救援力量形成处置拳头

事故发生后，蓝田县政府组织公安、消防、安监、质检等部门和事发地蓝关镇相关力量赶赴现场，形成第一个波次的应急救援力量。当市级应急救援力量和部分志愿者救援力量赶到后，指挥部对到达现场的救援与处置力量进行分工，并明确责任。把市级救援力量、当地政府的救援力量和社会救援力量进行有效整合，扩大了救援与处置范围，形成了救援与处置的拳头。现场指挥先后调集90余名官兵、23辆消防车和远程供水车开展扑火工作，确保火情得到及时控制。发布疏散命令后，200余名公安民警、村镇干部迅速入村开展疏散劝离工作，先后召集10余名各行各业专家参与会商研判工作。市应急办全程参与应急处置救援的协调与信息联络工作，根据指挥部的指令，组织公安、交警、消防、公路，安监、质检等部门力量联合行动，由于处置时间较长，各种力量分批轮番作业，使应急救援与处置力量发挥出最大效益。

(3) 高效组织疏散确保群众生命财产安全

由于二次复燃可能引发罐体爆炸，指挥部下达疏散群众的命令。接到上级命令后，蓝田县、蓝关镇各分管领导立即通知有关干部紧急集结，机关干部和社区工作人员及部分志愿者也纷纷加入到组织群众疏散的行列，在接到命令10min内全部赶到现场，和公安人员一起挨家挨户动员疏散。由于事故发生后，基层单位按照指挥部的指令提前利用村里广播发布了信息，要求村民不要睡觉，在家待命。正式接到疏散命令后，疏散行动迅即展开。对一些老弱伤残人员，疏散组建立了自己的队伍，采取背、抬、抱等形式，将群众疏散至安全地点。为了保证群众全部安全转移，疏散组在群众疏散后还冒着危险，一家一户地排查，确保做到无一人遗漏。疏散转移中，基层的党员干部发挥了模范带头作用，有的党员几过家门而不入，先将其他村民送往安全地带，疏散组的同志还将自己私家车让出来送老弱村民出村。疏散组还对高速路和公路管理人员进行了疏散和检查，确保人员安全撤离危险区。经过1个多小时的努力，事发现场方圆1.5km内2300多名人员全部疏散完毕。

(4) 及时发布事故信息为应急处置注入正能量

泄漏事故发生后，市应急救援处置指挥部不捂、不瞒、不藏，及时向外界通报事故进展情况，赢得了社会的理解和支持。陕西电视台、西安电视台、《华商报》《西安日报》等各大媒体及时跟进报道事故处置情况。《西安日报》刊发《蓝田液化气罐车泄漏之后的“生死时速”》专题新闻报道，指出这是快速反应果断处置的典型。陕西省社科院社会学专家点评说，这是一次成功的各部门联动、警民互动、快速反应、果断处置的经典案例。陕西交通广播电台不间断地向市民传递处置信息，网民利用手机、微博等向社会传递应急救援的正能量。为了弘扬正气，增强应急管理工作的正能量，事故处理结束后，2014年6月27日，中共西安市委办公厅、西安市人民政府办公厅联合发文，对参与“5・26”液化气罐车泄漏事故处置与救援的10个单位和35名个人进行通报表彰。

7.3　案例3：重庆市垫江县“12.9”某小区天然气爆炸事故[1]

1. 事故概况

2015年12月9日7时30分许，垫江县某小区D4栋1单元1103与1104住户室内发生一起天然气爆炸事故。

2. 事故经过

2015年12月9日早上7时30分许，垫江县某小区D4栋1单元1103号户主刘某，在客厅看一份资料，由于一盏灯不亮，于是去打开设于共列墙空心砖中的另一电灯开关，刚一打开，随即发生爆炸，共列墙空心砖全部炸飞，冲击波将他推出约4m远的卧室分配廊道入口处，当场昏迷。

3. 处置过程

事故发生后，1104户主朱某夫妇与刘某妻子随即到现场察看，将受伤昏迷的刘某抬移至沙发上平卧，并拨打“120”急救电话，约半小时后，120急救车将刘某送至垫江县某医院救治。初步诊断：（1）右侧额部硬膜外血肿；（2）额骨右侧骨折；（3）双侧额颞部硬膜下积液；（4）全身多处软组织损伤。

2015年12月9日10时许，垫江县刑警队和当地派出所接到刘某亲属报案赶到事故现场，对事故现场进行了勘查，排除刑事案件，初步判断为天然气泄漏引起爆炸，随即通知检测公司工作人员到现场，进行可燃气浓度检测，现场检测出有可燃气体泄漏，当场对D4栋1单元1103与1104用户进行了停气处理。为查找D4栋1单元1104用户管线，开挖共列墙空心砖处管道约50cm。

4. 分析评估

（1）该小区D4栋1单元1104住户，暗埋于地板砖下天然气管道泄漏，渗透到共列墙空心砖中聚积，形成爆炸性气体，该小区D4栋1单元1103户主开启设在共列墙空心砖中的电源开关产生电火花，引起爆炸事故发生。

（2）该小区D4栋1单元1104住户安全意识不强，室内燃气管道工程未聘请有安装资质单位施工，未开展室内天然气暗埋管道安全检查，未及时发现室内天然气管道泄漏，未及时采取措施防止爆炸事故发生。

5. 对策措施

（1）该小区D4栋1单元1104住户对室内燃气管道进行改造，使之符合《城镇燃气室内工程施工与质量验收规范》CJJ 94—2009的要求。

（2）重庆市某公司对该小区D4栋1单元1104用户停止供气，待1104用户整改完成并经公司验收合格后，方可恢复供气。

---

[1] 来源：燃气爆炸微信公众号。

（3）重庆市某公司继续加强对用户安全使用天然气的宣传教育，对小区用户全面进行排查，对共列墙中空心砖下设置天然气阀门的要求用户予以拆除或废弃。

7.4 案例4：甘肃省兰州市某大学“7·20”燃气爆燃事故[1]

1. 事故概况

2015年7月20日7时32分，由甘肃某建设公司兰州分公司施工的兰州某大学学生公寓综合维修工程施工现场发生天然气爆燃事故，导致31人受轻伤，周边部分居民生活用气中断，校区6号公寓楼、7号公寓楼、某大学附小教学楼及相邻居民楼门窗玻璃被震碎，造成直接经济损失21.5万元（不含事故调查费用及罚款）。

2. 事故经过

2015年7月18日，甘肃某建设兰州分公司某大学学生公寓综合维修工程项目部按照某大学工程建设要求，由项目负责人毛某组织施工人员对砖混结构小二楼实施拆除作业。项目部施工队负责人白某安排郭某组织普工白某、白某某、挖掘机司机寇某，使用挖掘机破碎拆除小二楼，并清理回收其中的钢筋。7月19日16时许，在拆除砖混结构小二楼过程中，挖掘机司机寇某操作挖掘机拆除该楼东南角处已停止使用的燃气计量表，致使连接的*DN*80钢质输气管道损坏，造成天然气泄漏。现场施工人员闻到燃气味道，项目负责人毛某和现场负责人何某得知情况后，分别向某大学后勤管理处工程管理科工程师韩某和某大学附小副校长吴某进行了报告，2人未到现场核查并组织排除泄漏隐患，也未向相关部门和单位报告。7月20日上午7时32分，泄漏扩散到已拆除小二楼南侧，7号学生公寓楼一楼的天然气受周围施工活动的影响发生爆燃，导致31人受轻伤，周边590户居民生活用气中断，该校区6号公寓楼、7号公寓楼、某大学附小教学楼和相邻居民楼共193户居民门窗玻璃被震碎，直接经济损失21.5万元。

3. 处置过程

事故发生后，省安监局、市政府、市公安局、建设局、安监局、消防局等部门及城关区政府、某大学、甘肃中石油某燃气公司立即组织人员赶赴事故现场进行抢险救援。通过采取关闭天然气管道阀门、对爆炸燃烧的天然气进行水雾稀释、降温灭火和现场警戒等措施，明火于10时20分被扑灭。后经甘肃中石油某燃气公司对周边燃气管网安全运行情况进行全面排查，并对泄漏点实施封堵，于当日17时恢复了对周边天然气用户的正常供气。7月21日，兰州市公安局城关

[1] 来源：安全管理网（尽可能找官方网站的出处）。

分局对7名事故直接责任人依法采取了强制措施。7月27日，31名受伤人员全部治愈出院。

4. 分析评估

（1）施工方在实施拆除作业过程中，损坏了已被封堵的人工煤气时代的*DN*80钢质输气管道，造成天然气泄漏，导致爆燃。

（2）某大学与甘肃省某建设公司兰州分公司在未办理任何手续的情况下擅自实施拆除工程，发现气体异味后，在长达17h内两单位相关人员又未采取任何措施，最终导致了该起爆燃事故的发生。

（3）建设单位某大学后勤处、施工单位甘肃省某建设公司兰州分公司项目部主管人员法律意识、安全生产责任意识淡薄，违规动建工程项目，未进行技术交底且盲目施工，在接到施工现场异常情况报告后，仍不进行原因调查分析，放任事态扩大，造成安全责任事故。

（4）管理单位兰州某燃气公司安全生产主体责任未落实，对运行管网及附属燃气设施警示标识不规范，人员巡检管理不到位，管网第三方施工有效管理未落实，风险管理措施未健全，安全管理存在盲区。

（5）建设单位某大学后勤处、施工单位项目部相关人员风险意识和识别能力不强，未进行施工人员风险识别与安全教育，施工人员现场风险管控能力不足。

（6）建设单位某大学后勤处、施工单位项目部未建立施工作业风险管理制度，现场安全管理不规范，风险管控措施未落实。

5. 对策措施

（1）管理单位要加强风险隐患排查工作，强化废弃管道与停用燃气设施管理，建立管理台账，明确属地责任人，实行定期巡检，认真做好管网第三方施工管理及施工现场人员监护，定期开展燃气泄漏排查治理工作，有效落实风险防控措施，及时消除安全隐患，全面保障燃气管网及燃气设施安全。

（2）管理单位要持续开展巡检人员风险识别和安全教育，提高巡检人员安全生产责任意识，加强人员学习培训，强化风险管控和现场处置能力。

（3）管理单位要加强“两个预防”工作，长期坚持开展管道保护宣传，密切各方协同配合，健全协防联动机制，加强管网巡查监护工作，规范管道保护协议签订，做好技术交底和安全教育。

（4）管理单位要规范燃气管网警示标识管理，建立健全危险源管理与风险管控机制，完善燃气管道高后果区监管措施，落实应急人员、物资，开展应急预案演练，确保“三早两防一控”工作落实到位。

7.5 案例5：湖北省恩施市“7·20”川气东送天然气泄漏爆燃事故[1]

1. 事故概况

2016年7月20日凌晨，持续强降雨导致湖北省恩施市崔家坝镇某村与某村交界处突发山体滑坡，导致川气东送天然气管道断裂，气体泄漏发生爆燃，造成2人死亡，9人受伤，101户200余人受灾。灾害发生后，省政府迅速行动，专业救援队伍和当地干部群众同心协力，采取一系列有力措施，全力开展抢险救援。

2. 处置过程

接到灾情报告后，政府迅速开展救援行动，成立抢险救灾指挥部，有序推进各项工作。

（1）领导重视，科学指挥

事故发生后，党中央、国务院领导高度重视，作出重要批示指示。省领导指示：“深入做好处置和善后工作，全力救治受伤人员，妥善安置受灾群众生活。同时，加强隐患排查工作，防范山洪、泥石流、山体滑坡等地质灾害”。省领导亲临现场指导抢险救灾。单位领导及专家第一时间赶赴现场，指导抢险救灾工作。要求把救人放在第一位，确保人民群众生命财产安全。成立了天然气泄漏爆燃抢险救灾指挥部，下设综合、善后、秩序维护、交通恢复、专家技术、后勤保障、医疗保障、通信保障、定损等10个工作组，在事故现场开展应急救援指挥工作，确保各项工作有序开展。

（2）协同作战，全力施救

事故发生后，按照《中华人民共和国突发事件应对法》的规定，立即启动了应急预案，相关部门迅速响应，全力开展应急抢险救援。各级政府组织干部、消防官兵、公安民警、民兵应急分队赶赴事故现场开展救援工作，由于山体滑坡导致救援道路中断，救援队急行军步行快速到达事故发生现场，及时救出伤者并送往医院救治，公路部门调集设备对进入现场的中断公路迅速抢修，仅2天时间就恢复了到现场的交通。通信部门紧急调集设备为现场提供移动信号保障；电力部门组建三个专班抢修电力线路，事发核心区于第二天恢复供电，为抢险救灾工作提供有力保障。卫计部门开辟绿色通道，保证伤者及时得到治疗。省地质大队现场踏勘划定受灾核心区域。国土部门组织技术力量深入现场开展滑坡险情监测，对区域进行安全评估，预防发生次生灾害。成立事件

[1] 来源：宜章县人民政府网站。

调查组，对事件原因进行调查并科学论证。公安部门对道路管控疏通，确保运输畅通保障形势稳定。

（3）迅速抢修，全面排查

天然气管道公司第一时间参与救援，从周边省份、地区调集人员、物资，聘请专家制订方案，全程参与全部救援处置事宜。按照川气东送规划设计，配合组建专班服务改线建设，开展定灾补偿等相关协调工作，采取边协调边施工、土地先用后征方式确保恢复供气。当地群众大力支持管道新线建设，为灾后赔付、恢复重建提供了强有力的保障。开展天然气管道全面排查工作，彻底清除存在隐患。

（4）妥善安置，确保稳定

民政部门迅速调集方便面、矿泉水等生活物资运往现场分发到灾民，相关工作人员进入灾区开展核灾和实物登记工作。天然气管道公司按照专班核实的数量及房屋、实物单价，与灾民、遇难者家属签订补偿协议，及时兑现补偿资金，并对后续问题专门处理。采取集中安置和组织群众投亲靠友两种方式累计临时安置灾民 59 户 144 人，及时发放过渡生活费。与此同时，积极组织倒房户重建房屋，确保年前住上新居，动员灾民抢收、改种、改旱、务工，确保受灾之年不减收。

3. 分析评估

事件发生后，迅速成立了“川气东送”天然气泄漏爆燃抢险救灾指挥部，下设综合、善后、秩序维护、交通恢复、专家技术、后勤保障、医疗保障、通信保障、定损等 10 个工作组，各负其责、各司其职，确保了工作进度，确保了不发生次生灾害。省、州安监、地质、能源等专家的建议、意见得到及时采纳，坚持以人为本、科学抢救、科学排险，没有发生次生灾害和衍生灾害，没有造成新的人员伤亡和财产损失。

4. 对策措施

（1）部门联动处置

建立健全多部门联动机制，共享信息，及时发布；灾中应急抢险联动，政府、国土、民政、公安、消防、武警、卫生等及时响应，联动处置；灾后重建联动，国土、住建、交通等部门，开展灾后重建。

（2）严格值守预警

严格执行 24h 值班制度，上传下达各类预警预报、险情灾情信息，信息互通；成立了各级、各部门应急抢险队，接到灾情报告后，可立即投入救灾工作，确保快速反应能力、救灾能力得到提高。

（3）规范信息报告

在突发事件发生后按照规定及时向省政府应急办报告，同时随时跟踪了解事态控制情况及最新进展，及时进行信息续报，应急处置结束后报送突发事件处理终报，辅助领导参谋决策。

（4）引导新闻媒体

事件发生后，第一时间发布官方报告，发挥政府信息主渠道的作用，让人民群众第一时间了解事件的真实情况。政府举行了新闻发布会，及时回应社会关切。从事件发生到事件处置全过程，各级媒体对救援处置、灾民安置、伤员救治等情况进行了及时跟踪报道，对整个事件的成功处理起到了不可替代的作用。宣传部持续跟踪客观公正报道事件处置进展情况，回应媒体关注和社会关切。

7.6 案例6：湖南省郴州市“7·18”液化天然气槽罐车泄漏涉险事故[1]

1. 事故概况

2016年7月18日13时22分，某天然气公司某加气站液化天然气槽车发生泄漏涉险事故，造成直接经济损失260.64万元。

2. 事故经过

2016年7月18日18时16分，一辆车牌号为津AW7110的待卸液槽罐车在郴州市某加气站内发生外壳爆裂，声音刺耳，罐体上部喷射的天然气白雾达10多米高。该事故车辆由新疆开往郴州，车上共装载液化天然气20t，现场形势危急。

3. 处置过程

（1）领导指挥靠前、应急指挥科学是事故处置成功的关键

事故发生后，市委、市政府主要领导和相关部门负责人高度重视，深入事故现场，靠前指挥，精心组织，果断决策，科学应对，分管副市长、副秘书长和各职能部门领导自始至终24h值守和指挥，极大增强了事故处置的组织领导力量。专业技术人员责任心强，技术水平过硬，方案论证科学，为事故成功处置提供了重要的技术指导。

（2）响应迅速及时、安排部署周密是事故处置成功的保证

这次事故启动应急预案迅速，应急响应快捷，从消防接警到实施救援只用了11min。相关部门到岗及时，应急指挥人员救援措施积极有效，及时划定了警戒线，设置了警戒标志，疏散事故危险区域的无关人员，对通往事故区域的道路实施交通管制。整个处置过程有条不紊，为成功处置事故争取了时间，对防止发生次生灾害起了重要作用。

[1] 来源：郴州市人民政府网站。

(3) 部门协同作战、应急联动有效是事故处置成功的基础

在事故处置过程中，市公安、交警、安监、城管、质监、环保、供电供水、市政等部门在应急指挥中心的正确指挥下，部门有效应急联动，分工明确，互相配合，协同应战，使泄漏事故得到迅速控制，避免危险进一步扩大。公安部门组织警力对事故现场及周边地区进行警戒和管制，维护好现场秩序；应急办和安监部门负责省、市级政府、指挥部的沟通，协调各职能部门的工作；消防、城管和质监组织专家和救援人员实施现场救援和处置工作；北湖区政府对事故周边群众进行有序疏散，形成了处置事故的巨大合力。

(4) 正面舆情引导、群众理解支持是事故处置成功的支撑

为确保安全，稳定市民情绪，指挥部及时报道现场救援进展情况，正面回应市民的质疑和投诉。事故发生当晚，指挥部成功劝导了事故点对面的大酒店上百名旅客离开酒店，还有许多市民自觉投宿亲友，自觉维护现场秩序，这为处置事故提供了良好的外部环境。

4. 分析评估

事故发生后，当即成立市政府应急指挥部，启动市政府联动应急机制，组织指导现场救援工作。专家组发现驶离事故车辆和现场倒罐方案均无法施行后，果断采取就地卸液放散的处置方式，在放散液化天然气的同时对罐体进行喷淋降温。7 月 19 日 11 点 40 分，槽罐车卸液完毕，并用氮气进行置换，事故泄漏险情排除。当日 17 时 40 分左右，事故槽罐车被转移至香山坪华润气站内，市区恢复供电，未发生火灾和人员伤亡。至此，历时约 24h 的天然气泄漏涉险事故抢险救援工作圆满结束。

5. 对策措施

(1) 强化规划选址管理。城镇燃气场站选址布局前应组织各相关职能部门和专家进行安全方面评估论证，出台全市的城镇燃气专项规划。燃气行业应杜绝临时规划许可，避免在城市交通枢纽或人口密集区域布点。建议市政府组织各职能部门开展联合检查，对现场不符合行业规范和技术标准的气站一律重新选址。

(2) 切实落实企业的主体安全责任。一是强化企业领导安全意识。安全管理制度不能形同虚设，必须严格执行。各级人员加强技能学习，确保履职到位。二是加强企业内部管理。此次事故间接原因是天然气经营环节过多（共 6 家：中油中泰某天然气有限公司、中油中泰某能源发展有限公司、湖南某新兴能源发展有限公司、南宫市某天然气贸易有限公司、山西某机械厂、新兴重工某国际贸易有限公司、新疆某新能源有限公司），该加气站和各供应商产权责任和安全责任不明晰，各责任主体互相推诿，事故信息传递缓慢，从中午 1 点发现罐车微漏到下午 6 点发生严重泄漏，各方仍在讨论是否撤离事故车，延误 5h 处置时间，失去

了事故处置的最佳时机，最终导致事故发生。建议燃气经营单位直接从生产厂家采购燃气，尽量减少经营流通环节。

(3) 加强各职能部门的日常监管。各职能部门要严格行政许可，行业主管部门要加强监督检查，严防以三级站技术条件申请建站和验收却作为二级站储存和使用，防止加气站超负荷运营，构成重大危险源。发现无证无照经营的燃气单位，应按国家有关规定及时查处。

(4) 进一步提高应急管理综合水平。一要进一步加快应急救援专业队伍建设。完善市级各专业应急管理专家库，切实加强本地应急专家队伍建设。特别是要做好库内专家的联系沟通、聘任管理、信息交流、待遇补贴等工作，确保事件突发后相关专家能够及时到岗到位，善谋善决，发挥作用。同时要充实人员，加强教育培训和技能训练，提高现场救援水平，关键时刻拉得出、冲得上、打得赢。二要备齐抢险救援的设施设备，建立应急经费保障体系。应急救援工作经费应列入财政预算，要配齐配足防火、防振、防洪、危化品安全、特种设备安全等专业性较强的应急救援装备、专业器材、特种工具（如堵漏、防静电设备等）和应急物资，做好检修维护和定期更新。建设应急救援避难场所，满足应急救援工作需要，提高事故处置能力。三要进一步完善各类应急预案，各专业应急救援队伍各负其责、互为补充，提升应急救援的实用性和可操作性。根据应急预案定期开展救援演练，切实提高应急管理快速反应能力和突发事件的处置能力，保障人民群众生命财产安全。

7.7 案例7：江西省赣州市“8·30”次高压天然气管道燃气泄漏事故❶

1. 事故概况

2016年8月30日18时许，江西省某建筑设计院在赣州市中心城区迎宾大道市本级快速路及相关交叉口等工程地质勘察项目（三标段）QZK176号钻孔施工时，钻破赣州某天然气公司次高压天然气管道，导致燃气泄漏，造成重大经济损失和不良社会影响。

2. 事故经过

2016年8月30日，江西省某建筑设计院梅某安排对事发区域进行勘察，而后周某安排江某对QZK176号勘察点钻孔。当日15时，江某、邹某开钻。18时许，江某、邹某两人操作钻机钻至深大约11m时，有水从钻孔处往外喷，同时闻到一股刺鼻气味，江某、邹某立即停机。

❶ 来源：赣州市应急管理局网站。

3. 处置过程

事发后，江某用电话向周某、梅某报告，周某、梅某从附近立即赶到事发现场，也闻到有一股很浓的燃气味，周某判断可能钻破燃气管道。梅某在现场用电话向刘某、刘某、钟某报告情况。刘某及相邻钻点人员一起来到现场，采取在各个路口设置警示路障、用薄钢板挡板围住现场、撤离现场人员等措施。刘某打电话联系了相关部门。

8月30日18时30分许，刘某以及赣州某天然气公司抢修人员和车辆陆续赶到现场。抢修人员到达现场后，对泄漏点进行观察，并排查周围情况，因现场泄漏量较小，初步判断可能是中低压管道被损坏造成燃气泄漏，随即将附近中低压阀门关闭，19时30分许，在钻孔上方2m处，经检测燃气浓度为60%V/V。20时许，抢修人员确认中低压阀门全部关闭后，再次对泄漏点进行观察，经检测燃气浓度为66%V/V，泄漏浓度无明显变化，泄漏没有得到有效控制。据此判断受损管道为迎宾大道斜跨某路的次高压天然气管道。抢修人员立即将情况向公司领导报告，公司领导接到报告后立即启动应急预案并赶往现场，成立应急指挥部，采取关闭凤岗门站出站阀进行降压处理，每30min对管道压力和泄漏点浓度进行检测的措施，并向燃气集团报告。31日零时，燃气集团成立应急指挥部。

31日7时30分，次高压天然气管道压力降至0.28MPa。为保障中心城区燃气供应，赣州某天然气公司决定凤岗门站出站阀微开，使管道运行压力控制在0.3～0.4MPa。同时，将情况向市政府应急办和有关部门报告，并请求应急支援。31日8时30分许，赣州经开区管委会主任和市应急办、市城乡建设局、市安监局、市公安局、市消防支队、赣州某集团等单位相关负责同志赶到现场并成立事故处置领导小组，下设综合协调组、现场处置组、秩序维护组、城区供气保障组、后勤保障组、应急救援组。采取处置措施有：一是要求赣州某天然气公司立即关闭凤岗门站出站阀，次高压天然气管道停止运行，迅速排空管道内天然气，并灌注氮气进行置换；启动气源保障应急预案，调配气源，保障民生用气；调集抢修队伍，做好抢修作业准备；安排专人值守，实时监控泄漏浓度。二是要求市公安局开发区分局对危险区域进行警戒和交通疏导。三是协调高速交警、路政对高速赣州西出口车辆进行分流。四是要求市消防支队做好应急救援准备。

31日9时30分，凤岗门站出站阀关闭，次高压天然气管道停止运行，开始排空管道内天然气。31日16时，开始进行氮气置换，9月1日1时，经检测，现场燃气浓度为零，停止注氮，先期处置结束，现场秩序恢复正常。

9月4日15时，市城乡建设局主持召开管道抢修土方开挖协调会，决定9月5日开始实施事发点土方开挖，开挖于9月7日结束，开挖量达5000余立方米。9月8日8时，中石油管道天然气维抢修分公司开始进行管道修复作业，20时修复完成，对焊缝进行超声波和碳粉检测，检测合格。9月8日21时，开启凤岗门站出站阀，开始进行置换升压，至9月9日4时结束，9月9日16时开启工业一路出站阀，中心城区恢复管输气供应。10日开始回填事发点土方，13日完成事发点路面沥青敷设，14日道路恢复正常通行。至此，应急处置工作结束。

4. 分析评估

事故暴露出勘察（施工）单位安全管理脱节、安全责任制落实不到位，燃气经营单位安全管理不到位，燃气管线普查图不实等问题。

5. 对策措施

（1）建立完善燃气设施安全保护长效机制

燃气管理部门要尽快牵头，组织拟定《赣州市燃气设施保护办法》报市政府批准，以进一步明确燃气设施安全保护范围、安全控制范围，明确燃气管理部门、发改委、国土、城管、规划、燃气经营单位、建设单位、施工单位、物业管理单位、施工安全监督部门等在燃气设施保护工作中的职责，细化燃气设施保护工作程序。

（2）建立完善会商联动机制，落实安全责任

1）规划设计单位要牵头建立健全会商机制，对涉及燃气设施保护范围内的工程，在规划设计前，要与工程建设相关单位进行会商，通报工程规划设计信息，交流燃气管道信息，确定燃气管道位置走向。

2）燃气管理部门要加强与涉及燃气管道保护范围内工程施工的各相关单位联系，与水务、通信、道路及其他管线单位建立联动机制，及时通报施工信息，对施工作业所涉及的施工许可手续特别是燃气管道安全保护协议等进行验证，经验证后方能进行施工。同时，燃气管理部门要按照规定会同城乡规划等有关部门按照国家有关标准和规定划定燃气设施保护范围，并向社会公布；要及时督促燃气经营单位将竣工验收情况进行备案。

3）燃气经营单位要强化燃气设施安全管理，加强管道巡线员的管理和培训，完善告知函内容，及时提供燃气管道竣工图，认真做好施工区域内燃气管道走向的确认工作，及时与施工单位签订安全保护协议，对没有签订安全保护协议施工的情况要及时向燃气管理部门报告；燃气管道工程完工后，要按规定及时将竣工验收情况报燃气管理部门备案，同时向规划部门申请办理竣工规划核实，以保证燃气管道信息资料的真实、准确；要对燃气管道标识、标志桩、警示牌进行一次全面大检查，按照标准规范要求完善燃气标识桩和警示牌。

4）施工（勘察）企业要切实加强对作业现场的管控，强化安全管理，防止安全管理脱节，必须在与燃气经营单位最终确认管道位置并签订安全保护协议后

方能施工，杜绝野蛮违章施工。

5）建设单位要加强与燃气经营单位及施工（勘察）单位的沟通联系，积极配合做好燃气管道走向位置确认工作。

6）燃气管道普查单位要认真收集燃气管道竣工资料，对采用推测方法调绘的燃气管线应采用虚线等特殊符号在普查图上进行标注。

（3）建立燃气设施保护宣传教育机制

燃气管理部门要加大对第三方施工时燃气设施保护的培训和宣传力度，提高建设及施工单位安全意识，增强各单位及广大市民对燃气设施的保护意识。利用报纸、电台、电视台对社会大众进行燃气设施保护知识及注意事项的宣传，形成良好的燃气设施保护社会氛围。

（4）严厉打击破坏燃气设施行为

燃气管理部门及有关部门要按照“全覆盖、零容忍、严执法、重实效”的要求，加大执法力度，严厉查处和打击破坏燃气设施的各类违法违规行为，对造成严重后果的，依法追究刑事责任，以震慑野蛮施工、蓄意破坏燃气设施的违法行为。

7.8　案例 8：吉林省松原市“7·4”城市燃气管道泄漏爆炸事故[❶]

1. 事故概况

2017 年 7 月 4 日 13 时 23 分许，吉林省松原市某区发生城市燃气管道泄漏爆炸事故，造成 7 人死亡，85 人受伤。

2. 事情经过

2017 年 7 月 4 日 13 时 23 分许，松原市某建设有限公司（以下简称某公司）在对松原市市政公用基础设施建设项目（三标段）繁华路（乌兰大街至五环大街段）道路改造工程，实施旋喷桩基坑支护施工时，旋喷桩机将吉林某燃气有限公司（以下简称某燃气公司）在该路段埋设的燃气管道（材质 PE，管径 110mm，工作压力 0.3MPa，埋深 3.9m）贯通性钻漏，造成燃气（天然气，下同）大量泄漏，扩散至道路南侧的松原市某医院（以下简称某医院）总务科平房区和道路北侧的市医院综合楼内，积累达到爆炸极限。14 时 51 分 26 秒，某医院总务科平房内的燃气遇随机不明点火源发生爆炸，爆炸能量瞬间波及并传递引爆泄漏点周边区域爆炸气体（图 7-1），某医院总务科平房区和市医院综合楼及周围部分房屋倒塌、起火燃烧及设备设施毁损（图 7-2），造成人员伤亡。

❶ 来源：湖北省住房和城乡建设厅网站。

图 7-1 爆炸气流从平房区推向繁华路北侧的市医院综合楼

图 7-2 燃气管道泄漏爆炸后现场

3. 处置过程

4. 分析评估

（1）应对燃气泄漏应急响应不当、处置不力

燃气泄漏后，该燃气企业应急抢险人员到达现场，未及时关闭泄漏点周边阀门阻断气源，未对现场及周围建筑物的燃气浓度进行检测和监测，未认真分析、研判泄漏严重程度，未有效疏散周边人员。

（2）企业日常应急管理工作缺失

该燃气企业未按现行行业标准《城镇燃气设施运行、维护和抢修安全技术规程》CJJ 51 和现行国家标准《生产经营单位生产安全事故应急预案编制导则》GB/T 29639 规定编制应急预案，燃气泄漏后爆炸着火前的危险性分析和应急处置措施缺失；抢维修人员和应急装备、器材配备严重不足；应急演练走过场，应急培训不落实，抢修人员应急知识和应急处置能力严重缺乏。

7.9 案例 9：四川省成都市青白江区“5·21”燃气燃烧事故[1]

1. 事故概况

2017 年 5 月 21 日 19 时 35 分，四川某燃气公司在青白江区华逸路进行燃气管道整改施工过程中燃气泄漏，引发燃气燃烧一般事故。造成 13 人受伤（其中 1 名伤员于 5 月 28 日医治无效死亡），直接经济损失 658.6 万元。

2. 事故经过

2017 年 5 月 21 日 19 时 20 分，华逸路燃气管道整改工程施工作业人员在进行定向钻作业时闻到天然气气味，立即停止作业，电话向四川某燃气公司相关负责人报告，并设置警戒带。19 时 35 分，作业点街对面某饭店及附近道路雨水箅子突然发生燃烧，致 2 名饭店经营者、10 名就餐人员和 1 名附近群众受伤。19 时 38 分，区公安消防大队接警后赶到现场抢险救援，19 时 40 分四川某燃气公司工作人员关闭事故区域燃气管道阀门。19 时 45 分，区 120 赶到现场进行救治，受伤人员陆续被送往区人民医院和区中医医院。20 时 8 分，明火被扑灭。

3. 处置过程

19 时 35 分，区公安消防大队接到火灾报警。19 时 38 分，到达现场开展灭火及抢险救援工作。20 时 8 分，扑灭明火。救援过程中，区公安消防大队共出动 3 个中队、消防车 9 台，指战员 43 人。

19 时 37 分，区“120”急救指挥中心接警，立即调派青白江区人民医院和区中医医院车辆和救护人员赶赴现场进行救护。19 时 45 分，救护人员到达事故现场。通过现场紧急检伤分类和处置后，立即将伤员送至区人民医院（11 名）和区中医医院（2 名）进一步诊治。经专家紧急会诊，决定将区人民医院 11 名伤员转至市二医院救治。5 月 22 日，将 5 名市二医院伤员分别转至华西医院、省人民医院、成都军区总医院，将区中医医院 1 名伤者转至市二医院治疗。

4. 分析评估

事故发生后，区委、区政府立即启动“青白江区生产安全事故应急救援预案”，区委、区政府主要负责同志第一时间就救援工作作出安排部署，区委主要负责同志及相关区级负责同志率区卫计、安监、民政、红阳街道等部门赴市二医院看望慰问伤员及家属，与市卫计委、市二医院负责人研究伤员救治工作。区政

---

[1] 来源：成都市应急管理局网站。

府主要负责同志及相关区级负责同志率区消防、卫计、公安、安监等有关部门在现场开展应急处置、事故现场警戒保护、周边受影响群众安置以及事发现场周边的隐患排查工作，防止次生、衍生事故发生。

21日晚至22日凌晨，区委、区政府连续召开紧急会议，对事故处置、伤员救治等工作进行紧急部署，并组建了华逸路燃气燃烧事故处置工作领导小组，由区委书记，区委副书记、区长任组长，区委常委、区政府副区长任副组长，区级相关部门主要负责同志为成员，领导小组下设伤员救治组、舆情处置组、事故调查组、群众工作组4个工作组。同时，迅速成立13个工作小组，每组配备5名工作人员，一对一全力做好伤员病情跟踪、医疗救助、家属情绪疏导、宣传解释和后期保障工作。华逸路燃气燃烧事故处置工作领导小组多次召开会议，安排部署伤员救治、家属安抚、事故调查和舆情应对等工作。

事故发生后，省市高度重视，省委省政府，市委市政府主要领导及分管领导均做出重要批示，要求全力救治伤员，尽快查明原因，举一反三，抓好安全生产工作。省安全监管局及时派员赶赴事故现场，指导做好伤员救治和事故调查等工作。市安监局主要负责同志、分管负责同志连夜赶往市二医院看望、慰问伤者及家属，会同市经信委和相关安全生产专家赶赴事故现场进行踏勘，指导事故调查、伤员救治、恢复供气等工作。

5. 对策措施

全区要深刻汲取此次事故教训，举一反三，防患于未然，切实加强安全生产监管，防止类似事故再次发生。

（1）企业层面

各相关企业应加强安全生产主体责任的落实，严格执行安全生产法律、法规和有关规定，高度重视城镇燃气安全，强化对燃气管道的安全保护。

1）四川某管道公司。应按照规定设置安全管理机构或者配备专职安全管理人员，建立健全并落实安全生产各项规章制度，加强对员工的安全教育培训，严格落实工程建设各项安全措施，加强施工过程对市政管线等重要设施安全保护，强化施工现场应急管理，认真执行各项安全操作规程，杜绝安全事故发生。

2）四川某燃气公司。对工程建设应严格依法报告相关政府监管部门审查（备案），严格按照相关规定设计工程施工方案，并严格落实各项安全措施，切实履行燃气管道企业保护管道安全运行责任。进一步细化并落实各项规章制度、岗位责任制。严格燃气管道及设施的抢修、维修、维护等活动的安全管理，加强对施工现场的安全管理、应急管理，保障各项安全措施落实到位。

（2）政府层面

区级各相关部门、各乡镇（街道）、园区应重视城镇燃气安全监管工作，加强对城镇燃气供给和使用的安全监管，督促燃气企业落实安全生产主体责任，强化对城镇燃气建设项目的管理。

1）区经信局是城镇燃气管理的主管部门，应加强对燃气企业安全生产监管，依法划定全区燃气设施安全保护范围，加强燃气设施安全保护及燃气管道建设项目安全监管。

2）红阳街道办要进一步加强一线监管人员安全教育培训，提高安全生产业务能力，提升安全监管素质，及时发现和制止违法违规行为，杜绝事故隐患最终酿成事故。

3）区水务局应加强对市政排水设施的巡查、检查、养护、维修，对偷盗、损毁、穿凿或擅自拆卸、移动、占压城市供排水设施的行为，依法实施行政处罚。

4）区环保局应加强对餐饮服务业油烟排放的监督检查，及时发现和纠正餐饮服务业将油烟排入城市雨水管道等问题。

7.10　案例 10：黑龙江省哈尔滨市“8·11”窒息事故[1]

1. 事故概况

2017 年 8 月 11 日 13 时 46 分，哈尔滨某燃气公司所属的道里第三营业分公司在位于道里区机场路 94 号英菲尼迪 4S 店门前，组织人员进行燃气泄漏事故抢修过程中，造成一名管理人员窒息死亡，直接经济损失 95 万元。

2. 事故经过

2017 年 8 月 11 日 13 时许，哈尔滨某燃气设备安装公司组织工人在位于迎宾路英菲尼迪 4S 店门前，使用挖掘机清理基坑底部堆积的边坡塌方土，作业进行到 13 时 45 分，挖掘机铲斗刮碰到基坑底部的燃气管线，导致管线钢塑连接头被拉断，天然气从断裂处持续泄漏，发出“呲呲”声响，气浪自阀门井井口向外喷出。哈尔滨某燃气设备安装公司现场施工负责人当即向哈尔滨某燃气公司报告了燃气泄漏情况。

3. 处置过程

哈尔滨某燃气公司道里第三营业分公司接到燃气泄漏的险情报告后，立即启动应急救援抢险预案。14 时 12 分，道里第三营业分公司生产运行室副主任潘某、巡检班班长肖某、巡检员杨某、贾某等人先后到达燃气泄漏现场。杨某、贾某立即进行现场警戒，封堵道路禁止车辆通行、防止无关人员接近泄漏现场、禁烟禁火。巡检班班长肖某跑到相对安全区域接打电话，为后续救援人员指示燃气泄漏准确地点。同时，生产运行室副主任潘某高喊“太危险了，来不及了，得关

[1] 来源：贵州省工业和信息化厅网站。

闭阀门”，一边脱下上衣掩住口鼻，戴上手套，手持扳手，迅速下到 D3Q50-192 号阀门井内。在其进入井内的瞬间身体抽搐，仰面躺倒在井内燃气管线之上。巡检班班长肖某见此情况，立即拨打 119 和 120 请求救援。14 时 30 分许，哈尔滨某燃气公司道里三分公司副经理杜某带领救援队伍赶到事故现场，一边指挥抢险人员关闭距离燃气泄漏井 500m 外的 D3Q50-186 号阀门，一边向泄漏井内抛投绳套，用绳套套住潘某的脚踝，将其拖拽到地面。现场人员和后续赶到的 120 医护人员对潘某进行了简单抢救处置后，送往哈尔滨某医院。经医院确认，潘某已经死亡。

4. 分析评估

（1）当事人未按应急抢险的有关规定，在未采取任何安全防范措施的情况下，冒险进入充满天然气的阀门井内进行抢险，导致缺氧窒息。

（2）先期到达现场的抢险人员未认真履行监护职责，未及时有效地纠正和制止潘某的违章冒险行为。

（3）燃气公司对安全生产工作重视不够，安全培训教育针对性不强，应急演练活动未起到指导实战的作用，安全生产的一般常识没有“入脑、入心、入行”。

（4）哈尔滨某燃气设备安装公司违反《哈尔滨燃气管理条例》规定，未通知燃气企业派人现场监护的情况下使用大型施工机械清理坍塌土方，导致燃气管线断裂，造成燃气泄漏。

5. 对策措施

（1）哈尔滨某燃气公司要认真吸取事故教训，进一步提高对安全生产工作的认识，结合此次事故组织开展一次以“反思事故、我要安全”为主题的大讨论活动，开展有限空间作业培训，让公司每一位员工牢固树立红线意识和底线思维，真正把各项安全生产工作要求变成员工们的自觉行动。

（2）哈尔滨某燃气公司要组织开展一次安全大检查，要树立“隐患就是事故”的理念，认真查找工作中和思想上存在的疏漏，对照检查发现的问题整章建制，坚决消除安全生产工作的盲点盲区。

（3）哈尔滨某燃气公司要加强对第三方施工的安全管理，除要履行地下管线会签、向施工单位安全交底、要求建设单位履行承诺、制定专项监护方案等手续外，还要特别明确和落实施工现场监护人的工作职责。要求监护人必须做到“有施工、必旁站”“施工不停、监护不断”。

（4）燃气行政主管部门和建设行政主管部门，要认真履行安全监管工作职责，特别是要针对近年来全市热网改造工程点多、线长、面广的特点，专门研究部署安全生产工作，坚决消除安全监管工作的盲点盲区。

7.11　案例 11：中石油中缅天然气管道某段“6.10”泄漏燃爆事故[1]

1. 事故概况

2018 年 6 月 10 日 23 时 13 分许，中石油中缅天然气输气管道某段 K0975-100m 处发生泄漏燃爆事故，造成 1 人死亡、23 人受伤，直接经济损失 2145 万元。

2. 事故经过

2018 年 6 月 10 日 23 时 13 分，中石油中缅输气管道贵州段 33～35 号阀室之间光缆中断信号报警；23 时 15 分，管道运行系统报警；23 时 16 分，35 号、36 号阀室自动截断；23 时 20 分，发现位于某县沙子镇三合村处管道（35 号、36 号阀室之间，桩号 K0975－100m 处）发生泄漏并燃爆。造成燃爆点附近某县异地扶贫搬迁项目工地 24 名工人受伤（其中 1 人于 2018 年 6 月 30 日经医治无效死亡），部分车辆、设备、供电线路和农作物、树木受损。

3. 处置过程

接到事故报告后，省、州、县公安、武警、消防、安监、交通、卫生等单位立即组织力量全力开展现场搜救、伤员救治等工作，并第一时间有序转移相关群众，封控燃爆核心圈，管控周边道路，第一时间联系输气管道管理部门。管道两端自动控制系统自动关闭。6 月 11 日凌晨 2 时 30 分，明火熄灭。受伤人员送医院救治。

4. 分析评估

经调查，因环焊缝脆性断裂导致管内天然气大量泄漏，与空气混合形成爆炸性混合物，大量冲出的天然气与管道断裂处强烈摩擦产生静电引发燃烧爆炸，是导致事故发生的直接原因。

现场焊接质量不满足相关标准要求，在组合载荷的作用下造成环焊缝脆性断裂。导致环焊缝质量出现问题的因素包括现场执行 X80 级钢管道焊接工艺不严、现场无损检测标准要求低、施工质量管理不严等方面。

5. 对策措施

中石油某公司要深刻吸取事故教训，认真履行隐患排查整治职责，切实加强对管道建设施工运营管理。

（1）开展隐患排查整治。对中缅天然气管道全线开展环焊缝施工焊接质量隐患排查整治，彻底消除安全隐患，严防此类事故再次发生，切实履行安全生产主

---

[1] 来源：贵州省应急管理厅网站。

体责任和社会责任。

（2）切实加强施工现场管理。中石油某公司要逐条梳理事故暴露的现场施工管理混乱的问题，进一步理顺现场施工管理体制机制，加强监督检查，切实督促建设单位、施工单位等参建各方认真履行现场施工管理职责，坚决防范今后管道建设施工质量出现问题。

（3）加强石油天然气管道运营安全管理。特别要加强人员密集高后果区及地质条件复杂、地质情况不明区域管段的安全管理，强化巡查力度，必要时应进行管道位移、变形等在线监测。确有必要时应改线，避开人员密集区域。进一步完善应急预案，加强应急能力建设，开展应急演练。

（4）完善紧急情况处置措施。鉴于天然气管道发生断裂泄漏后的严重危害，今后在处置危及管道运营的安全隐患时，要根据现场情况采取有效的安全防范措施（停输、减压等），确保处置过程安全。

7.12　案例12：甘肃省嘉峪关市“9·4”天然气爆炸事故[1]

1. 事故概况

2019年9月4日上午10时05分左右，嘉峪关市2019年棚户区改造（二期）项目楼本体施工第十四标段20号楼发生一起天然气爆炸事故，造成5人受伤，其中1人死亡，96户居民房屋不同程度受损，直接经济损失325万元。

2. 事故经过

2019年9月4日上午7时30分许，施工单位嘉峪关市某建筑安装公司职工王某、杜某、杨某进场到嘉峪关市2019年棚户区改造（二期）项目楼本体施工第十四标段20号楼使用施工升降吊篮进行外墙保温安装和涂料粉刷施工作业。8时30分许，王某、杜某操作吊篮在下降过程中，吊篮碰撞20号楼三单元二楼天然气围楼管，导致天然气管道破损，燃气泄漏。

3. 处置过程

燃气泄漏发生后，施工单位向建设、监理单位进行了报告，并使用吊篮安全绳对事故现场进行警戒。相关人员于8时42分许，向嘉峪关某天然气公司电话报警抢修；8时45分许，接通天然气公司维修电话。由于抢修人员没有到位，8时53分许，相关人员再次拨打天然气公司报警电话；9时03分许，天然气公司抢修人员仅1人到现场对事故进行应急处置，但其未携带任何维修设备、材料及检测设备；9时07分许，天然气公司第2名抢修人员到达现场，确认了泄漏发生部位，但其也没有携带维修工具，通过借用现场施工单位工具，将位于20号

[1] 来源：嘉峪关市政府网站。

楼东侧的楼栋调压箱内的天然气总阀关闭。同时，该楼三单元住户在外出时于 9 时 07 分许，拨打 119 报警电话报警。9 时 10 分许，天然气公司抢险人员 2 人到达现场，共 4 人在现场对泄漏事故进行抢修。此时，20 号楼天然气总阀已关闭，抢修人员对现场（不含室内）可燃气体浓度进行了检测，经检测现场可燃气体浓度为零，抢险人员其中 1 人 9 时 20 分许离开现场。

市消防应急救援机构 9 时 20 分左右到达现场，在现场询问天然气公司工作人员并提供警戒带后于 9 时 32 分左右离开现场。9 时 35 分左右新疆某液化天然气发展有限公司甘肃西区域公司相关管理人员到达现场，并电话通知嘉峪关某天然气公司中心站管理人员到达现场进行处置。9 时 40 分许，嘉峪关某天然气公司中心站相关管理人员陆续到达现场并将整个小区天然气阀门进行了关闭。同时，该单元 201 住户张某（死亡）外出于 9 时 40 分左右到达家中。9 时 50 分至 10 时 04 分左右参加应急处置抢险工作的剩余 3 名维修抢险人员全部离开现场。

10 时 05 分左右 20 号楼三单元 201 室内发生爆炸，爆炸发生后，施工单位及现场群众及时拨打了 110、120、119 报警电话，天然气公司、建设、施工、监理单位立即开展救援工作，抢救并疏散楼内住户。同时，消防、医疗、公安、社区等部门人员及时赶赴现场开展应急救援工作，现场 5 名伤者均得到及时救援和妥善救治。20 号楼三单元 201 室住户张某受重伤，于 2019 年 9 月 25 日凌晨 2 时 30 分因烧伤、多脏器功能衰竭，抢救无效死亡；其他 4 名伤者王某、任某、田某、杜某均未造成重伤，接受治疗后出院。

4. 分析评估

事故发生后，住建、房管、天然气公司工作人员对爆炸事故现场进行了勘验，勘验发现室内天然气管道螺纹连接处丝扣呈脱开状态。经技术分析，由于室内通风条件不足，没有及时采取应对措施，大量天然气泄漏气体在室内长时间淤积，最终达到爆炸极限，在遇到明火的情况下发生闪爆。

事故调查组依据事故调查情况认定：天然气发生泄漏后，燃气生产经营单位抢修抢险作业人员未严格依据相关法律法规技术标准及企业安全生产事故应急预案开展应急处置工作，未全面排查事故现场次生、衍生事故安全隐患，导致在天然气泄漏后，发生了更严重的燃气爆炸次生事故。

5. 对策措施

（1）嘉峪关某天然气公司，要深刻吸取事故教训，严格执行《中华人民共和国安全生产法》《城镇燃气管理条例》《城镇燃气设施运行、维护和抢修安全技术规程》CJJ 51 等法律、法规及标准规范，认真履行企业安全生产主体责任，完善、落实安全生产责任制、安全生产规章制度和各种操作规程；完善事故应急预案，加强应急处置教育培训工作，规范应急处置流程，加强应急处置措施，明确、细化岗位责任制。

（2）嘉峪关市某建筑安装公司，要深刻吸取事故教训，严格执行《安全生产法》《建设工程安全生产管理条例》等法律、法规，认真履行总承包单位安全管理责任，进一步完善、落实安全生产责任制和安全生产规章制度，加强重大危险源的辨识和安全管理工作，在工程施工过程中根据工程特点及施工范围，进行安全分析，对重大危险源进行公示，并制定相关安全监控措施，指定专职安全生产管理人员对可能发生的安全隐患进行辨识排查。同时加强对各类从业人员的安全教育培训工作，切实提高从业人员安全意识，及时落实各项安全生产防护措施，坚决杜绝“三违”现象发生。

（3）四川某建设项目管理有限公司要认真贯彻落实《建设工程安全生产管理条例》和建设部《关于落实建设工程安全生产监理责任的若干意见》，完善监理规划及监理实施细则，并严格执行，切实履行好监理职责。认真汲取事故教训，加大对施工现场落实各项安全生产措施的监督检查力度，及时发现施工现场存在的安全隐患并要求施工企业予以消除，切实履行好监理的安全职责。

（4）嘉峪关市某房产服务中心，要认识到对发包工程负有的安全管理责任，建立健全安全生产责任制，明确发包工程安全管理责任与责任人员，加强对工程承包单位的安全生产统一协调、管理，对建设工程施工范围内有地下及架空敷设的燃气管线等重要燃气设施的，要会同施工单位与管道燃气经营者共同制定燃气设施保护方案，并采取相应的安全保护措施，确保燃气设施运行安全。

（5）嘉峪关市住房和城乡建设局，作为建筑行业和燃气主管部门，要认真贯彻“安全第一，预防为主，综合治理”的安全生产方针，始终把人民群众生命财产安全放在第一位，坚持党政同责、一岗双责、齐抓共管，全面加强全市建筑施工领域及燃气设施运行的安全管理，狠抓各项安全防范责任措施落实，有效防范遏制各类安全生产事故发生。

7.13 案例13：广西壮族自治区北海市“11·2”着火事故[1]

1. 事故概况

2020年11月2日中午11时45分许，位于广西北海市铁山港（临海）工业区的中石化北海某液化天然气有限责任公司（2020年10月1日，由国家石油天然气管网集团有限公司接管运营，《营业执照》尚未完成变更手续，以下简称北海某LNG公司）在实施二期工程项目贫富液同时装车工程施工时发生着火事故，截至12月2日，事故共造成7人死亡，2人重伤，直接经济损失达2029.3万元。

[1] 来源：广西壮族自治区应急管理厅网站。

2. 事故经过

2020年11月2日上午，中石化某公司安排作业人员进行TK-02储罐*DN*300富液装车分支管道甩头施工（即对TK-02储罐罐前二层平台LNG外输出管线动火施工作业，在原有*DN*300的低压泵出口总管上切除一段长500mm的短节后增加一个三通管道）。

8时左右，北海某LNG公司计量化验中心化验员唐某到达TK-02储罐罐前平台准备进行可燃气体采样作业。

8时15分，北海某LNG公司接收站人员和施工方人员陆续到达作业现场。北海某LNG公司到达施工现场的人员有生产运行部副主任宋某，接收站运行处工艺工程师梁某（当天工作安全分析组长），设备工程师杨某、卢某，3名消防队员舒某、周某、张某负责监火。施工方人员有总承包项目副经理孙某，管工陈某、郭某，焊工陈某、程某，普工谢某、陈某，施工监护庞某，除孙某为中石化某公司人员外，其余均为安装分包单位河南鸿誉人员。还有四川益同安全监理吴某。梁某、杨某确定可燃气体采样点，卢某协助唐某进行采样。

9时30分左右，北海某LNG公司接收站运行处主任袁某、北海某LNG公司安全总监陈某到达作业现场。孙某检查完施工准备工作后离开现场。气体采样结果合格（LEL10%以下合格），LEL为9.36%，梁某在用火作业许可证上签字。

9时45分左右，袁某、陈某依次在用火作业许可证上签字，随后两人离开现场去参加10时召开的例行调度会，在临行时交代再次进行吹扫，让可燃气体含量更低并汇报。

10时，接收站调度会召开，参加人员包括陈某、袁某、接收站运行处副主任宋某、接收站调度张某（当日主调）等人。

10时许，宋某因其他工作离开TK-02储罐返回办公区。11时左右，气体采样合格数值为LEL3.82%。

11时14分，唐某在现场填写采样分析结果、签字后离开。

庞某稍早一些先行离开。几分钟后，卢某也离开平台，下到地面时发现施工人员开始作业。作业管道第一道口切割50%左右后，管工陈某叫焊工陈某、程某，普工谢某、陈某回去吃饭，4人便一起离开。

11时20分左右，宋某返回作业平台，发现作业管道靠近罐体一侧已经切割完毕。

11时许，调度会结束，袁某、宋某、张某等人分别回到办公室。

11时30分左右，宋某收到梁某对讲机呼叫，询问强制关闭阀门的仪表联锁工作票办理执行情况。宋某随后拿仪表联锁工作票到调度室交给张某办理，便返回自己办公室。

11时37分，张某电话联系接收站检维修中心仪表工程师崔某，要求崔某拿票交给检维修中心主任雷某签字。

11时40分，宋某电话催促崔某尽快办理仪表联锁工作票，崔某当时正在吃饭，便交待旁边的赖某去调度室拿票。赖某到达调度室，从张某处拿到仪表联锁作业票，出门后在走廊遇到宋某。宋某催促赖某赶快办理。赖某未执行仪表联锁工作票后续的审签、确认签字等一系列流程，在没有其他仪表工程师的监护情况下，进入工程师站（宋某也一同进入），独自进行操作。

大约11时44分，宋某骑自行车离开现场。

11时44分48秒（以下事件时间统一以罐区SIS系统时钟为基准），赖某操作SIS系统对0301-XV-2001阀门进行强制关闭操作，随即0301-XV-2001阀门开启，LNG开始喷射而出。11时45分00秒阀门全开。

LNG喷射出后约10秒，TK-02储罐罐前平台起火。

11时51分59秒，0301-XV-2001阀门失电关闭（事后调查发现为阀门控制回路电缆正端对地短路，机柜内对应回路保险熔断导致失电）。TK-02储罐罐前明火随阀门关闭熄灭。

LNG发生喷射着火时TK-02储罐罐前平台有梁某、杨某、陈某、郭某、吴某、舒某、张某、周某8人，罐顶有田某1人。

3. 处置过程

事故发生后，北海某LNG公司启动应急预案，公司消防队出动4台消防车、25名消防员到TK-02储罐区进行扑救灭火，工艺组紧急切断TK-02储罐区ESD（因SIS系统强置，ESD未启动），启动喷淋系统。北海市消防救援支队接到报警后，调集金港、南康、兴港、特勤、南珠站18辆消防车、58名指战员先后前往处置；中石化北海炼化派出15名消防员、1辆高喷消防车、2辆泡沫消防车、1辆气防车赶往事故现场协助开展应急救援处置。11时51分59秒，0301-XV-2001阀门控制回路电缆正端对地短路，机柜内对应回路保险熔断，阀门失电关闭，TK-02储罐罐前明火随后熄灭。

接到事故报告后，受北海市委书记、市长委托，北海市分管工业的副市长率领有关部门赶到事故现场，于13时36分，成立以北海市应急管理局、消防救援支队、市场监管局、铁山港区政府和北海某LNG公司等单位部门负责人为成员的事故现场救援指挥部（以下简称指挥部），迅速组织开展人员搜救、罐体温度监测、相连管道泄压排放、充装车辆转移等救援处置工作。自治区应急管理厅、生态环境厅和广西消防救援总队分别安排厅级领导带队赶赴现场指导救援处置工作。

国务委员、应急管理部党委书记、副部长和自治区党委、政府有关领导同志分别作出指示批示，要求全力搜救失联人员，抢救受伤人员。13时05分许，现场救援人员在事故现场 TK-03 储罐工艺管廊搜救出 1 名受伤人员送医救治。13 时 10 分许，在事故现场 TK-01、TK-03 储罐工艺管廊搜救出 2 名受伤人员送医救治。截至 19 时 35 分，救援人员从事故现场共搜救出 8 人（其中 4 人经 120 医生和法医现场确认死亡，1 人送医抢救无效死亡，3 人受重伤），另外还有 1 名施工作业人员失联。11 月 3 日 08 时 59 分，救援人员在 TK-02 储罐罐顶低压泵平台 2 号泵和 3 号泵之间发现失联人员，现场鉴别已无生命迹象，11 时 35 分将该名人员从罐顶转移至地面。至此，事故救援行动结束。

4. 分析评估

（1）以下简称北海某 LNG 公司实施二期工程项目过程中，隔离阀门开启，低压外输汇管中的 LNG（液化天然气）从切割开的管口中喷出，LNG 雾化气团与空气的混合气体遇可能的点火能量产生燃烧。

（2）包括阀门隔离方式不当、仪表工程师未按规定执行仪表联锁审批程序和操作程序、动火施工作业条件确认不充分、安全风险意识薄弱、安全风险管控不到位、“小业主大承包”的劳动生产组织模式使安全生产管理责任落实不到位、承包商管理不到位等。

5. 对策措施

（1）提高政治站位，切实担负起防范化解安全风险的重大责任。北海某 LNG 公司要切实压实安全生产主体责任，发挥央企的表率和带头作用，担负起防范化解安全风险的政治责任，把防范危险化学品重大安全风险摆在突出位置，深入推进危险化学品安全专项整治三年行动，按照《化工园区安全风险排查治理导则（试行）》和《危险化学品企业安全风险隐患排查治理导则》（应急［2019］78 号）等相关制度规范要求，全面开展安全风险管控和隐患排查治理。

（2）强化特殊作业安全管理。北海某 LNG 公司要深刻吸取事故教训，严格按照现行国家标准《危险化学品生产企业特殊作业安全规范》GB 30871 的要求实施特殊作业管理，进一步加强特殊作业安全管控。一是强化作业活动安全风险分析和管控。在安排动火、进入受限空间等特殊作业前，要全面开展危险有害因素识别和风险分析，根据风险分析结果，严格落实安全管控措施，严格按规程作业，分管负责人必须亲自组织对现场作业安全条件进行严格确认，确保作业安全。二是健全完善特殊作业安全管理制度和操作规程。特殊作业管理制度必须明确签票人的岗位、职务等内容，严格落实“谁批准、谁签字、谁负责”的要求。三是强化重点时段特殊作业安全风险辨识和管控。对所有构成重大危险源的危险化学品罐区动火作业全部按规定升级管理。

（3）强化承包商安全管理。一是要严格承包商资质条件审核。北海某 LNG 公司要与相关项目承包商进一步明确安全管理范围与责任，将承包商作业统一纳入企业安全管理范围，严禁“以包代管”和“包而不管”。二是要加强承包商作业人员的安全教育培训。作业人员必须经培训考核合格后方可进场作业。三是严格落实作业前的风险交底、技术交底和安全交底。落实作业全过程安全监督，强化现场作业安全管理和关联性作业的组织协调。

（4）强化国家管网体制改革过渡期的安全风险管控。一是涉及国家管网体制改革的相关企业，要强化过渡期重大危险源、高风险区域安全风险管控，特别是针对事故暴露出来的问题，优化调整企业组织机构，按照强化一线安全生产人员配备、狠抓主要负责人安全培训考核、严格从业人员准入的要求，对企业组织机构及人员进行调整，迅速开展安全风险隐患排查自查自纠。二是属地监管部门要督促改革后资产所有权与经营管理权分离的企业明晰安全生产责任界限，严防出现“代而不管”、推诿扯皮。要将有关企业作为执法检查的重点，推动加快理顺安全管理机制。三是鉴于北海某LNG公司“11·2”着火事故是国家管网体制改革后发生的第一起影响较大的事故，建议国家有关单位针对这起事故暴露出的问题，认真组织开展安全风险隐患排查治理，将风险隐患排查治理情况书面报告国务院安委会办公室和应急管理部，并抄送广西壮族自治区安全生产委员会备案。

（5）强化事故应急处置和信息报告。鉴于北海某LNG公司“11·2”着火事故存在事故信息报送不严谨并发生事故信息倒流问题，市委、市政府要加强突发事件信息报送管理、加强信息报送工作业务培训，增强信息报送的准确性和时效性。各地党委政府、各有关部门和企业要按规定制定和完善事故应急处置预案并加强应急演练。一旦发生事故及时启动相应应急预案，建立现场救援指挥部，明确工作职责，科学有序开展应急处置。要严格事故信息报告制度，加强企业和政府沟通协调，及时、准确报送事故信息。

7.14　案例14：安徽省淮南市谢家集区“3·9”燃气爆燃事故[1]

1. 事故概况

2021年3月9日上午10点15分左右，安徽某建设公司在谢家集区谢某菜市场进行道路工程污水管网撤钻作业过程中，因操作不当，损坏燃气管道，致使燃气泄漏，发生爆燃事故，导致道路两侧11间房屋烧毁，直接经济损失74.2万元。

2. 事故经过

2021年3月9日上午8时30许，安徽某建设公司的吴某、田某及其他3名

[1] 来源：淮南市人民政府网站。

施工人员进入施工现场进行撤钻作业，计划将剩余70m扩孔作业任务完成后抽出钻头。约10时左右安徽某建设公司的巡查人员张某发现地面有气泡冒出并闻到刺鼻性气味，立刻与田某联系，告知燃气泄漏。10时27分，泄漏的燃气达到爆炸浓度极限，遇明火发生爆燃（图7-3、图7-4）。

图7-3　损坏管道宽度

图7-4　损坏管道长度

3. 处置过程

（1）应急救援情况

燃气发生泄漏后，田某于10时18分电话联系燃气公司的运维人员韩某，韩某安排燃气公司当日巡调员张某赶赴现场，并让田某去燃气公司设在附近的营业厅领取阀门关闭杆。安徽某建设公司现场的其他工人设置了简易的警戒，对现场人员进行疏散。吴某和田某一同去往燃气公司营业厅拿阀门杆。拿到阀门杆回到现场后，发现阀门杆型号不对，于是两人又立即返回燃气公司营业厅更换阀杆。

10时27分，市消防救援支队接到报警，调派谢家集消防救援大队、八公山消防救援大队赶往现场。10时37分谢家集大队4车23人到达现场，随后增援力量陆续赶到。消防救援队伍先后出动16辆消防车，102名指战员赴现场开展灭火处置。

10时37分，张某到达事故现场，经确认燃气公司中压燃气管道被安徽某建设公司作业钻通，并向燃气公司营业厅经理汇报。随即燃气公司客服调度中心汇报单位领导后启动应急预案，并向市长热线、市公用事业监管中心等单位报告燃气泄漏情况。燃气公司运维人员按照由低向高逐级逐段关闭泄漏管段上、下游阀门。同时，对周边12个小区的中低压调压柜实施切断停气。

11时15分左右，燃气管道阀门关闭，现场火势变小。

12时10分，现场大火基本扑灭。

救援期间，市委常委、常务副市长到场指挥，同时启动应急预案，应急、公安、医疗、城管、燃气公司等单位到场参与处置。

（2）善后处理情况

事故发生后，谢家集区委区政府高度重视，立即成立了由区委常委、常务副区长为组长，副区长、公安局局长为副组长的事故处置工作领导小组。并由应急管理局负责综合协调工作，公安分局、住建局、谢三村街道负责事故后维稳工作，发改局、消防救援大队、谢三村街道负责事故善后经济损失认定工作。截至4月25日，损失认定工作已完成，后续财产补偿工作正在进行中。

4. 分析评估

经事故调查组评估，此次事故中相关单位在发现燃气泄漏后，能及时有效组织对现场人员进行疏散，避免了此次事故造成人员伤亡。政府及时启动应急预案，公安、应急、消防等部门救援工作开展及时有序，各部门之间信息渠道畅通，能够及时回应社会关切。但在事故救援处置过程中，燃气公司存在以下问题：一是反应不够及时，应急预案启动不够迅速果断。在燃气公司接到燃气泄漏通知20min后，巡调员张某才到达现场，经确认是自家管线破损后，按程序逐级上报至燃气公司领导层，未能在第一时间启动应急预案，未能把事故损失减少到最小范围。二是应急处置程序存在瑕疵。燃气公司巡调人员接到安徽某建设公司上报的燃气泄漏消息后，未能在最短时间内携带工具赴现场开展燃气泄漏处置工作，而是电话通知安徽某建设公司人员到营业厅拿工具，处置程序不规范。

5. 对策措施

（1）各相关企业要切实落实安全生产主体责任。各施工单位要在市政建设工程施工前和水、电、气、通信等部门做好衔接，确认地下管网的位置走向及埋深，做好标志标识及警示标志，做好施工方案和应急预案，施工现场邀请地下管网相关单位派员现场指导，采取可靠的技术措施和手段安全施工，确保地下管网安全。监理单位要加强安全巡视，对不按施工方案组织施工及发现的安全隐患及时督促施工单位整改。建设单位要加强统筹协调，不定期督促检查施工作业中的安全生产工作，确保建设项目生产安全。

（2）市城乡建设部门要切实履行行业安全生产监管职责。要深入分析事故多发频发原因，深刻汲取事故教训，举一反三，全面组织开展以市政工程改造建设项目为重点的市政建设工程安全生产隐患集中排查整治活动，切实加强监督检查和工作指导，加强对地下管线基础资料的收集整理工作；要加强城市建设工程管理，认真梳理项目管理程序上存在的违规问题，严格按照审批程序办理办齐相关证照手续；严厉打击建设单位、施工单位违法违规、野蛮施工等作业行为，切实消除建筑施工领域重大安全风险隐患，坚决防范事故频繁发生；要按照三年安全生产专项整治行动统一安排部署，结合当地建筑行业安全生产实际，细化完善本行业领域三年专项整治行动方案，进一步明确重点任务、阶段性目标、责任分工和保障措施，确保三年整治行动取得实效。

（3）各相关部门要切实强化建筑行业安全生产监管执法。各级城乡建设部门、城管综合执法等部门要建立市政建设工程项目安全生产联合监管执法机制，切实加大对市政建筑施工、燃气行业领域安全生产的日常监管执法力度，严厉打击各类违法违规生产作业行为。

（4）市城乡建设局要督促燃气公司认真排查梳理本单位应急预案中存在的薄弱环节，查缺补漏。各燃气公司要强化应急救援演练，加强人员应急处置能力培训，规范生产安全事故的预防和应对工作；优化巡查路线，确保在面对燃气泄漏等突发事件时，能够最短时间到达现场，快速反应、及时处理，切实减少事故损失；要在燃气管道铺设、安装、验收环节严格落实法律法规及行业标准规范，加强日常巡线检查，对市政公用、公用设施建设、改造等施工过程中可能危及燃气管道安全的施工行为要及时制止，并及时向主管部门报告；要加快推进智慧燃气监管平台建设，在燃气使用终端安装具有远传功能、流量报警以及泄漏自动切断等功能的智能燃气计量表，以弥补技术安全防范缺陷，提高预警能力。

7.15　案例 15：湖北省十堰市张湾区“6·13”重大燃气爆炸事故[❶]

1. 事故概况

2021 年 6 月 13 日 6 时 42 分许，位于湖北省十堰市张湾区某集贸市场发生重大燃气爆炸事故，造成 26 人死亡，138 人受伤，其中重伤 37 人，直接经济损失约 5395.41 万元。

2. 处置过程

（1）燃气泄漏处置情况

1）有关部门处置情况

2021 年 6 月 13 日 5 时 38 分，十堰市 110 指挥中心（以下简称 110 指挥中心）接到罗女士报警：“41 厂菜市场河道下天然气管道泄漏”，立即指令东岳公安分局南区派出所值班民警仇某、张某出警处置。

5 时 53 分，十堰市消防救援支队 119 指挥中心（以下简称 119 指挥中心）接到张湾区居民报警：“41 厂菜市场河道下天然气管道泄漏”。119 指挥中心遂通知十堰东风中燃公司抢险。

5 时 54 分，119 指挥中心指派东岳公安分局张湾消防中队（以下简称张湾消防中队）2 辆消防车、12 名消防员出警。

❶ 来源：承德县人民政府网站。

6时00分，值班民警仇某、张某驾车到达现场，立即向报警人了解情况，并按照报警人的描述，将车直接开到艳湖桥桥头，发现桥下河道有黄色雾状气体往上飘，伴有强烈的臭味。张某下车劝说路边围观群众“不要抽烟，赶紧离开”。仇某把车开到艳湖社区后，迅速从警车后备箱中取出警戒带实施现场警戒。

6时01分14秒，110指挥中心向东岳分局南区派出所发出补充指令，南区派出所所长江某出警。

6时03分，社区工作人员李某（在爆炸中遇难）赶到现场，查看桥头情况。

6时04分41秒，张湾消防中队消防车到达现场。

6时05分，110指挥中心指令张湾分局东岳路派出所增援处置。

6时06分，110指挥中心向119指挥中心通报警情。

6时07分，民警仇某在云南路路口处摆放锥形桶、拉警戒带并封闭道路，边劝导疏散群众边向110指挥中心报告这里有危险！需增派警力！随后，仇某和张某在桥上会合，商量封闭另一个路口事宜。

6时08分，社区工作人员李某拿口罩等防护用品再次返回现场，在桥头处观察现场后进入河道查看。

6时10分，张湾消防中队消防队员沿巷墙脚往西走，并顺着桥边的梯子下到河床上，发现桥下大量的黄色雾状气体往外涌。陈某、肖某佩戴空气呼吸器进桥侦查，察看洞内情况，由于烟雾量大、光线昏暗，为确保安全，两人退出至河道梯子附近观察。其他消防队员大多下车在市场路维持秩序，广播提醒，警戒并劝离围观群众。

6时30分至38分，两名民警和十堰某燃气公司抢修队员孔某、王某进入桥下河道观察处置。随后，抢修队员王某告知公安、消防人员处置结束、可以撤离，民警提出在现场继续观察并警戒15min。119指挥中心要求继续做好现场安全监护。

6时38分至40分，两名民警从桥下上到桥面，继续实施现场警戒和劝离群众。

6时42分01秒，发生爆炸。

2）企业处置情况

6月13日5时49分至52分，十堰某燃气公司调度中心值班员王某先后接到两名手机用户关于“41厂菜市场有天然气泄漏，有黄色烟雾”的报告。王某遂通知管网运营部抢修队员孔某前往处置。

在孔某回拨报警人询问现场情况时，调度中心接到119指挥中心关于41厂菜市场天然气泄漏的来电，调度中心回复119指挥中心已安排公司抢险队前往。

6时05分，十堰某燃气公司抢修队员孔某、王某驾车从抢修队出发，于6时14分到达现场。

6时16分，孔某向十堰某燃气公司抢修队队长李某报告："现场黄色雾气大，有漏气啸叫声，味道刺鼻，无法进入河道查漏施救。"李某指令两名抢修队员立即关闭中压阀门。

6时22分，抢修队员孔某、王某到达车城路与云南路交叉口处，关闭燃气管网截断阀门，切断事故区域气源。

6时27分，抢修队员孔某、王某关闭管道上游阀门后开车返回涉事故建筑物西侧桥面。

6时30分至38分，抢修队员孔某、王某和两名民警进入桥下河道观察处置，由于桥洞内光线昏暗，无法进入侦查。此时桥洞内泄漏声消失，外涌的黄色天然气颜色逐渐变淡，流速变缓，灰尘减少。王某告知现场消防人员、民警："阀门已经关闭，没啥事了，你们可以回去了"。

6时38分至40分，王某和孔某返回桥上，到车上拿工具去关闭西侧小区调压器（至事故发生时没有关闭）。

6时42分01秒，爆炸发生。

7时23分，十堰某燃气公司向十堰市城市管理执法委员会燃气热力办报告事故。

（2）爆炸后救援处置情况

爆炸发生后，党中央、国务院高度重视。省委书记、省长和十堰市主要领导赴现场指挥救援工作。十堰市迅速启动应急响应，成立应急救援现场指挥部，下设8个工作小组。在现场指挥部统一指挥下，调派消防救援力量220人，携带大型搜救设备、生命探测仪、搜救犬等，紧急开展现场搜救。十堰市相关部门闻警而动，投入1200余名警力进行现场封控、交通管制，对周边3000户居民逐户排查、转移安置。经救援队伍连续奋战42h，截至15日1时07分，搜寻到最后一名遇难者。救援人员总共从严重坍塌的废墟中搜救出被埋压群众38人，其中生还12人，死亡26人。在涉事故建筑物周边受伤的126人均及时送医院治疗。截至6月16日2时40分，现场废墟全部清理完毕，现场搜救结束，累计清理核心主体建筑废墟4000余平方米。十堰市委、市政府坚决贯彻习近平总书记全力抢救伤员的重要指示，全力救治138名受伤人员。国家、省调集87名医疗专家，十堰市投入医务人员1100余人，组建国家省市联合医疗专家组，对37名重症伤员落实一人一专班，实行多学科诊疗和高质量护理，尽最大努力降低死亡率和致残率，不惜一切代价挽救生命。对伤员和遇难者家属，及时抽调58名心理专家进行心理疏导。对事故区域受灾居民及时进行妥善安置，全力做好转移安置点环境消杀、疾病监测、饮食饮水卫生保障。组织专家对事故现场及周边建筑物结构安全进行评估，对核心区周边房屋进行修缮，综合评估各方条件后有序组织群众回迁。目前整体善后工作稳步推进，当地社会秩序稳定。

（3）分析评估

通过查阅资料、现场勘验、物证鉴定、视频分析、证人询问、实地调查、模拟实验、理论计算与分析，并经专家评估论证，排除了人为破坏、雷电、地震、地质灾害等因素，认定：涉事故建筑物东南角下方河道内 D57mm×4mm 中压天然气管道，紧邻小区排水口，受河道内长期潮湿环境影响，且管道弯头外防腐未按防腐蚀规范施工，导致潮湿气体在事故管道外表面形成电化学腐蚀，腐蚀产物物料膨胀致使整个防腐层损坏，造成管道腐蚀，加上管道企业未及时巡检维护，整改事故隐患，导致管道壁厚逐步减薄造成部分穿孔。泄漏的天然气在河道内密闭空间蓄积，形成爆炸性混合气体。泄漏点上方的聚满园餐厅炉灶处于燃烧状态，炉灶上方吸油烟机将炉灶火星吸入直径 40cm 的 PVC 排烟管道直排至河道密闭空间，引爆密闭空间内爆炸性混合气体，致事故发生（图 7-5～图 7-8）。

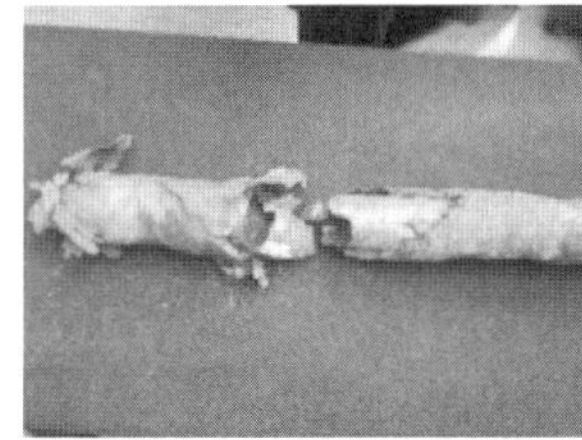
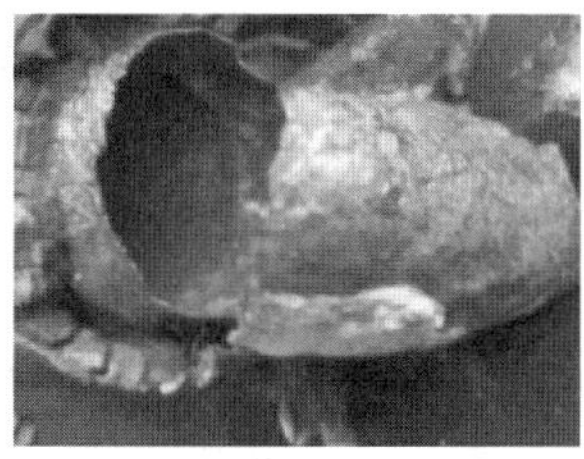

图 7-5　事故管道腐蚀断裂实物

图 7-6　事故管道环境情况

围绕燃气管道泄漏、密闭空间形成、点爆燃气火源、隐患排查治理等要素分析，造成此次事故的原因有：

1）违规建设造成事故隐患。2005 年 3 月，东风某燃气公司未经主管部门审

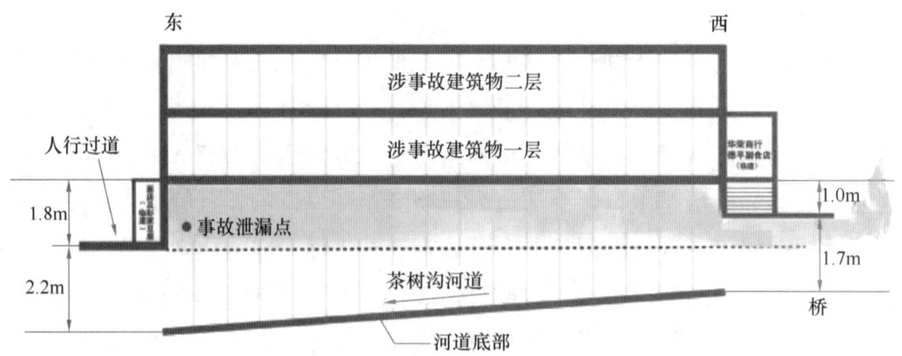

图 7-7　涉事故建筑物桥下河道空间天然气泄漏示意图

图 7-8　聚满园餐厅排烟还原模拟

批同意铺设涉事故管道（D57mm×4mm），此时涉事故管道尚未下穿涉事故建筑物。2008 年 10 月，东风某燃气公司违规对涉事故管道中压支管进行局部改造，改造后的事故管道穿越涉事故建筑物下方的密闭空间，形成安全隐患。

2）隐患排查整改长期不落实。涉事故管道使用中，先后作为营运维护单位的东风某燃气公司和十堰某燃气公司，多年来未能消除隐患。尤其是十堰某燃气公司负责涉事故管道巡线人员自公司成立至事发，从未下河道对事故管道进行巡查。此外，先后作为承担城镇燃气安全监管职责的住建部门、城管部门亦未认真履行监管职责。对属于特种设备的涉事故中压金属燃气管道，市场监管部门未依法履行监察职责。

3）企业应急处置严重错误。十堰某燃气公司应急管理责任不落实，应急预案流于形式，应急反应迟缓，企业主要负责人没有赶往事故现场指挥应急处置；抢修队员第一次进入现场未携带燃气检测仪检测气体；不熟悉所要关闭的阀门位置所在，只关闭了事故管道上游端的燃气阀门，未及时关闭事故管道下游端的燃气阀门以便保持管道内正压和防止回火爆炸；未按企业预案要求采取设立警戒、禁绝火源、疏散人员、有效防护等应急措施；在燃爆危险未消除的情况下，向公安、消防救援人员提出结束处置、撤离现场的错误建议，严重误导现场应急处置工作，以致事故未能避免发生。地方政企之间应急联动机制不完善，基层应急处置能力不足、经验不够。

4）物业安全管理混乱。物业安全管理制度未落实，没有督促承租商户严格执行《房屋租赁合同》中约定的“禁止在经营场所内使用明火做饭、过夜留宿”条款，将房屋出租给“聚满园餐厅”等7户商户经营餐饮，造成了火星违规排至河道。未提醒制止部分商户留人夜宿守店，结果夜宿守店的4名人员在爆炸事故中死亡。此外，还将东西两端的违建商铺出租。

3. 对策措施

（1）坚持以人民为中心作为统筹发展和安全的根本遵循。习近平总书记强调，“生命重于泰山。各级党委和政府务必把安全生产摆到重要位置，绝不能只重发展不顾安全，更不能将其视作无关痛痒的事，搞形式主义、官僚主义”。全省各地各部门特别是十堰市，必须深刻领悟习近平总书记重要指示的深刻内涵，提高政治站位，从党和国家事业发展的全局角度正确看待安全生产问题，心怀“国之大者”，提高政治判断力、政治领悟力、政治执行力。坚持“人民至上、生命至上”，全面提高公共安全保障水平，以实际行动做到“两个维护”。要更好地统筹发展和安全，牢固树立安全发展理念，严密细致制定城市经济社会发展总体规划及城市规划、城市综合防灾减灾规划等专项规划，将安全生产的基本要求和保障措施落实到城市发展的各个领域、各个环节。在城市基础设施建设中要坚持把安全放在第一位，严格把关。要深刻吸取事故教训，举一反三，切实把防控化解重大安全风险摆在更加突出的位置，聚焦安全生产基础性、源头性、瓶颈性问题，以更严格的措施强化综合治理、精准治理，坚决守住不发生重特大事故的底线。

（2）切实将燃气管道等涉及国计民生的基础设施作为安全风险防控的重点抓紧抓牢。燃气企业属高风险行业且关系国计民生，必须着眼从源头上、系统上防范安全风险。要加强城市供热、供气等基础设施建设、运营过程中的安全监督管理，严格落实安全防范措施。强化与市政设施配套的安全设施建设，及时进行更换和升级改造。建议由住房和城乡建设部门（城市管理综合执法部门）牵头，发展改革、市场监管、自然资源、应急管理、生态环境、公安、消防等部门参加，全面开展城镇燃气建设运行、安全隐患全方位排查，重点排查整治沿河沿湖沿江、穿越人口密集区、旧房改造中城镇燃气管道隐患问题，推动从根本上防范和化解城镇燃气安全风险。要加快推进燃气行业领域顶层设计，进一步整治规范燃气市场，淘汰管理落后、隐患较大的市场主体，推进燃气行业高质量发展。要加强部门协作，防止城镇供电、供水、排水和燃气设备在城建施工中被损坏造成安全隐患。坚持依法治理，尽快修订《湖北省城镇燃气管理条例》。住房和城乡建设部门（城市管理综合执法部门）要切实履行城镇燃气行业监管主责，全面提升城镇燃气规划、建设、运营以及管理、技术和服务水平，加强监管执法，对违法违规行为要坚决查处，严令整改。市委市政府要在全面系统排查城市燃气管道系统风险隐患基础上，下大力开展城镇燃气管网设施建设与改造，优化城镇燃气能源结构、改善环境质量、促进城镇发展、提高人民生活水平。

（3）始终将提升应急处置能力作为防范化解重大安全风险的基础来抓。坚持举一反三，加大城市安全运行设施资金投入，积极推广先进生产工艺和安全技术，提高安全自动监测和防控能力。要制定城镇燃气、化工、交通运输等高危行业专项事故应急预案，完善重大安全风险联防联控机制，建立政府与企业联动应急工作机制，组织开展应急救援联合演练，提高应急响应效率和水平。要加强应急救援队伍建设，强化应急救援教育培训，提高应急救援人员风险辨识和临机处置水平，配齐配强应急装备，科学制定应急救援预案，定期开展应急救援演练。负有安全生产监管职责的部门和应急救援队伍要熟悉应急预案内容，熟练掌握现场救援的必备知识，确保关键时刻应急指挥、调度、协作和处置稳妥高效。社区、物业管理等基层单位要增强事故灾害避险意识，及时报警，组织群众转移疏散，科学有序地开展自救互救。

（4）坚决将压实企业主体责任作为提高公共安全保障水平的核心来抓。所有企业都必须认真履行安全生产主体责任，做到安全投入到位、安全培训到位、基础管理到位、应急救援到位，确保安全生产。要结合安全生产专项整治三年行动集中攻坚，扎实推进“落实企业安全生产主体责任专题”，督促各类生产经营单位认真贯彻落实习近平总书记“四个到位”的重要指示。全省城镇燃气企业要汲取事故教训，建立健全安全生产责任制，完善安全生产规章制度、安全操作规程；要足额提取和使用安全生产费用，配齐配强巡检装备和管线监控设备设施，提升信息化安全监管水平；要加强安全培训教育，增强从业人员安全意识，突出专业知识的掌握和实操；要认真开展隐患排查，对存在重大安全风险的沿河、穿越人口密集区的管道，要进行专项治理，限期更新、改造或者停止使用。大中型国有企业要主动肩负起社会责任，带头做到“四个到位”。要聚焦企业主要负责人这个“关键少数”，省安全生产委员会办公室要结合贯彻落实新修订的《中华人民共和国安全生产法》，梳理明确企业主要负责人安全生产法定职责，推动企业主要负责人知责明责、担当负责。

（5）务必将压实部门监管责任作为当前打击非法违法行为的关键来抓。重特大突发事件，不论是自然灾害还是责任事故，其中都不同程度存在安全监管执法不严格、监管体制机制不完善等问题。要通过健全完善安全生产专业委员会制度，落实日常检查督办，强化年度目标考核兑现，依法实施事故问责，优化履职保障等措施，推动相关部门严格落实“管行业必须管安全、管业务必须管安全、管生产经营必须管安全”的要求。环保、水利、住建、城管等部门要加大安全监管力度，围绕涉及影响城市安全的各种隐患，健全常态化的安全生产检查机制。对不符合安全环保要求的立即进行整治，对工作不到位的地区要进行约谈通报，对重大安全隐患要实行挂牌督办，对瞒报、谎报、迟报生产安全事故的，要按有关规定从严从重查处，坚决杜绝形式主义官僚主义问题。建议十堰市政府要立即开展干部作风整顿教育，涉及人民生命财产安全的问题决不能麻木不仁。要以铁的纪律、铁的手腕、铁的面孔，严厉整治隐患排查治理走过场、执法宽松软等工作作风不严不实问题。

（6）必须将压实地方属地管理责任作为加强安全生产工作的坚强保证来抓。推进《生命重于泰山——学习习近平总书记关于安全生产重要论述》电视专题片进党校、进理论学习中心组，强化事故警示教育，督促各级党委政府知责于心、担责于身、履责于行。建立健全“党政同责、一岗双责、齐抓共管、失职追责”的安全生产责任体系，坚持一级抓一级、层层抓落实，夯实安全发展根基。要以钉钉子的精神加强作风建设，深化治理不担当不作为，抓好正反两方面的典型，完善抓常抓细抓长的长效机制。用好督查巡查“利器”，不定期开展随机抽查和精准督查，深入查摆安全生产工作落实和责任落实中的梗阻问题，切实解决会议一开了之、文件一发了之的问题。加强监督执纪问责，强化生产安全责任事故的追责问责，真正让制度“长出牙齿”，让违法违规者付出代价。要结合编制实施应急体系建设“十四五”规划，加强基层应急管理能力建设，切实弥补能力短板。

7.16 案例16：山东省济南市章丘区“3·19”坍塌事故[1]

1. 事故概况

2022年3月19日11时50分左右，德州某燃气安装公司在章丘区某镇安置房（地块二）室内外燃气入户项目土方开挖作业过程中发生一起坍塌事故，导致1人死亡，直接经济损失约300万元。

2. 事故经过

2022年3月18日，德州某燃气安装公司施工队班组负责人张某安排电焊工滕某、陈某第二天一早到事发现场进行天然气管沟土方开挖作业，并电话联系了

[1] 来源：济南市章丘区人民政府网站。

一台挖掘机配合挖掘。3 月 19 日 7 时左右，滕某、陈某和挖掘机司机姚某开始管沟土方开挖作业，由陈某使用铁锨探挖确认气源主管道位置，滕某根据张某的电话指令指挥挖掘机司机进行挖掘。

11 时 50 分左右，挖掘机在沟槽南端挖到一根电缆，司机停止了挖掘作业，陈某从沟槽爬出查看电缆情况，滕某跳入沟槽、拿起铁锨探挖气源主管道位置。此时，沟槽南端西侧土壁突然发生塌方，将滕某埋压在土中。

3. 处置过程

事发后，陈某和姚某立即用挖掘机和人工挖土方式救援，但救援速度缓慢。两人于 11 时 56 分左右分别拨打 119、120 电话，并协助消防救援人员救援。12 时 20 分左右，滕某被救出、由急救车送往章丘区人民医院抢救，13 时 55 分，滕某经抢救无效死亡。

14 时 40 分左右，济南某燃气公司向相关政府部门报告了事故。接报后，区应急管理局、区公安分局、区住建局、某镇街道办立即派员赶赴现场，开展调查勘查等工作。

截至 3 月 22 日，善后工作结束。

4. 分析评估

滕某安全生产意识淡薄，土方开挖过程中违章作业，在未采取放坡、支护等安全措施且无人监护的情况下，冒险进入沟槽内作业，西侧沟壁在重力和上方堆土压力作用下发生坍塌，导致事故发生。

5. 对策措施

（1）德州某燃气安装公司要举一反三，切实落实施工单位安全生产主体责任。确保项目部管理人员到岗到位，切实履行项目管理职责，统筹做好安全生产和疫情防控工作；强化施工现场安全管理，危险作业要编制专项施工安全方案并安排专人监护；加强员工安全教育培训和技术交底，保证从业人员具备必要的安全生产知识，熟悉有关规章制度和安全操作规程；进一步加强施工现场隐患排查治理，采取技术、管理措施，及时发现并消除事故隐患，杜绝违章指挥、违章作业行为，防范类似事故再次发生。

（2）深圳某建设公司要进一步落实总包单位安全生产主体责任。要守法经营，充实项目部管理力量，督促项目经理到岗履职，切实履行项目管理职责；要强化对分包单位施工现场安全生产工作统一协调、管理；做好分包单位作业前的安全技术交底和作业现场监护；定期对分包单位施工现场进行安全检查，了解掌握施工现场情况，及时发现并消除施工现场事故隐患，防范各类事故发生。

（3）济南某燃气公司要针对此次事故暴露出的管理问题深刻反思，落实对承包单位安全生产工作的统一协调、管理，进一步强化对公司燃气建设项目施工现场的巡查检查，督促各参建单位严格落实安全生产主体责任。

（4）天津某监理公司要切实履行安全监理职责，要做好施工单位资质及项目管理人员资格的审核，发现挂靠、转包等违法行为向建设单位、住建部门报告，按规定对事故作业进行现场监理，积极开展安全隐患排查和跟踪复查工作。

（5）区住房和城乡建设局要深刻吸取事故教训，严格按照“管行业必须管安全、管业务必须管安全、管生产经营必须管安全”要求，进一步明确燃气、供热等市政公用工程建设项目安全监管工作任务分工；加强对建设领域生产经营单位监督检查，进一步落实安全监管职责，结合安全生产专项整治3年行动，组织开展市政公用工程专项执法检查，依法严厉打击建筑领域违法违规行为，重点打击违法分包、转包、挂靠等行为，狠抓参建各方安全生产主体责任落实，规范建筑施工领域秩序，严防各类事故发生，保持全区安全生产形势持续稳定。

第8章　相　关　附　录

8.1　应急管理建设相关附件

8.1.1 《国务院办公厅关于加强基层应急队伍建设的意见》

《国务院办公厅关于加强基层应急队伍建设的意见》

（国办发〔2009〕59号）

各省、自治区、直辖市人民政府，国务院各部委、各直属机构：

基层应急队伍是我国应急体系的重要组成部分，是防范和应对突发事件的重要力量。多年来，我国基层应急队伍不断发展，在应急工作中发挥着越来越重要的作用。但是，各地基层应急队伍建设中还存在着组织管理不规范、任务不明确、进展不平衡等问题。为贯彻落实突发事件应对法，进一步加强基层应急队伍建设，经国务院同意，提出如下意见：

一、基本原则和建设目标

（一）基本原则。坚持专业化与社会化相结合，着力提高基层应急队伍的应急能力和社会参与程度；坚持立足实际、按需发展，兼顾县乡级政府财力和人力，充分依托现有资源，避免重复建设；坚持统筹规划、突出重点，逐步加强和完善基层应急队伍建设，形成规模适度、管理规范的基层应急队伍体系。

（二）建设目标。通过三年左右的努力，县级综合性应急救援队伍基本建成，重点领域专业应急救援队伍得到全面加强；乡镇、街道、企业等基层组织和单位应急救援队伍普遍建立，应急志愿服务进一步规范，基本形成统一领导、协调有序、专兼并存、优势互补、保障有力的基层应急队伍体系，应急救援能力基本满足本区域和重点领域突发事件应对工作需要，为最大程度地减少突发事件及其造成的人员财产损失、维护国家安全和社会稳定提供有力保障。

二、加强基层综合性应急救援队伍建设

（一）全面建设县级综合性应急救援队伍。各县级人民政府要以公安消防队伍及其他优势专业应急救援队伍为依托，建立或确定“一专多能”的县级综合性应急救援队伍，在相关突发事件发生后，立即开展救援处置工作。综合性应急救援队伍除承担消防工作以外，同时承担综合性应急救援任务，包括地震等自然灾害，建筑施工事故、道路交通事故、空难等生产安全事故，恐怖袭击、群众遇险等社会安全事件的抢险救援任务，同时协助有关专业队伍做好水旱灾害、气象灾害、地质灾害、森林草原火灾、生物灾害、矿山事故、危险化学品事故、水上事故、环境污染、核与辐射事故和突发公共卫生事件等突发事件的抢险救援工作。各地要根据本行政区域特点和需要，制订综合性应急救援队伍建设方案，细化队伍职责，配备必要的物资装备，加强与专业队伍互动演练，提高队伍综合应急能力。

（二）深入推进街道、乡镇综合性应急救援队伍建设。街道、乡镇要充分发挥民兵、预备役人员、保安员、基层警务人员、医务人员等有相关救援专业知识和经验人员的作用，在防范和应对气象灾害、水旱灾害、地震灾害、地质灾害、森林草原火灾、生产安全事故、环境突发事件、群体性事件等方面发挥就近优势，在相关应急指挥机构组织下开展先期处置，组织群众自救互救，参与抢险救灾、人员转移安置、维护社会秩序，配合专业应急救援队伍做好各项保障，协助有关方面做好善后处置、物资发放等工作。同时发挥信息员作用，发现突发事件苗头及时报告，协助做好预警信息传递、灾情收集上报、灾情评估等工作，参与有关单位组织的隐患排查整改。街道办事处、乡镇政府要加强队伍的建设和管理，严明组织纪律，经常性地开展应急培训，提高队伍的综合素质和应急保障能力。

三、完善基层专业应急救援队伍体系

各地要在全面加强各专业应急救援队伍建设同时，组织动员社会各方面力量重点加强以下几个方面工作：

（一）加强基层防汛抗旱队伍组建工作。水旱灾害常发地区和重点流域的县、乡级人民政府，要组织民兵、预备役人员、农技人员、村民和相关单位人员参加，组建县、乡级防汛抗旱队伍。防汛抗旱重点区域和重要地段的村委会，要组织本村村民和属地相关单位人员参加，组建村防汛抗旱队伍。基层防汛抗旱队伍要在当地防汛抗旱指挥机构的统一组织下，开展有关培训和演练工作，做好汛期巡堤查险和险情处置，做到有旱抗旱，有汛防汛。充分发挥社会各方面作用，合理储备防汛抗旱物资，建立高效便捷的物资、装备调用机制。

（二）深入推进森林草原消防队伍建设。县乡级人民政府、村委会、国有林（农）场、森工企业、自然保护区和森林草原风景区等，要组织本单位职工、社会相关人员建立森林草原消防队伍。各有关方面要加强森林草原扑火装备配套，开展防扑火技能培训和实战演练。要建立基层森林草原消防队伍与公安消防、当地驻军、预备役部队、武警部队和森林消防力量的联动机制，满足防扑火工作需要。地方政府要对基层森林草原消防队伍装备建设给予补助。

（三）加强气象灾害、地质灾害应急队伍建设。县级气象部门要组织村干部和有经验的相关人员组建气象灾害应急队伍，主要任务是接收和传达预警信息，收集并向相关方面报告灾害性天气实况和灾情，做好台风、强降雨、大风、沙尘暴、冰雹、雷电等极端天气防范的科普知识宣传工作，参与本社区、村镇气象灾害防御方案的制订以及应急处置和调查评估等工作。地质灾害应急队伍的主要任务是参与各类地质灾害的群防群控，开展防范知识宣传，隐患和灾情等信息报告，组织遇险人员转移，参与地质灾害抢险救灾和应急处置等工作。容易受气象、地质灾害影响的乡村、企业、学校等基层组织单位，要在气象、地质部门的组织下，明确参与应急队伍的人员及其职责，定期开展相关知识培训。气象灾害和地质灾害基层应急队伍工作经费，由地方政府给予保障。

（四）加强矿山、危险化学品应急救援队伍建设。煤矿和非煤矿山、危险化学品单位应当依法建立由专职或兼职人员组成的应急救援队伍。不具备单独建立专业应急救援队伍的小型企业，除建立兼职应急救援队伍外，还应当与邻近建有专业救援队伍的企业签订救援协议，或者联合建立专业应急救援队伍。应急救援队伍在发生事故时要及时组织开展抢险救援，平时开展或协助开展风险隐患排查。加强应急救援队伍的资质认定管理。矿山、危险化学品单位属地县、乡级人民政府要组织建立队伍调运机制，组织队伍参加社会化应急救援。应急救援队伍建设及演练工作经费在企业安全生产费用中列支，在矿山、危险化学品工业集中的地方，当地政府可给予适当经费补助。

（五）推进公用事业保障应急队伍建设。县级以下电力、供水、排水、燃气、供热、交通、市容环境等主管部门和基础设施运营单位，要组织本区域有关企事业单位懂技术和有救援经验的职工，分别组建公用事业保障应急队伍，承担相关领域突发事件应急抢险救援任务。重要基础设施运营单位要组建本单位运营保障应急队伍。要充分发挥设计、施工和运行维护人员在应急抢险中的作用，配备应急抢修的必要机具、运输车辆和抢险救灾物资，加强人员培训，提高安全防护、应急抢修和交通运输保障能力。

（六）强化卫生应急队伍建设。县级卫生行政部门要根据突发事件类型和特点，依托现有医疗卫生机构，组建卫生应急队伍，配备必要的医疗救治和现场处置设备，承担传染病、食物中毒和急性职业中毒、群体性不明原因疾病等突发公共卫生事件应急处置和其他突发事件受伤人员医疗救治及卫生学处理，以及相应的培训、演练任务。城市医疗卫生机构要与县级或乡镇医疗卫生机构建立长期对口协作关系，把帮助组建基层应急队伍作为对口支援重要内容。卫生应急队伍的装备配备、培训、演练和卫生应急处置等工作费用由地方政府给予支持。

（七）加强重大动物疫情应急队伍建设。县级人民政府建立由当地兽医、卫生、公安、工商、质检和林业行政管理人员，动物防疫和野生动物保护工作人员，有关专家等组成的动物疫情应急队伍，具体承担家禽和野生动物疫情的监测、控制和扑灭任务。要保持队伍的相对稳定，定期进行技术培训和应急演练，同时加强应急监测和应急处置所需的设施设备建设及疫苗、药品、试剂和防护用品等物资储备，提高队伍应急能力。

四、完善基层应急队伍管理体制机制和保障制度

（一）进一步明确组织领导责任。地方各级人民政府是推进基层应急队伍建设工作的责任主体。县级人民政府要对县级综合性应急救援队伍和专业应急救援队伍建设进行规划，确定各街道、乡镇综合性应急救援队伍和专业应急救援队伍的数量和规模。各有关部门要强化支持政策的研究并加强指导，加强对基层应急队伍建设的督促检查。公安、国土资源、交通、水利、林业、气象、安全监管、环境、电力、通信、建设、卫生、农业等有关部门要明确推进本行业基层应急队伍建设的具体措施，各有关部门要按照各自职责指导推进基层应急队伍组建工作。

（二）完善基层应急队伍运行机制。各基层应急队伍组成人员平时在各自单位工作，发生突发事件后，立即集结到位，在当地政府或应急现场指挥部的统一领导下，按基层应急管理机构安排开展应急处置工作。县乡级人民政府及其有关部门要切实加强基层综合队伍、专业队伍和志愿者队伍之间的协调配合，建立健全相关应急预案，完善工作制度，实现信息共享和应急联动。同时，建立健全基层应急队伍与其他各类应急队伍及装备统一调度、快速运送、合理调配、密切协作的工作机制，经常性地组织各类队伍开展联合培训和演练，形成有效处置突发事件的合力。

（三）积极动员社会力量参与应急工作。通过多种渠道，努力提高基层应急队伍的社会化程度。充分发挥街道、乡镇等基层组织和企事业单位的作用，建立群防群治队伍体系，加强知识培训。鼓励现有各类志愿者组织在工作范围内充实和加强应急志愿服务内容，为社会各界力量参与应急志愿服务提供渠道。有关专业应急管理部门要发挥各自优势，把具有相关专业知识和技能的志愿者纳入应急救援队伍。发挥共青团和红十字会作用，建立青年志愿者和红十字志愿者应急救援队伍，开展科普宣教和辅助救援工作。应急志愿者组建单位要建立志愿者信息库，并加强对志愿者的培训和管理。地方政府根据情况对志愿者队伍建设给予适当支持。

（四）加大基层应急队伍经费保障力度。县、乡两级综合性应急救援队伍和有关专业应急救援队伍建设与工作经费要纳入同级财政预算。按照政府补助、组建单位自筹、社会捐赠相结合等方式，建立基层应急救援队伍经费渠道。

（五）完善基层应急队伍建设相关政策。认真研究解决基层应急队伍工作中的实际困难，落实基层应急救援队员医疗、工伤、抚恤，以及应急车辆执行应急救援任务时的免交过路费等政策措施。鼓励社团组织和个人参加基层应急队伍，研究完善民间应急救援组织登记管理制度，鼓励民间力量参与应急救援。研究制订基层应急救援队伍装备标准并配备必要装备。对在应急管理、应急队伍建设工作中做出突出贡献的集体和个人，按照国家有关规定给予表彰奖励。开展基层应急队伍建设示范工作，推动基层应急管理水平不断提高。

国务院办公厅
2009 年 10 月 18 日

8.1.2 《国家安全监管总局关于加强基层安全生产应急队伍建设的意见》

《国家安全监管总局关于加强基层安全生产应急队伍建设的意见》

（安监总应急〔2010〕13 号）

各省、自治区、直辖市及新疆生产建设兵团安全生产监督管理局，各省级煤矿安全监察机构，各中央企业：

基层安全生产应急队伍是安全生产应急管理和生产安全事故应急救援的基础力量，是安全生产应急体系的重要组成部分，同时也是自然灾害等其他突发事件抢险救灾的重要力量。为深入贯彻落实《突发事件应对法》和《国务院办公厅关于加强基层应急队伍建设的意见》（国办发〔2009〕59 号），加强基层安全生产应急队伍建设，全面提高基层安全生产应急能力，现提出如下意见：

一、基本原则和建设目标

（一）基本原则。坚持以安全生产专业应急队伍为骨干、以兼职安全生产应急队伍、安全生产应急志愿者队伍等其他应急力量为补充，建设覆盖所有县（市、区）、街道、乡镇的基层安全生产应急队伍体系；坚持统筹规划，各负其责，充分整合利用现有资源，建设与本地、本企业安全生产需要相适应的基层安全生产应急队伍；坚持以矿山、危险化学品应急队伍建设为重点，以处置和预防生产安全事故为主业，努力拓展抢险救灾服务功能，建设“一专多能”的基层安全生产应急队伍；坚持依靠科技进步，依靠专业装备，依靠科学管理，内练素质、外树形象，不断提高基层安全生产应急队伍整体水平。

（二）建设目标。通过三年的努力，重点县（市、区）和高危行业大中型企业全部建立安全生产应急管理和救援指挥机构，其他县（市、区）以及所有社区、街道、乡镇和小型企业都有专人负责安全生产应急管理工作；县（市、区）、社区、街道、乡镇根据实际需要建立或确定本地有关高危行业（领域）安全生产专业骨干应急队伍；矿山、危险化学品等高危行业大中型企业普遍建立专职安全生产应急队伍，其他生产经营单位建立兼职安全生产应急队伍并与邻近专业应急队伍签订救援协议；安全生产专业应急队伍与其他应急队伍之间的协调配合机制进一步健全，社会安全生产应急志愿者队伍服务进一步规范，基本形成由专业队伍、辅助队伍、志愿者队伍构成的基层安全生产应急队伍体系和“统一指挥、反应灵敏、协调有序、运转高效”的基层安全生产应急工作机制，预防和处置各类生产安全事故的能力明显提高。

二、加强基层安全生产应急队伍体系建设

（一）加强安全生产专业应急队伍建设。按照建设目标要求，大中型矿山、危险化学品等高危行业企业应当依法建立专职安全生产应急队伍（其中矿山救护队必须按照相关建设标准取得相应的资质）。各地要根据本行政区域内矿山、危险化学品企业分布情况和企业专职应急队伍的建立情况，采取依托企业专职应急队伍或独立组建的方式，建立本行政区域安全生产骨干应急队伍，以满足本行政区域预防和处置生产安全事故的需要。地方要为骨干应急队伍配备先进适用装备，给予政策扶持，确保其健康持续发展。基层安全监管监察部门要积极配合和大力支持交通、铁路、质检、电力、建筑等部门建设基层专业应急队伍，建立和完善区域专业联防体系。各地要将矿山医疗救护体系建设纳入本地应急医疗卫生救援体系和安全生产应急救援体系之中，同步规划、同步建设。要依托本地大中型矿山企业医院建立矿山医疗救护骨干队伍，并督促指导矿山企业加强医疗救护队伍建设，将矿山医疗救护网络延伸到每一个矿山企业直至井（坑）口、车间，进一步完善三级矿山医疗救护网络。

（二）强化兼职安全生产应急队伍建设。未明确要求建立专职安全生产应急队伍的生产经营单位，要建立兼职应急队伍或明确专兼职应急救援人员，并与邻近专职安全生产应急队伍签订应急救援协议。本行政区域没有矿山、危险化学品等高危行业企业的地方，要加强其他专业安全生产兼职应急队伍建设，或整合本行政区域应急救援力量组建安全生产兼职应急队伍，或依托本行政区域综合应急队伍充实安全生产应急救援力量，以满足本地生产安全事故应急工作的需要。险时，兼职应急队伍应充分发挥就近和熟悉情况的优势，在相关应急指挥机构组织下开展先期处置，组织群众自救互救，参与抢险救灾、人员转移安置、维护社会秩序，为专业应急队伍提供现场信息，引导专业应急队伍开展救援工作，并配合专业应急队伍做好各项保障，协助有关方面做好善后处置、物资发放等工作。平时，兼职应急队伍应发挥信息员作用，发现事故隐患及时报告，协助做好预警信息传递、灾情收集上报和评估等工作，参与有关单位组织的隐患排查治理。

（三）加快安全生产应急志愿者队伍建设步伐。基层安全监管监察部门要充分发挥社会志愿者的作用，把具有相关专业知识和技能的志愿者纳入安全生产应急志愿者队伍。要组织对志愿者的安全生产应急知识培训和救援基本技能训练，建立规范的志愿者管理制度。要发挥志愿者的就近优势，险时立即集结到位，在相关应急指挥机构统一指挥下，组织群众疏散，协助维持现场秩序，开展家属安抚和遇险人员心理干预，收集和提供事故情况，配合开展相关辅助工作。

三、提高基层安全生产应急队伍装备水平

（一）加强基层应急队伍装备建设。基层安全监管监察部门要对本区域应急救援技术装备配置进行统筹规划，协调和督促有关单位按照有关规程和标准规范为基层安全生产应急队伍配备充足的、先进适用的应急救援装备和器材。同时，要支持和督促本地安全生产专业骨干应急队伍配备比较先进的、必要的装备和器材，以适应本地生产安全事故救援工作的需要。

（二）大力推进应急装备的技术进步。要加强应急新技术、新装备的推广、应用，不断提高应急工作的科技水平，推动事故救援现场装备的信息化、安全化、高效化。有条件的地方，要积极引进、消化国外先进的救援技术、装备，不断提高应急处置能力。

（三）加强基层应急信息平台建设。基层安全监管监察部门和有关生产经营单位要加强信息化建设。要加强服务信息平台建设，利用现有的计算机终端与安全生产应急平台联网；地方要积极创造条件，针对危险源、重点部位布设电子监控设备，逐步实现对辖区内的安全生产状况的动态监控和信息、图像的快速采集、处理；生产经营单位应积极建立安全生产应急平台，重点实现监测监控、信息报告、综合研判、指挥调度等功能，实时为上级管理部门及服务区域安全生产应急基地提供相关数据、图像、语音和资料。基层安全生产应急工作机构要建立应急终端，并与基层政府和有关部门及有关生产经营单位的应急平台和系统联网，实现应急信息传递的高效、便捷，提高队伍的应急响应速度。

四、加强基层安全生产应急基础工作

（一）加强基层应急队伍制度建设。建立健全应急值守、接警处置、预防性检查、培训考核、训练演练、装备器材维护与管理、技术资料管理、财务后勤管理等各项制度；建立各类工作记录和档案，如值班、会议、训练和演练、事故处理等记录以及装备管理、事故处理评估报告、隐患排查情况等档案资料；加强培训和训练工作，通过日常训练、培训、技术竞赛、经验交流、模拟实战演习等多种形式提高救援技能，提升实战能力。

（二）加强基层应急队伍的培训和训练。各级安全监管监察部门要把基层安全生产应急人员和志愿者的教育培训纳入安全生产应急管理教育培训体系之中，分类组织对基层应急人员和志愿者进行专门培训，使基层各级各类安全生产应急人员和志愿者熟悉、掌握应急管理和救援专业知识技能，增强先期处置和配合协助专业应急队伍开展救援的能力。同时，要加强应急知识的宣传和普及，使基层应急人员和志愿者充分了解应急知识，提高组织指挥和预防事故及自救、互救能力。

（三）增强基层应急救援队伍的战斗力。各级安全监管监察部门要引导基层安全生产应急救援队伍采取有力措施，不断提高战斗力。要强化理论武装、强化政治工作、强化作风锤炼，搞好思想政治和作风建设；加强事故案例分析和救援经验总结评估工作，持之以恒地开展技战术研究，不断探索应急救援的规律和有效方法，不断提高救援的科学性、实效性；开展地震、泥石流、山体滑坡、洪灾、建（构）筑物坍塌、隧道冒顶等灾害、事故的应急救援技能训练，扩充配备相应装备，努力拓展救援服务功能，实现一专多能；在基层安全生产应急救援队伍中大力开展“技术比武”和“创先争优”活动等。通过一系列措施，使基层安全生产应急救援队伍的战斗力不断得到提升。

（四）加强基层应急联动机制建设。基层安全监管监察部门要全面掌握本行政区域内的各类安全生产应急资源，推动建立本行政区域各类应急队伍之间、基层应急队伍与地区骨干应急队伍之间、基层应急队伍与国家级应急救援基地之间的应急联动机制。要明确安全生产应急工作各环节的主管部门、协作部门、参与单位及其职责，确立统一调度、快速运送、合理调配、密切协作的工作机制，实现应急联动。要结合实际，组织开展形式多样的、有针对性的应急演练，特别要组织开展多地区、多部门、多单位和多应急队伍参与的综合性应急演练，增强地方、部门、生产经营单位、其他社会组织及应急队伍的协同作战能力。

五、健全完善基层安全生产应急体制和政策措施

（一）加强安全生产应急管理组织体系建设。各地要在推动市（地）、重点县（市、区）和高危行业大中型企业建立安全生产应急管理机构，并做到机构、编制、人员、经费、装备“五落实”的同时，引导促进社区、街道、乡镇按照属地管理原则，明确机构，明确人员，确保有人管、会管理、管得好。居委会、村委会等群众自治组织，要将安全生产应急管理作为自治管理的重要内容，明确落实安全生产应急管理工作责任人，做好群众的组织、动员工作。

（二）建立基层应急队伍的经费保障制度。基层安全监管监察部门要将加强基层安全生产应急队伍建设作为履行政府职能的一项重要任务，融入日常各项工作中。要制定完善基层安全生产应急队伍建设标准，搞好基层安全生产应急队伍建设示范工作。要不断总结典型经验，创新工作思路，积极探索有利于推动基层安全生产应急队伍建设的有效途径和方法。各地和生产经营单位要根据本行政区域、本单位安全生产工作的特点和需要，加强安全生产应急队伍建设，把安全生产应急队伍建设纳入本行政区域、本单位年度计划和“十二五”规划中，统一规划、统一部署、统一实施、统一推进。要加大基层安全生产应急队伍经费保障力度，建立正常的经费渠道和相关制度，努力争取将基层安全生产应急队伍建设的工作经费纳入同级财政预算。

（三）建立健全有利于基层应急队伍健康发展的政策措施。各省级安全监管监察部门要会同有关部门尽快完善基层安全生产应急队伍建设的财政扶持政策。要建立完善应急资源征用补偿制度、事故应急救援车辆执行应急救援任务免交过路过桥费用制度和基层应急救援有偿服务制度；要制定救援队员薪酬、津贴、着装、工伤保险、抚恤、退役或转岗安置等政策措施，解决基层安全生产应急队伍的实际困难和后顾之忧；要建立应急救援奖励制度，对在事故救援、事件处置工作中作出贡献的单位和个人要及时给予奖励和表彰，对做出突出贡献的单位和个人要联合人力资源、工会、共青团等部门和组织授予荣誉，提请政府给予表彰；要建立安全生产应急救援公益性基金，鼓励自然人、法人和其他组织开展捐赠，形成团结互助、和衷共济的好风尚。此外，要制定推进志愿者参与安全生产应急救援的指导意见，鼓励和规范社会各界从事安全生产应急志愿服务。

六、加强领导，落实责任，全力推进基层安全生产应急队伍建设

各级安全监管监察部门在安全生产有关行政许可审查中，要依法加强对安全生产应急队伍建设条件的审查。要审查基层生产经营单位是否有符合要求的专兼职应急管理机构、人员和应急队伍，是否与有资质的应急队伍签订了协议。同时，要建立安全生产应急队伍报备制度，及时掌握基层应急队伍建立情况，加强对应急队伍建设的指导。省级安全监管监察部门要切实加强对基层安全生产应急队伍建设的领导，经常研究，抓住不放。尤其要抓好典型示范，督促和指导辖区内市（地）、重点县（市、区）建立健全安全生产应急管理和救援指挥机构，落实工作责任，以推动基层安全生产应急队伍建设工作的更好开展，促进基层安全生产应急队伍健康快速发展。

国家安全生产监督管理总局
2010 年 1 月 22 日

8.1.3 《国家安全监管总局关于进一步加强安全生产应急平台体系建设的意见》

《国家安全监管总局关于进一步加强安全生产应急平台体系建设的意见》

（安监总应急〔2012〕114 号）

各省、自治区、直辖市及新疆生产建设兵团安全生产监督管理局，各省级煤矿安全监察局，有关中央企业：

安全生产应急平台（以下简称应急平台）体系建设是应急管理的一项基础性工作，是安全生产信息化建设的重要抓手，对于建设更加高效的应急救援体系，有效预防和应对事故灾难具有重要意义。近年来，各地区、各单位认真贯彻国务院关于加强应急平台体系建设的一系列决策部署和指示要求，加强规划、加大投入、狠抓落实，应急平台框架体系初步形成，建设成效不断显现，但也存在着应急平台建设发展不够平衡、工作体制不够一致、应用功能不够完善、运行机制不够健全等问题。为全面落实《安全生产“十二五”规划》（国办发〔2011〕47号）的有关要求，进一步加强应急平台体系建设，提高整体建设水平，现提出如下意见：

一、牢牢把握应急平台体系建设的目标要求

（一）指导思想。以邓小平理论和“三个代表”重要思想为指导，深入贯彻落实科学发展观，牢固树立科学发展、安全发展的理念，坚持“安全第一、预防为主、综合治理”的方针，按照工作体制统一、系统功能完备、基础设施配套、制度机制健全的原则，以实现互联互通和信息共享为重点，以强化科技支撑为手段，以提高应急管理效率为目的，加强建设统筹、加大投入力度、周密组织实施、严格落实责任，全面推进应急平台体系建设。

（二）建设目标。到2015年底，国家、省（区、市）、市（地）和高危行业中央企业、国家级应急救援队伍的应急平台建成率达到100%，重点县（市、区）、高危行业地方大中型企业的应急平台建成率达到80%以上，基本实现互联互通和信息共享。

1. 国家、地方应急平台建设：2013年，全面推进国家和省级安全监管监察机构应急平台建设，并在“金安”工程专网框架下展开互联互通工作，组织应急平台业务对接和数据汇总、交换、共享等建设；市（地）和重点县（市、区）完成应急平台建设前期规划、立项、审批等工作。2014年，市（地）和重点县（市、区）全面启动建设项目；深化应急平台业务对接和数据汇总、交换、共享等建设工作。2015年，完成应急平台各项建设任务。

2. 高危行业中央企业、地方大中型企业应急平台建设：2013年，按照有关标准完善应急平台功能，高危行业中央企业总部展开与国家应急平台的网络联通工作；2014年，高危行业中央企业总部实现与国家应急平台数据交换、信息共享，高危行业地方大中型企业按照属地原则完成与安全监管监察机构应急平台的网络联通工作；2015年，企业与安全监管监察机构应急平台实现互联互通。

3. 国家级应急救援队伍应急平台建设：重点加强21支国家（区域）矿山应急救援队、20支国家（区域）危险化学品应急救援队和国家危险化学品救援技术指导中心的应急平台建设。2013年，展开应急平台终端采购、上线调试、支撑环境建设等工作；2014年，完成应急平台终端与国家应急平台网络联通、数据交换、信息共享等工作；2015年，建成国家级应急救援队伍应急平台体系。中央和地方财政支持的国有大中型企业应急救援队伍，也要参照上述目标要求抓好应急平台建设，逐步加入应急平台体系，实现互联互通。

（三）基本要求。积极适应安全生产应急管理工作需要，紧紧围绕“统一指挥、反应灵敏、协调有序、运转高效”的应急管理机制，加强应急平台体系建设。

一是坚持整体筹划。注重站在应急平台体系建设的全局上统筹本地区、本单位的应急平台建设工作，搞好整体设计，科学配置资源，突出建设重点，确保建设方向明确、上下目标一致、技术标准统一、全面协调推进。

二是坚持先进实用。积极学习借鉴国内外应急平台建设的先进理念和成熟经验，充分利用现有建设成果，有重点地引进先进技术装备，运用物联网和云计算等新技术，加大集成创新力度、优化系统综合功能，增强应急平台的实用性、稳定性和可靠性。

三是坚持综合配套。既要重视应急平台支撑环境、指挥场所、基础设施等硬件建设，更要重视应急平台应用系统、信息资源、制度机制等软件建设，最大限度地发挥应急平台的信息化优势，实现日常业务需要与应急救援需要的有机统一。

四是坚持互联互通。利用“金安”工程专网和无线通信技术贯通应急平台网络，实现国家、省级、市级、重点县、国家级应急救援队伍、中央企业、地方大中型企业的应急平台数据、语音、图像、视频等的交互共享。

五是坚持安全可靠。高度重视应急平台信息安全，合理区分不同层级、不同行业信息系统的安全防护等级，建立安全防护机制，在网络隔离、信息控制、密码网关、容灾备份等方面综合施策，保证应急平台稳定可靠、安全运行。

二、进一步突出应急平台体系建设重点

（四）优化综合应用系统。注重在应急平台体系架构下加强各地区、各单位应急平台综合应用系统兼容工作，优化设计方案，明确建设内容，实现技术体制和标准规范的相对统一。进一步完善综合应用系统的应急值守、预测预警、调度指挥、综合研判、辅助决策和总结评估等功能，按照应急管理的工作制度、办事程序、业务流程等要求，搞好综合应用系统与实际工作业务的有机衔接，不断提高应用效能。改进综合应用系统用户界面，科学定制业务分类，做到简洁明快、美观易用。

（五）完善数据库系统。按照条块结合、属地为主的原则，依据应急平台体系数据库的顶层设计标准，建立健全应急信息、应急预案、应急资源与资产、应急演练和培训、应急资质评估、应急统计分析、事故应急救援案例、应急政策法规、应急决策与模型、应急空间信息等数据库。全面规范库表分类和结构设计，形成相互兼容、信息共享、扩展性强的业务数据库。各地区、各单位要充分利用“金安”工程和其他安全生产、应急管理数据资源，不断提升本级的数据质量。

建立数据采集、交换和汇总机制，指定负责部门，明确职责要求，确保数据动态更新、准确有效。

（六）建设移动平台系统。要结合安全生产应急救援工作需要，进一步加强移动平台建设，实现对事故灾难现场信息实时采集和监测，为各级领导机关指挥救援提供决策依据。按照应急平台技术体制，研究开发基于移动平台的数据库、应用软件和通信设备，完善情况标绘、数据交换、双向通信、远程视频会商等功能，通过接入应急平台，实现事故灾难现场与各级指挥机构的无缝对接。要增强移动平台在恶劣天候、复杂自然环境下的应急通信能力，结合实际有针对性地选配大、中、小不同类型的移动平台。

（七）贯通网络通信系统。安全监管监察机构的应急平台要与“金安”工程专网联通。高危行业中央企业总部要完成与国家应急平台、地方大中型企业要完成与属地安全监管监察机构应急平台联通的任务。要建立应急平台体系通信联络调度机制，定期对所属应急平台联通情况进行检测，确保其始终处于良好的技术和备用状态。要按照相关通信标准，统筹规划应急平台接入的无线通信信道和技术指标，确保各类移动通信设备能够随时加入应急平台网络，执行应急救援、演练等相关任务。

（八）加强安全保障系统。严格遵守国家保密规定和信息安全规定，依托“金安”工程专网信息安全保障体系，利用技术和设备等手段，完善应急平台安全管理制度和防范策略。按照信息安全等级保护要求对应急平台进行定级备案，加固和优化主机、网络、服务器及应用系统的安全性能。加强应急平台关键系统和数据的容灾备份，以及供配电、空调、防火、防雷的安全防护和网络机房等的安全检测，不断完善安全管理机制。

（九）配套应急指挥场所。各级安全监管监察机构要立足于提高应急指挥协调能力，加强指挥厅、值班室、会商室、会议室、休息室等应急指挥场所的配套建设。合理规划布局，按照指挥机构组成和处置不同类型事故的要求预置各类人员工作席位。加强指挥场所设备建设，运用综合集成的思想加强指挥场所显示、音响、控制、照明、供电和安全保障等系统建设，搞好综合布线，配好设备器材，满足值守应急、异地会商和指挥调度的需要。

三、健全完善应急平台体系运行管理机制

（十）明确管理责任。要切实发挥应急管理机构在应急平台运行管理中的责任主体作用，进一步强化指导、协调和监督、检查职责，建立适应全国和各地区安全生产应急管理、应急救援需要的应急平台运行管理体制。各地区、各单位要根据本级应急平台业务功能区分，落实相关职能部门的应用和数据库维护等责任，进一步明确应急平台日常管理机构和运行维护机构，定岗、定责、定人。

（十一）健全工作制度。要建立情况通报制度，适时研究应急平台体系运行管理工作，总结经验，查找问题，落实整改措施。建立联调联通制度，按照自上而下的方式，定期组织体系内的应急平台值守点名和调度数据、音视频信号。建立数据交换制度，按照自下而上的方式，逐级上报应急管理、救援等相关数据，及时更新数据。建立维护管理制度，定期检测设备设施和软件系统，组织维修更新，确保应急平台体系始终处于良好运行状态。

（十二）搞好人员培训。要通过专题讲座、业务学习、技术交流等形式，做好应急平台技术推广应用工作。加强信息化知识学习，提高各级各类应急管理人员的信息化工作能力。强化应急平台应用技能学习，使各级安全监管监察应急管理机构的全体人员熟练掌握系统功能要求，并结合实际工作岗位熟练操作。特别要加大对应急平台运维技术人员的培训力度，不断提高专业保障能力。

四、充分发挥应急平台体系建设的综合效益

（十三）加强日常业务应用。要采取有效措施，真正让应急平台运转起来，充分发挥其自动化、智能化的作用，将应急平台应用作为处理业务、协调工作、发布信息的常态化工作模式，切实提升工作效率。要注重在应用中改进应急平台系统功能，实现与传统工作方式、文电处理流程、资料归类存档等要求的有机统一。深入开展以应急平台应用为重点的岗位达标活动，并逐步将其纳入单位和个人年度工作考核评价范畴。

（十四）强化预测预警作用。要充分发挥应急平台的信息集成、辅助决策和监测监控作用，利用专业预测分析模型，及时掌握安全生产突发事件、重大危险源和自然灾害等信息，科学预测其影响范围、危害程度、持续时间和发展趋势，及时发出风险预警信息，提高风险防控能力。高危行业中央企业和地方大中型企业要以重大危险源防控为重点，加强应急平台数据采集和监测监控工作，认真做好经常性的应急处置准备。

（十五）突出应急指挥功能。要切实利用应急平台虚拟仿真技术和信息集成优势，在真实的安全生产事故灾难场景中组织应急救援行动预案演练，不断提高信息化条件下的应急救援指挥能力。要注重把应急平台信息优势转化为应急指挥决策优势，综合运用应急平台视频会议、异地会商、现场侦测、资源管理、辅助决策等功能，快速预警研判、科学组织实施、有效跟踪管理，实现指挥协调与信息管理、救援力量与救援行动的有机衔接，最大限度地减少人员伤亡和财产损失。

五、加强对应急平台体系建设的领导

（十六）统筹推进工作。认真贯彻落实《安全生产“十二五”规划》和《安全生产应急管理“十二五”规划》（安监总应急〔2011〕186号）的有关要求，加强统筹兼顾，凝聚建设力量，严格时间节点，全面协调推进。要结合落实《国家发展改革委国家安全监管总局关于印发安全生产监管部门和煤矿安全监察机构监管监察能力建设规划（2011—2015年）的通知》（发改投资〔2012〕611号）

精神，进一步细化建设目标、分解建设任务、落实保障措施，加快推进建设进程。要切实加强应急平台建设规划和建设方案的评审论证工作，搞好与应急平台体系建设相关标准和规范的衔接。省级应急平台规划和建设方案要报国家安全生产应急救援指挥中心备案。

（十七）整合建设资源。各级安全监管监察机构要加强调研，全面掌握辖区内应急平台建设资源现状，充分利用已建成的信息化基础设施和重大危险源管理系统，做好与应急平台的综合集成工作，厉行资源节约、避免重复建设、提高建设效益。高危行业中央企业和地方大中型企业要注重整合现有的预防监测、预测预警、指挥调度、应急处置等系统，不断完善应急平台整体功能。

（十八）加大投入力度。安全监管监察机构要积极协调发展改革、财政等职能部门加大政策和资金支持力度，将应急平台建设列入政府信息化建设重点项目和财政预算；高危行业中央企业和地方大中型企业要严格落实企业主体责任，将应急平台建设纳入企业安全生产费用中予以保障。要解决好应急平台运行经费保障问题，将其纳入单位日常支出预算范围，确保维护、管理和执行任务需要。

（十九）加强人才建设。要着眼应急平台体系建设长远发展，加强专业人才队伍培养，注重选拔政治意识强、信息化知识丰富、专业基础扎实、组织协调能力较强、志愿从事应急救援专业的中青年干部，充实应急平台体系建设队伍。要注意为人才队伍搭建锻炼成长的平台，进一步优化队伍结构、完善激励机制，全面提升人才队伍的专业素质。

（二十）强化组织协调。各地区、各单位要把应急平台体系建设作为一项紧迫的任务摆上重要议事日程，成立领导机构，落实建设责任，抓紧研究解决重点难点问题，打破常规、创新方法、强力推进，确保按时圆满完成各项建设任务。要注意用试点工作推动建设，为全面铺开应急平台建设提供示范借鉴。要加强督导检查，做好应急平台的安全测评、系统验收、运行管理等工作。

国家安全监管总局
2012年9月6日

8.1.4 《国务院安委会关于进一步加强生产安全事故应急处置工作的通知》

《国务院安委会关于进一步加强生产安全事故应急处置工作的通知》

（安委〔2013〕8号）

各省、自治区、直辖市人民政府，新疆生产建设兵团，国务院安委会各成员单位：

近年来，全国安全生产应急管理工作不断加强，生产安全事故（以下简称事故）应急处置能力不断提高，但在一些地方和行业领域仍存在应急主体责任不落实、救援指挥不科学、救援现场管理混乱等突出问题。为进一步加强事故应急处置工作，经国务院同意，现将有关事项通知如下：

一、高度重视事故应急处置工作

各地区、各部门和单位要始终把人民生命安全放在首位，以对党和人民高度负责的精神，进一步加强事故应急处置工作，最大程度地减少人员伤亡。要牢固树立“以人为本、安全第一、生命至上”和“不抛弃、不放弃”的理念，坚持“属地为主、条块结合、精心组织、科学施救”的原则，在确保救援人员安全的前提下实施救援，全力以赴搜救遇险人员，精心救治受伤人员，妥善处理善后，有效防范次生衍生事故。

二、严格落实事故应急处置责任

生产经营单位（以下统称企业）必须认真落实安全生产主体责任，严格按照相关法律法规和标准规范要求，建立专兼职救援队伍，做好应急物资储备，完善应急预案和现场处置措施，加强从业人员应急培训，组织开展演练，不断提高应急处置能力。

地方人民政府负责本行政区域内事故应急处置工作，负责制定与实施救援方案，组织开展应急救援，核实遇险、遇难及受伤人数，协调与调动应急资源，维护现场秩序，疏散转移可能受影响人员，开展医疗救治和疫情防控，并组织做好伤亡人员赔偿和安抚善后、救援人员抚恤和荣誉认定、应急处置信息发布及维护社会稳定等工作。

地方人民政府安全生产监管部门和负有安全生产监督管理职责的有关部门应进一步加强机构和队伍建设，配备专职的安全生产应急处置工作机构和工作人员。

三、进一步规范事故现场应急处置

（一）做好企业先期处置。发生事故或险情后，企业要立即启动相关应急预案，在确保安全的前提下组织抢救遇险人员，控制危险源，封锁危险场所，杜绝盲目施救，防止事态扩大；要明确并落实生产现场带班人员、班组长和调度人员直接处置权和指挥权，在遇到险情或事故征兆时立即下达停产撤人命令，组织现场人员及时、有序撤离到安全地点，减少人员伤亡。

要依法依规及时、如实向当地安全生产监管监察部门和负有安全生产监督管理职责的有关部门报告事故情况，不得瞒报、谎报、迟报、漏报，不得故意破坏事故现场、毁灭证据。

（二）加强政府应急响应。事故发生地人民政府及有关部门接到事故报告后，相关负责同志要立即赶赴事故现场，按照有关应急预案规定，成立事故应急处置现场指挥部（以下简称指挥部），代表本级人民政府履行事故应急处置职责，组织开展事故应急处置工作。

指挥部是事故现场应急处置的最高决策指挥机构，实行总指挥负责制。总指挥要认真履行指挥职责，明确下达指挥命令，明确责任、任务、纪律。指挥部会议、重大决策事项等要指定专人记录，指挥命令、会议纪要和图纸资料等要妥善保存。事故现场所有人员要严格执行指挥部指令，对于延误或拒绝执行命令的，要严肃追究责任。

按照事故等级和相关规定，上一级人民政府成立指挥部的，下一级人民政府指挥部要立即移交指挥权，并继续配合做好应急处置工作。

事故发生地有关单位、各类安全生产应急救援队伍接到地方人民政府及有关部门的应急救援指令或有关企业的请求后，应当及时出动参加事故救援。

（三）强化救援现场管理。指挥部要充分发挥专家组、企业现场管理人员和专业技术人员以及救援队伍指挥员的作用，实行科学决策。要根据事故救援需要和现场实际需要划定警戒区域，及时疏散和安置事故可能影响的周边居民和群众，疏导劝离与救援无关的人员，维护现场秩序，确保救援工作高效有序。必要时，要对事故现场实行隔离保护，尤其是矿井井口、危险化学品处置区域、火区、灾区入口等重要部位要实行专人值守，未经指挥部批准，任何人不准进入。要对现场周边及有关区域实行交通管制，确保应急救援通道畅通。

（四）确保安全有效施救。救援过程中，要严格遵守安全规程，及时排除隐患，确保救援人员安全。救援队伍指挥员应当作为指挥部成员，参与制订救援方案等重大决策，并根据救援方案和总指挥命令组织实施救援；在行动前要了解有关危险因素，明确防范措施，科学组织救援，积极搜救遇险人员。遇到突发情况危及救援人员生命安全时，救援队伍指挥员有权作出处置决定，迅速带领救援人员撤出危险区域，并及时报告指挥部。

（五）适时把握救援暂停和终止。对于继续救援直接威胁救援人员生命安全、极易造成次生衍生事故等情况，指挥部要组织专家充分论证，作出暂停救援的决定；在事故现场得以控制、导致次生衍生事故隐患消除后，经指挥部组织研究，确认符合继续施救条件时，再行组织施救，直至救援任务完成。因客观条件导致无法实施救援或救援任务完成后，在经专家组论证并做好相关工作的基础上，指挥部要提出终止救援的意见，报本级人民政府批准。

四、加强事故应急处置相关工作

（一）全力强化应急保障。地方人民政府要对应急保障工作总负责，统筹协调，全力保证应急救援工作的需要；要采取财政措施，保障应急处置工作所需经费。政府有关部门要按照国家有关规定和指挥部的需要，在各自职责范围内做好应急保障工作，确保交通、通信、供电、供水、气象服务以及应急救援队伍、装备、物资等救援条件。

（二）及时发布有关信息。指挥部应当按照有关规定及时发布事故应急处置工作信息；设立举报电话、举报信箱，登记、核实举报情况，接受社会监督。有关各方要引导各类新闻媒体客观、公正、及时报道事故信息，不得编造、发布虚假信息。

（三）精心组织医疗卫生服务。事故发生地卫生行政主管部门要按照指挥部的要求，组织做好紧急医疗救护和现场卫生处置工作，协调有关专家、特种药品和特种救治装备，全力救治事故受伤人员，并按照专业规程做好现场防疫工作。必要时，由指挥部向上级卫生行政主管部门提出调配医疗专家和药品及转治伤员等相关请求。

（四）稳妥做好善后处置工作。地方人民政府和事故发生单位要组织妥善安置和慰问受害及受影响人员，组织开展遇难人员善后和赔偿、征用物资补偿、协调应急救援队伍补偿、污染物收集清理与处理等工作，尽快消除事故影响，恢复正常秩序，保证社会稳定。

五、建立健全事故应急处置制度

（一）建立分级指导配合制度。县级以上人民政府及其有关部门要建立事故应急处置分级指导配合制度。事故发生后，县级以上人民政府及其有关部门要根据事故等级和相关规定派出工作组，赶赴事故现场指导配合事发地开展工作。国务院安全生产监管监察部门和国务院负有安全生产监督管理职责的有关部门要对重特大事故或全国社会影响大的事故应急处置工作进行指导；省级安全生产监管监察部门和负有安全生产监督管理职责的有关部门要对重大、较大事故或本省（区、市）社会影响大的事故应急处置工作进行指导；市（地）级安全生产监管监察部门和负有安全生产监督管理职责的有关部门要对较大、一般事故或本市（地）社会影响大的事故应急处置工作进行指导。

工作组的主要任务是：了解掌握事故基本情况和初步原因；督促地方人民政府和相关部门及企业核查核实并如实上报事故遇险、遇难、受伤人员情况；根据前期处置情况对救援方案提出建议，协调调动外部应急资源，指导事故应对处置工作，但不替代地方指挥部的指挥职责；指导当地做好舆论引导和善后处理工作；起草事故情况报告，并及时向派出单位或上级单位报告有关工作情况。

（二）完善总结和评估制度。地方人民政府及其有关部门要建立健全事故应急处置总结和评估制度。指挥部要对事故应急处置工作进行总结并将总结报告报事故调查组和上级安全生产监管监察部门。事故应急处置工作总结报告的主要内容包括：事故基本情况、事故信息接收与报送情况、应急处置组织与领导、应急预案执行情况、应急救援队伍工作情况、主要技术措施及其实施情况、救援成效、经验教训、相关建议等。

事故调查组负责事故应急处置评估工作，并在事故调查报告中对应急处置作出评估结论。

（三）落实应急奖惩制度。各地区、各部门要落实事故应急处置奖励与责任追究制度。要根据有关法律法规和事故应急处置评估结论，对事故应急处置工作中表现突出的单位和个人给予奖励。对影响和妨碍事故应急处置工作的有关单位和人员，视情节和危害后果依法依规追究责任。

国务院安委会
2013年11月15日

8.1.5 《河北省生产安全事故应急处置评估实施细则》

河北省安全生产委员会办公室
关于印发《河北省生产安全事故应急处置评估实施细则》的通知

各市（含定州、辛集市）安全生产委员会：

根据国家安全监管总局办公厅印发的《生产安全事故应急处置评估暂行办法》（安监总厅应急〔2014〕95号）要求，省安委办制定了《河北省生产安全事故应急处置评估实施细则》，现印发你们，请认真组织落实。

河北省安全生产委员会办公室
2018年2月7日

《河北省生产安全事故应急处置评估实施细则》

第一条 为规范河北省生产安全事故应急处置评估工作，总结和吸取应急处置经验教训，不断提高生产安全事故应急处置能力，持续改进应急准备工作，依据《中华人民共和国安全生产法》《生产安全事故报告和调查处理条例》、国家安全监管总局《生产安全事故应急处置评估暂行办法》《生产事故应急预案管理办法》《河北省生产安全事故应急处置办法》《河北省危险化学品重特大事故应急响应指导书（试行）》《企业安全生产费用提取和使用管理办法》等相关法律法规、规章和政策文件，制定本实施细则。

第二条 本实施细则适用于河北省县级以上人民政府成立的事故调查组，所授权或委托安全生产监督管理部门组织调查的生产安全事故（环境污染事故、核设施事故、国防科研生产事故除外）的应急处置评估工作。

第三条 生产安全事故应急处置评估应当按照客观、公正、科学的原则进行。

第四条 河北省安全生产监督管理局负责监督指导全省生产安全事故应急处

置评估工作。

县级以上安全监管部门负责监督指导本辖区生产安全事故应急处置评估工作。

第五条　县级以上各级人民政府成立或授权、委托成立的事故调查组（以下统称事故调查组），分级负责所调查事故的应急处置评估工作。

上一级人民政府安全监管监察部门认为必要时，可以派出工作组指导下级人民政府事故调查组进行应急处置评估。

第六条　事故调查组应当单独设立生产安全事故应急处置评估组（以下简称应急处置评估组），专职负责对事故单位和事发地人民政府的生产安全事故应急处置工作进行评估。

应急处置评估组应当在事故调查组的直接领导下开展工作，事故调查组应对应急处置评估组的工作给予支持。

第七条　应急处置评估组组长一般由安全生产应急管理机构管理人员担任，也可由事故调查组组长另行指定。

应急处置评估组组长主持应急处置评估组的工作。

第八条　应急处置评估组成员可由有关人民政府、安全生产监督管理部门、负有安全生产监督管理职责的有关部门派人参加，成员人数不得少于 3 人，且为单数。并可根据需要聘请相关专家参与评估工作。

聘请的专家应在安全生产专家库中选取或由事故调查组推荐，应当具有相关专业知识，并与所评估的事故没有利害关系。

第九条　应急处置评估组根据工作需要，可以采取下列措施：

（一）听取事故单位和事发地人民政府事故应急处置现场指挥部（以下简称现场指挥部）关于事故及应急处置情况的说明。主要包括：事故基本情况，事故单位和现场指挥部分别采取的应急处置措施等情况；

（二）现场勘查。主要包括：事故现场基本状况，应急物资装备的配备及使用情况等；

（三）查阅相关文字、音像资料和数据信息。主要包括：事故单位应急管理档案，与应急处置相关的文字、音像资料和数据信息（包括操作记录、通话记录等）情况；

（四）询问有关人员。询问对象主要包括：事故单位主要负责人，主管安全负责人，安全管理人员、事故有关的班（组）长及现场人员，现场指挥部成员，参与抢险救援的一线战斗员，其他有关知情人员；

询问内容主要包括：日常应急管理工作情况，事故发生后采取的应急处置措施，取得的成效等。询问时，评估组在场人员不得少于 2 人；

（五）组织专家论证，必要时可以委托相关机构进行技术鉴定。

第十条 事故单位和现场指挥部应当分别总结事故应急处置工作，在事故救援终止后 15 日内向事故调查组和上一级安全生产监管监察部门提交总结报告。总结报告内容包括：

（一）事故基本情况。主要包括：时间、地点、事故单位概况，事故发生的过程、人员伤亡、财产损失情况，事故类型及初步原因等情况；

（二）先期处置情况。主要包括：事故单位采取的应急处置及自救措施、现场指挥部采取的先期处置措施等情况；

（三）事故信息接收、流转与报送情况。主要包括：事故的报告及续报，事故信息的接收与处理，应急值守等情况；

（四）应急预案实施情况。主要包括：应急预案的启动、实施及衔接等情况；

（五）组织指挥情况。主要包括：事故单位、现场指挥部的组织指挥，各应急工作组开展工作等情况；

（六）现场救援方案制定及执行情况。主要包括：救援方案的制定及执行，防范次生、衍生事故及事故扩大采取的措施等情况；

（七）现场应急救援队伍工作情况。主要包括：应急救援队伍（含与事故单位签订应急救援协议的专职应急救援队伍）接到事故报告后的人员组成、到达时间、应急救援物资装备的配备、执行现场指挥部应急救援命令、开展应急救援工作等情况，该工作情况应由参与现场救援的应急救援队伍分别提供；

（八）现场管理和信息发布情况。主要包括：人员疏散及清点、维护现场秩序、现场清理、警戒保卫等应急处置现场安全保障措施、舆情监控及对外信息发布等情况；

（九）应急资源保障情况。主要包括：所需通信、抢险、救援和防护等各类应急物资装备的保障及紧急调配等情况；

（十）防控环境影响措施的执行情况；

（十一）救援成效、经验和教训。主要包括：被救、遇险遇难人员及医疗救治情况，应急救援队伍自身损失情况，财产损失情况，避免次生、衍生事故及事故扩大情况，在救援过程中所取得的经验和教训；

（十二）相关建议。

事故单位和现场指挥部可采取摄影、录像等技术手段采集证据，妥善保存并整理好与事故应急处置有关的书证、物证、视听资料、电子数据等证据。

第十一条 应急处置评估组对事故单位的评估，应当包括以下内容见附表《河北省生产安全事故事故单位应急处置评估表》。

（一）应急响应情况，包括事故基本情况、信息报送情况等；

（二）先期处置情况，包括自救情况、控制危险源情况、防范次生灾害发生情况等；

（三）应急管理规章制度的建立和执行情况；

（四）风险评估和应急资源调查情况，包括风险评估结果和应急资源调查清单；

（五）应急预案的编制、评审、公布、备案、宣传、教育、培训、演练、评估、修订及执行情况；

（六）应急救援队伍、人员、装备、物资储备、资金保障等方面的落实情况。

第十二条 应急处置评估组对事发地人民政府的评估，应当包括以下内容见附表《河北省生产安全事故事发地人民政府应急处置评估表》。

（一）应急响应情况，包括事故发生后信息接收、流转与报送情况、相关职能部门协调联动情况；

（二）指挥救援情况，包括现场指挥部情况、应急救援队伍和装备资源调动情况、应急处置方案制定及实施情况；

（三）应急处置措施执行情况，包括现场应急救援队伍工作情况、应急资源保障情况、防范次生衍生及事故扩大采取的措施情况、防控环境影响措施执行情况；

（四）现场管理和信息发布情况，主要包括维护现场秩序、应急处置现场安全保障措施、舆情监控及对外信息发布等情况。

第十三条 应急处置评估组应当在事故救援终止后30日内或事故调查组规定时限内提交应急处置评估报告。评估报告包括以下内容：

（一）事故应急处置基本情况；

（二）事故单位应急处置责任落实情况；

（三）地方人民政府应急处置责任落实情况；

（四）评估结论；

（五）经验教训；

（六）相关工作建议；

应急处置评估报告应当附具《河北省生产安全事故事故单位应急处置评估表》《河北省生产安全事故事发地人民政府应急处置评估表》及其他有关证据材料。

应急处置评估组成员应当在应急处置评估报告及评估表上签名。

第十四条 事故调查组应当将应急处置评估内容纳入事故调查报告。

第十五条 负有安全生产监督管理职责的部门、事故单位应当根据事故调查报告内容，改进和加强日常应急管理、应急准备及应急处置等工作。

负有安全生产监督管理职责的有关部门应当对事故单位应急管理落实改进和加强应急管理工作的情况进行监督检查，事发地人民政府的应急管理落实改进和加强应急管理工作的情况由上一级人民政府进行监督检查。

第十六条 县级以上地方各级安全生产监督管理部门应当每年对本辖区生产安全事故应急处置评估情况进行总结，并收集典型案例，于每年1月15日前将上一年度本地区应急处置评估情况总结向上一级安全生产监督管理部门报告。

第十七条 生产安全险情的应急处置评估工作，成立事故调查组的，依照本实施细则执行；未成立事故调查组的，由现场指挥部或事发地人民政府安全生产监督管理部门参照本实施细则执行。

第十八条 本实施细则所称的生产安全事故应急处置是指生产安全事故发生到事故危险状态消除期间，为抢救人员、保护财产和环境而采取的措施、行动。

本实施细则所称的生产安全险情是指在生产经营活动中发生的对人员生命和财产安全造成威胁，但损害未达到生产安全事故等级标准的事件。

第十九条 本实施细则自印发之日起施行。

8.1.6 《重庆市管道天然气行业应急预案演练指导意见》

重庆市经济和信息化委员会
关于印发《重庆市管道天然气行业应急预案演练指导意见》的通知

（渝经信燃气〔2020〕4号）

各区县（自治县）经济信息委，两江新区、重庆高新区、万盛经开区经信部门，各管道天然气经营企业，有关单位：

《重庆市管道天然气行业应急预案演练指导意见》已经市经济信息委2020年第9次党组会议审议通过，现印发给你们，请结合实际进一步完善应急预案，定期组织开展应急演练，切实做好演练评估和应急预案修订，不断提升应急处置能力。

重庆市经济和信息化委员会
2020年3月27日

《重庆市管道天然气行业应急预案演练指导意见》

第一章 总 则

第一条 为加强我市管道天然气行业应急演练工作，提高管道天然气安全事故应急救援能力和供应应急保障能力，根据《中华人民共和国突发事件应对法》《中华人民共和国安全生产法》《生产安全事故应急条例》《城镇燃气管理条例》《重庆市天然气管理条例》《生产安全事故应急预案管理办法》《重庆市城镇天然气事故应急预案》等法律法规和规定，制定本指导意见。

第二条 全市天然气管理部门的管道天然气安全事故应急预案、管道天然气供应应急预案演练，管道天然气经营企业有关天然气安全事故、供应短缺、供应中断等突发事件的应急预案演练适用本指导意见。

第二章 应急预案体系

第三条 本指导意见中的应急预案是指天然气管理部门、管道天然气经营企业在风险辨识、监测预警和评估的基础上，针对可能发生的天然气安全事故、供应短缺、供应中断等突发事件，为最大限度地减少和消除突发事件造成人员伤亡、财产损失，保障人民群众生命财产安全、天然气供应安全，而制定的工作方案。

第四条 天然气管理部门应当健全管道天然气安全事故、供应短缺、供应中断应对机制，制定管道天然气安全事故应急预案、管道天然气供应应急预案。

第五条 管道天然气经营企业应当在风险辨识的基础上，针对可能发生的天然气安全事故、供应短缺、供应中断等突发事件制定综合应急预案、专项应急预案、现场处置方案（措施）。

第六条 应急预案的编制和管理，应当符合《生产安全事故应急条例》《突发事件应急预案管理办法》《生产安全事故应急预案管理办法（修正）》《生产经营单位生产安全事故应急预案编制导则》GB/T 29639 等要求。

第三章 应急预案演练基本要求

第七条 应急预案演练是指天然气管理部门，管道天然气经营企业针对可能发生的天然气安全事故、供应短缺、供应中断等突发事件，依据相应预案或方案（措施）模拟开展的应急活动。

应急预案演练按照演练内容分为综合演练和单项演练，按照演练形式分为实战演练和桌面演练，按照演练有无脚本分为预设有角本演练和随机无角本演练。

第八条 应急预案演练的目的是磨合机制，锻炼应急救援队伍，提高应急处置能力，检验应急预案的适用性、指导性、可操作性，检验应急组织机构各组成单位或人员的协调联动性、信息联络畅通性，检验应急资源保障的齐备有效性。

第九条 天然气管理部门、管道天然气经营企业应当研判天然气安全事故、供应短缺、供应中断风险，有针对性地制定年度应急预案、现场处置方案（措施）演练计划。

年度演练计划应当明确演练频次、演练时间、演练内容、演练形式等。

第十条 市天然气管理部门应当至少每两年组织 1 次天然气安全事故应急预案和管道天然气供应应急预案综合演练。不定期组织开展天然气安全事故应急预案或管道天然气供应应急预案演练。

区县（自治县）天然气管理部门应当至少每年组织1次天然气安全事故应急预案和管道天然气供应应急预案综合演练。不定期组织开展天然气安全事故应急预案或管道天然气供应应急预案演练。

相关天然气供应企业、管道天然气经营企业及有关单位应当予以配合。

第十一条 管道天然气经营企业应当至少每半年组织1次天然气安全事故综合应急预案、专项应急预案或现场处置方案（措施）演练。

管道天然气经营企业重大危险源场所、城市建成区的配气站、抢险抢修救援队伍应当至少每半年针对重点岗位或重要设施的安全事故风险，组织开展1次应急预案演练。

管道天然气经营企业配气站、重大危险源场所、市政天然气管线工程项目投入生产（使用）前，管道天然气经营企业应当组织施工单位针对工程项目可能发生的安全事故风险开展1次应急预案演练。

管道天然气经营企业宜不少于每年1次“无角本实战盲演”。

天然气管理部门应当对管道天然气经营企业应急预案演练情况监督检查。

第四章 应急预案演练实施

第十二条 应急预案演练实施前应当科学设定天然气供应、存储、输配、使用过程中可能发生的安全事故、供应短缺、供应中断等情景，针对性的编制演练方案。

演练方案应当明确演练组织机构及职责、演练内容、演练形式、参演人员、观摩人员等内容，研判评估演练实施过程中可能发生的突发事件，制定必要的安全保障措施。

第十三条 应急预案中的应急组织机构组成单位或人员应根据应急预案或演练方案确定的职责，对演练方案设置的情景履行相应职责。

演练观摩人员对演练过程进行观摩、记录。

第十四条 应急演练结束后应当对应急演练全过程进行科学分析和客观评价，形成评估总结报告。演练评价人员包括参演、观摩人员，也可聘请专业评价人员。评估的主要内容包括：

（一）应急演练准备、实施情况；

（二）预案的合理性与可操作性；

（三）指挥协调能力和应急处置能力情况；

（四）应急资源保障适用性和应急联动情况；

（五）对完善预案、应急准备、应急机制、应急措施等方面的意见和建议等。

第十五条 应急演练结束后应当对演练评估总结提出的问题整改闭环。

第十六条　天然气管理部门、管道天然气经营企业应当完善并妥善保存应急演练资料，应急演练资料宜保存3年。

第五章　附　　则

第十七条　本意见所称天然气管理部门是指市天然气管理部门和区县（自治县）天然气管理部门，区县（自治县）天然气管理部门是指区县（自治县）经济信息委以及两江新区、重庆高新区、万盛经开区经信部门。

第十八条　本指导意见自公布之日起30日后施行。

8.2　燃气事故应急预案

8.2.1　《北京市燃气事故应急预案》

《北京市燃气事故应急预案》

1. 总则

燃气作为一种清洁、高效的能源，日益广泛地运用于炊事、采暖、制冷、发电、车用以及空调、洗衣、烘干等多个领域，与公众的生活密切相关。同时，随着燃气的广泛运用，在城市中也分布着各类燃气设施，尤其是地下燃气管网，基本覆盖了本市的城区范围。而燃气属于易燃易爆物质，一旦出现燃气无法正常供应或者发生燃气突发事件，将直接影响城市正常运行和人们的生活，威胁社会公共安全和公共利益。因此，必须建立健全燃气突发事件应对机制，做到对燃气供应与使用中可能或正在发生的突发事件早发现、早报告、早处置、早解决。

（1）指导思想

以邓小平理论和“三个代表”重要思想为指导，牢固树立和落实科学发展观，以构建和谐社会为宗旨，以科学合理供气、保障首都安全用气为出发点，以维护社会稳定为目的，建立“统一指挥、属地管理，以人为本、专业处置，增强意识、预防为主”的燃气突发事件应急体系，全面提高本市应对燃气突发事件的能力。

（2）编制目的

为及时、有效、妥善地处置本市燃气突发事件，保护人民生命财产安全，并确保在处置过程中能够充分、合理地利用各种资源，建立政府、行业及企业间社会分工明确、责任到位、优势互补、常备不懈的应急体系，提高本市燃气行业防灾、减灾及确保安全稳定供气的综合管理能力和抗风险能力，特制定本预案。

（3）编制依据

根据《中华人民共和国突发事件应对法》《中华人民共和国安全生产法》、《危险化学品管理条例》《生产安全事故报告和调查处理条例》《城市供气系统重大事故应急预案》等国家法律法规、预案和《北京市安全生产条例》《北京市燃气管理条例》《北京市突发公共事件总体应急预案》《北京市应急委员会工作规则》《北京市突发公共事件信息管理暂行办法》和《北京市突发公共事件应急预案管理暂行办法》等地方性法规、预案和办法，结合本市燃气工作实际，制定本预案。

（4）基本原则

1）“统一指挥，属地管理”原则。

为确保本预案的实施，特别是在应对较大以上级别燃气事件的处置中，包括市政府各部门、各区县政府、燃气供应单位等相关单位，都应在市委、市政府的统一领导下和市城市公共设施事故应急指挥部的指挥下，做到明确职责、加强协调、密切配合、信息共享、形成合力。同时，根据事故的地点、影响范围、危害程度，按照专业管理及属地管理的原则和响应程序分区、分级进行处置，属地政府全力协调配合。

2）“以人为本，专业处置”原则。

在突发事件处置过程中，应坚持以“人民生命财产高于一切”为前提，以尽可能控制事件影响范围，最短时间有效处置事件为目标。在应急响应过程中，燃气供应单位应做到及时发现、准确判断、迅速报告，同时按照本单位应急预案的要求做好先期处置工作，避免事态进一步扩大。当需要启动高一级的应急响应时，应服从上一级指挥机构的统一指挥。属地政府应及时掌握事件影响范围及可能造成的危害程度，协助燃气供应单位快速处置事件，并积极采取有效措施减少突发事件对社会生活的影响。

3）“增强意识、预防为主”原则。

本市燃气行业各有关部门和单位要将预防、预警机制与应急处置有机结合起来，把应急管理的各项工作落实在日常管理中，通过开展全面的风险评估工作，掌握本市燃气风险源的分布，增强燃气供应单位和管理部门对燃气突发事件的预警能力，采取有效措施，及时发现并解决可能引发事件的各种隐患，提高防范水平，力争防止重大燃气事件的发生；要加强对燃气供应单位、用户的宣传工作，提高全民安全用气意识；随时做好处置重大燃气突发事件的一切准备工作；定期或不定期地对各种预案进行演练，做好各种应急准备工作。

（5）适用范围

本预案适用于本市行政区域内所有与燃气供应及使用有关的突发事件。

（6）事件等级

根据本市燃气供应和使用情况，按照事件所在燃气供应系统的压力等级、影响的用户性质及数量、事件发生地区对社会造成的危害程度等方面因素，将燃气突发事件等级由高到低划分为特别重大（Ⅰ级）、重大（Ⅱ级）、较大（Ⅲ级）、一般（Ⅳ级）四个级别。

1）特别重大燃气事件（Ⅰ级）

符合下列条件之一的，为特别重大燃气事件：

① 长输燃气管线市内部分、城市门站及高压B（2.5MPa≥P≥1.6MPa）以上级别的供气系统、输配站、液化天然气储备基地、液化石油气储备基地发生燃气火灾、爆炸或发生燃气泄漏事故，或导致30人以上死亡，或100人以上重伤，或造成1亿元以上直接经济损失，严重影响燃气供应和危及公共安全。

② 供气系统发生突发事件，造成3万户以上居民连续停止供气24h（或以上）。

③ 燃气突发事件引发的次生灾害，造成铁路、高速公路运输长时间中断，或造成供电、通信、供水、供热等系统无法正常运转，使城市基础设施全面瘫痪。

2）重大燃气事件（Ⅱ级）

符合下列条件之一的，为重大燃气事件：

① 次高压以上级别的天然气供应系统、压缩天然气供应站、液化天然气供应站、液化石油气储罐站、液化石油气管网（包括气化或混气方式的供气系统）、瓶装液化气供应站、车用燃气加气站等燃气供应系统及用于燃气运输的特种车辆发生燃气火灾、爆炸或发生燃气泄漏，或导致10人以上30人以下死亡，或者50人以上100人以下重伤，或造成5000万元以上1亿元以下直接经济损失，严重影响局部地区燃气供应和危及公共安全。

② 供气系统发生突发事件，导致本市大部分地区燃气设施超压运行，且严重影响用户安全用气；或造成1万户以上，3万户以下居民连续停止供气24h以上；高等院校的公共食堂连续停气24h以上。

③ 全市天然气供应系统的高压B级管网（2.5MPa≥P≥1.6MPa）出现压力异常，当压力低于1.0MPa时或压力低于1.2MPa在2h内未恢复正常；液化气储量连续两天低于3000t。

④ 城市气源或供气系统中燃气组分发生变化，导致无法满足终端用户设备正常使用。

⑤ 燃气突发事件的次生灾害严重影响到其他市政设施正常使用，并使局部地区瘫痪。

⑥ 事件发生在重要会议代表驻地、使馆区等敏感部位，可能造成重大国际影响。

⑦ 造成夏季供电高峰期的燃气电厂停气或供暖期间本市各大集中供热厂停气。

3）较大燃气事件（Ⅲ级）

符合下列条件之一的，为较大燃气事件：

① 各级燃气供应系统发生火灾、爆炸导致 3 人以上 10 人以下死亡，或者 10 人以上 50 人以下重伤，或造成直接经济损失 1000 万元以上 5000 万元以下，影响到局部地区燃气供应和危及公共安全，且燃气供应单位通过启动本单位应急预案能够及时处置的。

② 供气系统发生突发事件，导致本市局部地区燃气设施超压运行，且影响用户安全用气；或造成停气影响的居民用户数量在 1000 户以上 10000 户以下，且时间在 24h 以上。

③ 根据气象预报，未来 3 天内持续高温或低温，且经过预测 3 天内的全市天然气日用气负荷均高于上游供气单位日指定计划的 5%；全市液化气储量连续 3 天低于 5000t。

④ 发生在城市主干道上，造成交通中断。

⑤ 供暖期间造成居民采暖锅炉停气，形成较大供热事件。

⑥ 在大型公共建筑或人群聚集区，如广场、车站、医院、机场、大型商场超市、重要活动现场、重要会议代表驻地及本市重点防火单位和地区等发生燃气泄漏、火灾、爆炸，造成人员伤亡。

4）一般燃气事件（Ⅳ级）

符合下列条件之一的，为一般燃气事件：

① 各级燃气供应系统发生燃气泄漏导致 3 人以下死亡，或者 10 人以下重伤，或者造成 1000 万元以下直接经济损失，影响区域燃气供应和危及公共安全，但燃气供应单位通过启动本单位应急预案能够及时处置的事件。

② 燃气供气系统发生突发事件，导致本市一定区域内燃气设施超压运行，但未影响用户安全用气的；停气影响 1000 户以下居民，且 24h 内无法恢复，或影响 1000 户以下居民供暖 2h 以上。

2. 组织机构与职责

（1）指挥机构及其职责

在市应急委的领导下，由市城市公共设施事故应急指挥部负责本市燃气突发事件的应对工作。

市城市公共设施事故应急指挥部由总指挥、副总指挥和成员单位组成。总指挥由市政府分管副市长担任，负责本市燃气突发事件的领导工作，对全市燃气突发事件应急工作统一指挥。副总指挥由市政府分管副秘书长和市市政管委主任担任。

市城市公共设施事故应急指挥部应对燃气突发事件的职责包括：

1）研究本市应对燃气突发事件的政策措施和指导意见；

2）负责指挥本市特别重大、重大燃气突发事件的具体应对工作，指导、检查区县开展较大、一般燃气突发事件的应对工作；

3）分析总结本市燃气突发事件应对工作，制定工作规划和年度工作计划，落实燃气应急保障资金；

4）负责城市公共设施事故应急指挥部所属专业应急救援队伍的建设和管理；

5）承担市应急委交办的其他工作。

（2）办事机构及其职责

市城市公共设施事故应急指挥部下设办公室作为常设办事机构，办公室主任由市市政管委主任担任。根据市城市公共设施事故应急指挥部的指示，市城市公共设施事故应急指挥部办公室负责组织、协调、指导、检查本市燃气突发事件的预防和应对工作，并负责具体处置工作。

主要职责包括：

1）组织落实市城市公共设施事故应急指挥部决定，协调、调动成员单位应对本市燃气突发事件相关工作；

2）负责协调燃气气源供应保障；

3）收集、分析和上报有关燃气突发事件信息；

4）具体负责按程序成立市燃气突发事件应急现场指挥部的相关工作；

5）负责提出特大、重大燃气突发事件应急处置和抢险救援实施方案；

6）负责本市燃气事故隐患排查和应急资源管理工作；

7）负责联系燃气专家顾问组，针对燃气突发事件应急处置和抢险救援提出相应意见；

8）组织制定（修订）本市燃气突发事件应急预案，指导区县燃气突发事件应急预案的制定、修订和实施；

9）协调、指导区县政府和燃气供应单位开展燃气突发事件应急处置工作。监督、检查区县政府和燃气供应单位的相关工作；

10）负责发布和解除蓝色、黄色预警信息，向市应急办提出发布和解除橙色、红色燃气预警信息的建议；

11）组织排查并协调消除燃气突发事件的事故隐患；

12）分析总结本市燃气突发事件应急处置工作；

13）组织建立燃气应急救助体系；

14）组织建立市级燃气应急队伍、应急指挥技术支撑系统；

15）开展本市燃气突发事件应急演练、宣传教育和培训工作；

16）其他与燃气突发事件相关的应急管理工作。

（3）成员单位及其职责

1）市委宣传部：按照有关规定，负责组织指导相关单位对较大以上燃气突发事件的新闻发布和宣传报道工作。组织市属新闻单位进行燃气安全知识宣传。

2）市发展改革委：在突发燃气事故时，负责组织协调电力企业做好电力应急保障及电力系统抢险救援工作。负责承办市城市公共设施事故应急指挥部涉及电力应急保障的其他工作。

3）市教委：负责安排各高等学校、中等专业学校的教学、作息时间，配合实施燃气供应方案。中小学校等若发生燃气突发事件由相关区县政府应急指挥机构统一指挥处置，重大问题由市教委向市城市公共设施事故应急指挥部办公室报告，给予协调。

4）市公安局：负责燃气突发事件区域的安全保卫工作，维护现场秩序和社会公共秩序。负责协助燃气专业应急救援队进入现场处置事件。遵照市城市公共设施事故应急指挥部的指令负责协助组织群众疏散，如有必要，协助组织群众进入紧急避险场所，并维护公共秩序。负责组织指挥排爆、案件侦破等工作。发生燃气泄漏等紧急情况时，燃气供应单位必须采取紧急避险措施的，公安机关应当配合燃气供应单位实施入户抢险、抢修作业。

5）市民政局：负责在特别重大、重大燃气突发事件预警或发生特大、重大燃气突发事件中，配合地方政府做好受灾群众的转移安置工作。负责组织、发放灾民生活救济款物，妥善安排受灾群众的基本生活。

6）市财政局：为燃气突发事件应对工作提供资金保障，并对资金的使用和效果进行监管和评估。

7）市建委：负责燃气突发事件中涉及建筑工程方面的抢险工作。

8）市市政管委：具体负责市城市公共设施事故应急指挥部燃气突发事件的预防和应对工作。负责燃气供应系统的运行调度、资源调配、技术支持等相关工作。

9）市交通委：负责在燃气突发事件中组织协调有关部门做好交通运输保障工作；负责在燃气突发事件中组织协调有关部门恢复本市市管道路、公路、桥梁的抢修与恢复。

10）市水务局：负责组织抢修与恢复在燃气突发事件中损坏的有关供水、排水等市政管线、设施。负责与河湖水政管理有关的协调工作。

11）市商务局：负责组织商业燃气用户配合实施燃气应急供应方案。

12）市卫生局：负责组织北京急救中心（120）和各医院，开展受伤人员现场救治和伤员转院治疗工作。负责燃气突发事件区域的卫生防疫工作。

13）市质量技术监督局：负责组织或参与压力容器、压力管道等特种设备的抢险和事故调查与处置相关工作。

14）市安全生产监督管理局：参与燃气突发事件中较大及以上生产安全事故的调查工作，负责燃气突发事件中生产安全事故的信息上报、统计工作。

15）市旅游局：负责协调旅游星级饭店，配合实施燃气应急供应方案。

16）市政府外办（市政府港澳办）：负责协调燃气突发事件中涉及港澳及外国人员的应急处置工作。

17）市城管执法局：负责对危害燃气设施安全、违反规定使用燃气等的行为进行查处。

18）市公安局公安交通管理局：负责燃气突发事件现场及周边道路的交通维护疏导工作。依据现场燃气浓度监测结果，按照现场指挥部确定的警戒范围，采取临时交通管制措施，同时保证救援车辆顺利通行。

19）市公安局消防局：配合燃气应急救援队实施灭火工作，（在对泄漏燃气进行喷水稀释时应听取专业抢险人员的意见），对燃气突发事件中的被困人员进行救助，并配合燃气供应单位的工程技术人员进行现场侦检及市燃气应急救援队进行器具堵漏、冷却抑爆、关阀断源等工作。

20）武警北京市总队：根据燃气突发事件应急处置和抢险救援实施需要，协助完成抢险救援、现场警戒任务。

21）市通信管理局：负责组织实施在燃气突发事件中受损通信系统的应急恢复，并为抢险救援指挥系统提供通信保障。

22）市气象局：组织管理本市行政区域内针对燃气突发事件的气象探测资料的汇总、分发；组织对重大灾害性天气的联合监测、预报工作，及时提出气象灾害防御措施；组织燃气突发事件现场应急观测，提供燃气扩散模拟结果，为决策提供依据。

23）北京电力公司：负责组织实施在燃气突发事件中引发电力系统事故的抢险救援。为抢险救援及其指挥系统提供用电保障。根据燃气泄漏事故大小和扩散范围，组织相应范围内电力系统的停电及事后恢复工作。

24）中国石油天然气股份有限公司：负责天然气长输管线安全运行、维护及应急抢险工作。负责调度气源保证城市管网安全压力。协助市燃气供应单位的天然气调度工作。提供相关抢险技术及施工支持。

25）市热力集团公司等供热用气单位：制定供气中断情况下的应急供暖计划，配合实施天然气供气计划，提出用气建议。

26）市燃气集团公司：负责组建市燃气突发事件应急救援队。负责调度气量平衡，保证供应。负责指挥一般突发事件的应急处置工作。紧急状态下，听从政府指令采取紧急停供措施。负责组织实施辖区内的燃气突发事件现场先期应急处置，协助有关部门实施抢险救援。必要时支援辖区外燃气突发事件抢险救援。作为市政府处置燃气突发事件应急救援队伍及燃气供应接管单位，随时听从政府的调遣。

27）燃气供应单位（不包括市燃气集团）：制定本单位的燃气突发事件应急预案。负责根据本单位经营规模和供气方式组建相应的应急救援队伍。负责按照预案等级处置相应的突发事件。负责组织实施供应区域燃气突发事件先期应急处置。协助有关部门实施非供应区域的抢险救援工作。

28）各有关区县政府：按照燃气供应属地管理原则，负责保障本辖区燃气安全稳定供应。协调解决供、用气纠纷。制定本辖区相应的燃气突发事件应急预案，负责组织处置一般燃气突发事件，负责协助处置较大以上燃气突发事件，并负责燃气突发事件处置过程的属地保障和善后工作。必要时组织群众疏散，特殊情况下组织群众进入紧急避难场所，避免次生灾害事件发生。

（4）专家顾问组及其职责

市城市公共设施事故应急指挥部聘请燃气相关专业以及应急救援方面的专家组成专家顾问组，主要职责是为应急抢险指挥调度等重大决策提供指导与建议；协助制定应急抢险方案，对燃气突发事件的发生和发展趋势、抢险救援方案、应急处置方法、灾害损失和恢复方案等进行研究、评估，并提出相关建议。

（5）现场指挥部组成及其职责

1）现场指挥部职责

市城市公共设施事故应急指挥部根据需要成立现场指挥部，职责包括：

① 负责按照各级指挥机构相应的处置程序对燃气突发事件进行应急处置指挥工作；

② 在应急救援工作中，负责统一协调各成员单位，制定救援抢险方案；

③ 负责协调有关部门组织调配抢险力量，解决抢险当中遇到的重大问题；

④ 负责及时向市城市公共设施事故应急指挥部办公室报告事故情况及应急处置、抢险救援情况；

⑤ 负责启动和结束应急处置程序。

2）现场指挥部组成

根据事故等级确定现场指挥部总指挥人选。现场指挥部可由抢险指挥组、社会面控制组、后勤保障组、医疗救护组、宣传信息组、事故调查组和专家顾问组等组成。

3. 预测预警

（1）监测与预测

1）在市城市公共设施事故应急指挥部的领导下，由市市政管委牵头，建立政府部门、燃气供应单位、用户间的信息交流平台，充分利用各种资源优势，搜集、分析各种对燃气供应系统可能产生不利影响的信息，并相互传递与研究分析。

①实施对上游燃气供应企业和市内各燃气供应单位以及用气企业生产日报、月报的监控，实现实时监测本市供气动态以及预测燃气资源的供需平衡情况。

②对企业的安全管理情况进行监督检查，实施燃气安全供应状况的监测。

③建立燃气突发事件信息库，对已发生的各类事件进行记录，将分析和总结的结果存入信息库，并以此为基础不断完善各项安全生产管理制度及应急预案。

④加强重大节假日、重要社会活动、灾害性气候和冬季保高峰供应期间的预测预警工作，建立和健全各类信息报告制度，不断提高应急保障管理水平。

2）各区县燃气主管部门要与各燃气供应单位保持联络畅通，与街道办事处、乡（镇）政府保持密切联系，随时了解掌握供气情况和动态。

3）燃气供应单位应建立健全燃气供应系统的日常数据监测、设备维护、安全检查等各项生产管理制度；建立用气预测、系统改造等相关信息数据库，必要时将重要信息上报至市城市公共设施事故应急指挥部。对本行业、本地区以外其他渠道传递来的信息，应密切关注，提前做好应急准备。

（2）预警级别

根据本市燃气供应短缺可能对用户及社会造成影响的严重程度，本市建立燃气供应四级预警指标体系，由低到高分别用蓝色、黄色、橙色、红色四种颜色表示，并分别采用不同预防对策。

1）蓝色预警

①根据气象预报，未来3天内持续高温或低温，且经过预测3天内的日用气负荷均高于上游供气单位日指定计划的5%；

②液化气储量连续3天低于5000t。

2）黄色预警

①本市高压B级管网（2.5MPa$\geqslant P \geqslant$1.6MPa）出现压力异常，当压力低于1.0MPa时或压力低于1.2MPa在2h内未恢复正常；

②液化气储量连续两天低于3000t。

3）橙色预警

①本市高压B级管网（2.5MPa$\geqslant P \geqslant$1.6MPa）出现压力异常，当压力降至0.8MPa以下；

②液化气储量低于2000t。

4）红色预警

①当高压B级管网（2.5MPa$\geqslant P \geqslant$1.6MPa）出现压力异常，当压力降至0.6MPa以下；

②液化气储量低于1000t并造成大面积脱销。

（3）预警的发布、解除和变更

1）预警发布和解除

① 蓝色和黄色预警：燃气供应单位在1h内正式报告市城市公共设施事故应急指挥部办公室，由市城市公共设施事故应急指挥部办公室组织对外发布和解除，并报市应急办备案。

② 橙色预警：燃气供应单位在半小时内正式报告市城市公共设施事故应急指挥部办公室，由市城市公共设施事故应急指挥部负责确认预警，提出发布橙色预警建议，报告市应急办，经主管副市长批准后，由市应急办或授权市城市公共设施事故应急指挥部办公室负责发布和解除。

③ 红色预警：燃气供应单位立即正式报市城市公共设施事故应急指挥部办公室，由市城市公共设施事故应急指挥部负责确认预警，并提出发布红色预警建议，报市应急办，经市应急委主要领导批准后由市应急办或授权市城市公共设施事故应急指挥部办公室负责发布和解除。

2）预警变更

根据本市燃气供应短缺可能对用户及社会造成影响的严重程度的变化，燃气供应单位应适时向市城市公共设施事故应急指挥部办公室提出调整预警级别的建议；市城市公共设施事故应急指挥部办公室依据事态变化情况，适时向市应急办提出调整橙色、红色预警级别的建议。

（4）预警响应

1）蓝色预警响应

市城市公共设施事故应急指挥部办公室与气象部门建立会商机制，保证预测数据的准确性；与中国石油天然气股份有限公司协商，调整供用气计划，尽可能满足本市需求。

2）黄色预警响应

① 市城市公共设施事故应急指挥部办公室做好启动预案的准备工作。燃气供应单位密切监控气量、压力和气温变化，加强值班调度，随时报告情况。

② 若压力异常是由供气方造成的，应随时与供气方保持联系；若压力异常是由用气方设施造成的，应随时与抢修单位保持联系，并掌握恢复供气时间。

③ 通知大型燃气用户准备停运，随时做好应急准备工作。

3）橙色预警响应

① 市城市公共设施事故应急指挥部办公室在接到启动预警响应的同时，启动燃气供应应急处置体系。

② 通过各种渠道通知可能受到影响的用户，将采取限量供应措施，请相关用户做好停供准备。各工业用户、供暖制冷用户，做好限量用气的准备。

③ 通知属地区县政府，做好居民宣传工作。

4）红色预警响应

① 市城市公共设施事故应急指挥部办公室在接到启动预警响应命令的同时，启动一级响应和燃气供应应急处置体系，协调指挥本市所有燃气用户做好限量供应的准备；关闭部分供暖锅炉，限制工业用户用气量，同时通知所有工业、供暖用户做好全面停气的准备。

② 新闻单位加强相关宣传，对燃气供应形势和工作情况进行报道；广大市民做好采取紧急措施的准备。

4. 应急响应

（1）基本响应

当确认燃气突发事件已经发生时，属地区县政府和市、区县城市公共设施事故应急机构应立即做出应急响应，按照“统一指挥、属地管理、专业处置”的要求，指挥协调各部门开展先期处置。在事件发生的初期，由燃气供应单位快速处置，并将处置情况上报市城市公共设施事故应急指挥部办公室。

（2）分级响应

1）一般事件的应急响应（Ⅳ级）

发生一般燃气突发事件时，由区县政府和燃气供应单位按照区县和本单位相关应急预案自行处置并上报处置情况。燃气供应单位没有能力单独处置和控制时，可请求相关区县应急办或市城市公共设施事故应急指挥部办公室协调。

2）较大事件的应急响应（Ⅲ级）

发生较大燃气突发事件时，由市城市公共设施事故应急指挥部或区县政府负责启动Ⅲ级应急响应，市城市公共设施事故应急指挥部办公室或属地区县政府协调相关区县燃气主管部门及燃气供应单位，成立现场指挥部。市城市公共设施事故应急指挥部办公室根据现场情况协调相关成员单位参与现场抢险工作。

3）重大事件（Ⅱ级）的应急响应

发生重大燃气突发事件时，市城市公共设施事故应急指挥部办公室报市应急办，启动Ⅱ级响应。成立由相关成员单位和事发区县政府组成的现场指挥部，根据现场情况调度相关成员单位参与现场抢险。

4）特别重大事件（Ⅰ级）的应急响应

发生特大燃气突发事件时，市城市公共设施事故应急指挥部办公室报市应急办，由市城市公共设施事故应急指挥部启动Ⅰ级响应。成立由相关成员单位和事发区县政府组成的现场指挥部，制定应急处置方案，组织实施应急处置工作。

（3）扩大应急

当燃气突发事件造成的危害程度已十分严重，超出本市自身控制能力，需要国家有关部门或其他省区市提供援助和支持时，依据《北京市突发公共事件总体应急预案》有关规定，及时向国务院报告情况，请求国务院给予支援。

（4）响应结束

1）当燃气突发事件处置工作基本完成，次生、衍生等事件危害被基本消除，应急响应工作即告结束。

2）一般或较大燃气突发事件，由区县政府或市城市公共设施事故应急指挥部确定应急响应结束。

3）重大和特别重大燃气突发事件，由市城市公共设施事故应急指挥部或市应急办审核，报请总指挥或市应急委主要领导批准后宣布应急响应结束。应急响应结束后，应及时通过新闻媒体向社会发布有关消息。

5. 信息管理

（1）信息报告要求

除已经发生燃气突发事件外，出现下列情况时，各区县政府及燃气供应单位应立即分析判断影响正常供气的可能性，并立即将事件可能发生的时间、地点、性质、影响程度、影响时间以及应对措施报市城市公共设施事故应急指挥部办公室，市城市公共设施事故应急指挥部办公室核实情况后，上报市应急办。

1）因供气设施、设备发生故障可能影响正常供气；

2）因燃气资源出现短缺可能影响正常供气；

3）因供电、供水、通信系统发生故障可能影响正常供气；

4）因发现事故隐患可能影响正常供气；

5）因其他自然灾害可能影响正常供气。

（2）信息报告程序

1）一般燃气突发事件信息报告程序按日常值守程序执行。

2）较大以上燃气突发事件发生后，燃气供应单位和属地区县政府应立即向市城市公共设施事故应急指挥部办公室报告，详细信息最迟不得超过 1h。

3）发生在敏感地区、敏感时间或事件本身敏感的燃气突发事件信息的报送，不受分级标准限制，要立即上报市城市公共设施事故应急指挥部办公室，并由市城市公共设施事故应急指挥部办公室立即报市应急办。

4）首报

① 燃气供应单位到达突发事件现场后，立即口头将情况报市城市公共设施事故应急指挥部办公室，负责核实情况并根据事态进行分析判断。

② 市城市公共设施事故应急指挥部办公室接到报告后，根据事态情况分析判断。属一般事件的，督促、指导相关区县政府和燃气供应单位进行处置，并备案。

③ 属较大以上事件的，市城市公共设施事故应急指挥部办公室应立即报市应急办，详细信息不晚于事件发生后 2h 上报。同时，市城市公共设施事故应急指挥部办公室组织协调属地区县政府、燃气供应单位和成员单位的应急队伍，做好应急处置工作，同时协调有关单位做好抢修配合工作。

5）续报

燃气供应单位和属地政府根据事件过程，将事件发生、发展、处置结果等相关情况分阶段逐级向市公共设施事故应急指挥部办公室报告，市城市公共设施事故应急指挥部办公室接到分阶段事件报告后核实并视情况上报市应急办。

6）总报

① 燃气供应单位和属地政府在事件处置完毕后24h内，将事件处置结果及事件情况分析正式报市城市公共设施事故应急指挥部办公室。

② 市城市公共设施事故应急指挥部办公室审核后立即报市应急办备案。

7）燃气突发事件中涉及的生产安全事故，应在事故发生后立即上报所在区县安全生产监督管理局，必要时可直接上报市安全生产监督管理局。

（3）信息报告内容

1）首报内容

应明确事件发生的时间、地点、原因、事件类别、损失情况和影响范围、发展趋势、初期处置控制措施等信息。

2）续报内容

应包括事件发展趋势、人员治疗与伤情变化情况、事故原因、已经造成的损失或准备采取的处置措施。

3）总报内容

应包括事件处理结果、整改情况等。

（4）信息发布和新闻报道

1）燃气突发事件的信息发布和新闻报道工作，应遵照国家相关法律法规等文件规定执行。

2）发生一般燃气突发事件，由市城市公共设施事故应急指挥部或属地区县政府成立宣传信息组，统一组织新闻发布工作。发生较大以上燃气突发事件的信息发布和新闻报道工作，由市城市公共设施事故应急指挥部成立宣传信息组，并指派专人负责新闻发布工作，及时、准确、客观、全面发布有关燃气突发事件的信息。

6. 后期处置

（1）善后处置

1）现场抢险结束后，由市城市公共设施事故应急指挥部责成相关部门，做好伤亡人员救治、慰问及善后处理工作。根据事件损失情况由区县政府、市人事局、市民政局等部门制定相应补偿办法，尽快恢复受灾群众正常生活。如果发生重大伤亡及财产、经济损失的，按照国家规定的有关处理程序执行。

2）燃气供应单位及时清理现场，迅速抢修受损设施，尽快恢复正常燃气供应。

（2）社会救助

发生特别重大、重大燃气突发事件或遇到红色、橙色燃气突发事件预警后，由市城市公共设施事故应急指挥部协调民政部门及相关部门，迅速引导群众转移，安置到指定场所，及时组织救灾物资和生活必需品的调拨，保障群众基本生活。民政部门应组织力量，对损失情况进行评估，并逐户核实等级，登记造册，并组织实施救助工作。

（3）调查评估

1）现场指挥部应在事件处置结束4天内，将总结报告报市城市公共设施事故应急指挥部办公室，由市城市公共设施事故应急指挥部办公室整理、汇总后，2天内上报市应急办。

2）在处置燃气突发事件的同时，由相关部门适时组织有关单位和专家顾问成立事故调查组，进行事件调查，分析事故原因，认定事故责任，提出改进措施建议，并在事故结束后20天内将评估报告报市应急委。

3）各相关单位根据以上报告，总结经验教训，修改应急预案，落实改进工作措施。

7. 保障措施

（1）资金保障

市政府有关部门应在年度部门预算中安排燃气突发事件的应急处置经费。遇有特别重大、重大燃气突发事件，或部门安排的应急处置经费不能满足需要时，由市财政部门按照有关规定动用专项准备资金。

（2）物资保障

本市各燃气供应单位应当根据本预案以及单位内部的应急预案，在管辖范围内配备必需的紧急设施、装备、车辆和通信联络设备，并保持良好状态。在应急处置中，按现场指挥部要求，可以在本市道路、公路建设养护和各燃气供应单位紧急调用物资、设备、人员和场地。

（3）应急队伍保障

1）根据燃气应急救援工作需要，市燃气集团公司燃气突发事件应急救援队、燕化公司消防应急救援队、北京市公共设施抢险大队、北京华油天然气股份有限公司抢修队是本市燃气突发事件应急救援的专业队伍。

2）市燃气集团公司燃气突发事件应急救援队负责组织实施辖区内的燃气突发事件现场先期处置，协助有关部门实施抢险救援，听从市城市公共设施事故应急指挥部的指挥。

3）燕化公司消防应急救援队负责协助处置本市液化石油气大型储气设施的突发事件。

4）北京市公共设施抢险大队负责配合燃气供应单位实施燃气突发事件处置

过程中的机械开挖、道路作业等工作。拆除影响燃气突发事件抢险的建筑物。

5）北京华油天然气股份有限公司抢修队按照市城市公共设施事故应急指挥部的要求，提供城市高压A燃气管道方面的抢险技术及施工支持。

6）应急抢修队伍应配备工程抢险车辆，以及焊接、挖掘等抢修装备，并使其保持完好状态。

7）燃气供应单位应根据供应燃气的性质、设备设施的类型和供应规模建立相应的应急抢修队。城市建成区燃气供应单位须建立保障应急抢修的应急救援值班室。

（4）技术保障

1）燃气安全技术保障

本市燃气行业管理部门应关注国内燃气技术的发展趋势，组织科研单位和燃气供应单位，对先进技术进行研究，结合本市的实际需要，适时对现有燃气安全相关的设备、设施及专业抢修装备进行更新，培养高素质的运行管理人员和应急抢修人员，不断提高本市燃气突发事件应急处置能力。

2）指挥系统技术支撑

加强应急指挥体系建设，以建立集通信网络、调度指挥中心、移动指挥平台为一体的通信指挥体系，提高燃气突发事件应急指挥系统与专业处置队伍的应急通信质量。

（5）治安保障

对于发生燃气突发事件的区域，属地公安部门应做好现场秩序和社会公共秩序的维护，为燃气专业应急救援队进入现场处置事件提供保障。

（6）社会动员保障

1）按照燃气供应属地管理原则，由各区县政府组织燃气供应单位对燃气用户做好安全用气的宣传工作，提高公众的公共安全意识，鼓励及时报告燃气突发事件的有关信息。

2）在发生燃气突发事件时，各区县政府要确保本辖区的社会稳定，协调解决供、用气纠纷，组织居民协助燃气供应单位做好应急救援工作，向居民通报燃气突发事件相关情况，以得到理解与支持。

（7）医疗卫生救援保障

燃气突发事件所引起的直接人员伤亡以及应急救援人员的间接人员伤亡，由市卫生部门负责积极的救治。

8. 宣传教育、培训与演练

（1）宣传教育

由市城市公共设施事故应急指挥部办公室负责，市市政管委组织相关单位以安全用气和保护燃气设施为核心内容，以中、小学生、社区居民及外来人员为对象，通过新闻媒体对燃气的安全使用和防护措施采取形式多样的宣传教育活动，提高公众的安全意识和自救、互救等技能水平。

（2）培训

由市城市公共设施事故应急指挥部办公室负责，市市政管委组织相关单位制定相关预案培训计划，定期对燃气突发事件涉及的部门、企业、人员进行相关培训。使参与培训的人员掌握相应情况的处置程序和方法，提高处置能力和工作效率。

（3）演练

1）由市城市公共设施事故应急指挥部办公室负责，市市政管委会同各区县和相关委办局根据实际工作需要，建立演练制度，定期和不定期地组织燃气应急演练，做好各部门之间的协调配合及通信联络，确保燃气紧急状态下的有效沟通和统一指挥，通过应急演练，培训应急队伍，改进和完善应急预案。

2）各区县有关部门应组织本区域单位和群众开展应对燃气突发事件的演练。

3）各燃气供应单位应根据国家和本市有关应急预案规定，每年至少组织一次演练，不断提高燃气工作人员的抢险救灾能力，并确保负责急修、抢修的队伍始终保持良好的工作准备状态。

9. 附则

（1）名词术语、缩写语的说明

1）燃气供应系统：长输燃气管线市内部分、城市门站、输配站、燃气管网及设施、液化天然气储备基地、压缩天然气供应站、液化石油气储备基地、液化石油气储灌站、液化石油气管网（包括气化或混气方式的供气系统）、瓶装液化石油气供应站、车用燃气加气站、用于燃气运输的特种车辆、燃气用户等与燃气生产、输配、运输等燃气设施及相应的管理环节称为燃气供应系统。

2）燃气供应单位：燃气经营单位和燃气自管单位。

3）第三方影响：指由自然因素和非自然因素造成对燃气供应系统的影响。

① 自然因素的影响

自然因素是指燃气设施因所处环境的自然因素间接对燃气设施的破坏，主要形式有自然灾害、绿化植物对燃气设施造成的应力破坏。

A. 自然灾害，包括地震、地面自然沉降、洪水等灾害引发的对供气系统产生的外加应力损坏；

B. 土壤环境恶化，引起化学和电化学腐蚀，造成对地下燃气管网损坏；

C. 绿化植物的自然生长，其根系、总重量增加对管道造成外力影响，引发管道应力变化。

② 非自然因素的影响

非自然因素分为建设施工所造成的燃气设施硬性破坏和违章建筑、重型车辆等造成的管道负载过重破坏。

A. 城市施工活动的影响，施工单位采取人工挖掘或使用大型挖掘机械进行施工时，对管道造成破坏。

B. 临时建筑、材料堆放及重型车辆的影响，由于在燃气管道承载上方临时建筑、重型车辆等的过多重量，造成管道负载过重破坏。

4）本预案有关数量的表述中“以上”含本数，“以下”不含本数。

（2）预案管理

1）预案的制定

本预案由北京市人民政府负责制定，市城市公共设施事故应急指挥部办公室负责解释。参照本预案，各区县政府及相关部门和单位应各自制定相应的应急预案。

2）预案的审核

本预案由市应急办组织审核。

3）预案的修订

随着相关法律法规的制定、修改和完善，机构调整或应急资源发生变化，以及应急处置和各类应急演练中发现的问题，适时对本预案进行修订。原则上每 3 年至少修订 1 次。

4）相关预案的制定要求

① 维持用户最低用气需求预案

本市燃气供应单位应制定保证用户最低需求气量的调配应急预案。

因燃气突发事件可能影响输气管道正常运行，导致全局或部分用户供气中断或降低，燃气供应单位应在保证安全和有利于应急事件处置的前提下，尽力维持用户最低的用气需求。

② 管线应急处置预案

为了快速响应，在最短时间有效完成抢修处置，必须分析输气管线经由的不同地域及可能发生的各种典型案例，预先制定针对输气管线因本身缺陷或第三方影响可能导致变形、漂管、悬空、泄漏、开裂等突发事件的应急预案，规定具体处置措施。

③ 场站和储气罐应急处置预案

各燃气供应单位应对其所管辖的场、站、储气罐等重点地区和设施做出安全管理预案，保证其安全、稳定运行。

④ 其他应急处置预案

自控、通信、信息系统、燃气报修服务热线和相关应急单位等亦应做出相关应急处置预案。

5）预案的实施

本预案自印发之日起实施。

8.2.2 《上海市处置燃气事故应急预案（2016版）》

《上海市处置燃气事故应急预案（2016版）》

1 总则

（1）编制目的

为及时有效处置本市各类燃气事故，提高本市应对燃气事故能力，最大限度减少燃气事故及其造成的人员伤亡和财产损失，保障城市运行安全有序，编制本预案。

（2）编制依据

《中华人民共和国突发事件应对法》《中华人民共和国安全生产法》《中华人民共和国特种设备安全法》《城镇燃气管理条例》，以及《上海市实施〈中华人民共和国突发事件应对法〉办法》《上海市燃气管理条例》《上海市燃气管道设施保护办法》等。

（3）适用范围

本预案适用于本市行政区域内各类城镇燃气（含天然气和液化石油气）事故的应急处置。

本预案所称燃气事故，是指燃气在输配、储存、销售、使用等环节中发生的泄漏、火灾、爆炸等事故，以及因其他突发事件衍生的燃气事故。

（4）工作原则

统一领导、分级负责，属地管理、联动应对，以人为本、快速处置。

2. 组织体系

（1）领导机构

《上海市突发公共事件总体应急预案》明确，本市突发事件应急管理工作由市委、市政府统一领导；市政府是本市突发事件应急管理工作的行政领导机构；市应急委决定和部署本市突发事件应急管理工作，其日常事务由市应急办负责。

（2）应急联动机构

市应急联动中心设在市公安局，作为本市突发事件应急联动先期处置的职能机构和指挥平台，履行应急联动处置较大和一般突发事件、组织联动单位对特大或重大突发事件进行先期处置等职责。各联动单位在各自职责范围内，负责突发事件应急联动先期处置工作。

（3）市应急处置指挥部

重大、特大燃气事故发生后，视情成立市燃气事故应急处置指挥部（以下简称“市应急处置指挥部”），统一指挥实施事故处置和救援工作。总指挥由市领导确定，成员由相关部门、单位和事发地所在区政府领导担任。市应急处置指挥部根据应急处置需要，就近开设。

（4）职能部门

市住房城乡建设管理委是本市燃气行业的行政主管部门，作为本市处置燃气事故的责任单位，主要履行以下职责：

1）指导、协助事发地区政府及街镇处置一般和较大燃气事故，协同市应急联动中心对燃气事故实施先期处置，负责组织实施后续专业应急处置。

2）动态掌握燃气行业运行情况，及时组织收集、研判、报告、通报燃气事故预警信息。

3）及时掌握并向市政府报告燃气事故应急处置情况和后续措施。

4）组织编制本市处置燃气事故应急预案，指导各区处置燃气事故应急预案的编制与修订。

5）协调燃气应急物资储备，组织应急专业队伍建设、应急演练和宣传培训等工作。

6）指导相关单位对受损的燃气设施进行检查、评估、修复和善后协调工作等。

市燃气管理处负责具体实施本市燃气行业的日常应急管理工作。

（5）专家机构

市住房城乡建设管理委负责组建处置燃气事故专家咨询组，为处置燃气事故提供决策咨询建议和技术支持。

3. 监测预警

（1）预防监测

各有关单位应当严格执行燃气安全隐患排查制度，定期组织燃气企业、重点用户进行安全隐患排查，并督促落实整改。合理运用燃气事故统计、燃气设施运行数据库和燃气设施动态化管理系统及其他技术手段，做好燃气设施、设备的定期检测和风险评估。

在发生气象灾害、冬季保高峰供应和重大节假日、重要会议、重大社会活动期间，燃气行业相关单位应当加强燃气运行状态的监测和预报工作。

（2）预警级别

按照燃气事故可能造成的危害程度、紧急程度和发展势态，本市燃气事故预警级别分为四级：Ⅳ级（一般）、Ⅲ级（较重）、Ⅱ级（严重）和Ⅰ级（特别严重），依次用蓝色、黄色、橙色和红色表示。

1）蓝色预警

下列情况之一的，可视情发布蓝色预警：

① 相关自然灾害管理部门发布预警信号，经研判，可能对本市燃气供应和

管网安全造成一定影响的；

② 由于突发事件等原因，可能造成3000户以上居民用户燃气中断供应的；

③ 因各种原因造成气源保障出现一般问题，实际保障量低于最高计划量95％，且无法在72h内解决的。

2）黄色预警

下列情况之一的，可视情发布黄色预警：

① 相关自然灾害管理部门发布预警信号，经研判，可能对本市燃气供应和管网安全造成较大影响的；

② 由于突发事件等原因，可能造成1万户以上居民用户燃气中断供应的；

③ 因各种原因造成气源保障出现较重问题，实际保障量低于最高计划量90％，且无法在72h内解决的。

3）橙色预警

下列情况之一的，可视情发布橙色预警：

① 相关自然灾害管理部门发布预警信号，经研判，可能对本市燃气供应和管网安全造成重大影响的；

② 由于突发事件等原因，可能造成5万户以上居民用户燃气中断供应的；

③ 因各种原因造成气源保障出现严重问题，实际保障量低于最高计划量85％，且无法在72h内解决的。

4）红色预警

下列情况之一的，可视情发布红色预警：

① 相关自然灾害管理部门发布预警信号，经研判，可能对本市燃气供应和管网安全造成特别重大影响的；

② 由于突发事件等原因，可能造成10万户以上居民用户燃气中断供应的；

③ 因各种原因造成气源保障出现特别严重问题，实际保障量低于最高计划量80％，且无法在72h内解决的。

（3）预警信息发布

市、区燃气行政主管部门负责预警信息发布工作，依托现有预警信息发布平台，通过广播、电视、互联网、政务微博、微信、手机短信、智能终端、电子显示屏等，在一定范围内及时发布。预警级别可根据需要作出调整。重要的预警信息发布后，及时报市政府总值班室备案。

（4）预警响应

进入预警期后，市住房城乡建设管理委、市应急联动中心、有关区政府及相关部门和单位可视情采取以下预防性措施：

1）有燃气泄漏或者爆炸等险兆的，采取临时停气措施。

2）组织有关应急处置队伍和专业人员进入待命状态，并视情动员后备人员。

3）必要时，做好相关区域内人员疏散准备。

4）调集、筹措应急处置和救援所需物资及设备。

5）加强燃气调度和供气压力调节，保障供气安全。

6）法律、法规规定的其他预防性措施。

4. 应急响应

（1）信息报告

1）一旦发生燃气事故，各有关单位和个人应当及时通过“110”报警或者本区域燃气应急电话等报告。燃气行业相关单位应当立即向市住房城乡建设管理委和市燃气管理处报告。

2）相关部门和单位接报燃气事故后，应当及时相互通报。燃气事故发生后，要在半小时内口头、1h内书面，将相关情况报告市政府总值班室；特大燃气事故或特殊情况发生后，必须立即报告。

3）一旦出现事故影响范围超出本市行政辖区的态势，市住房城乡建设管理委应当依托与毗邻省市的信息通报协调机制，及时向毗邻省市相关主管部门通报。

（2）分级响应

1）本市燃气事故应急响应分为四级：Ⅳ级、Ⅲ级、Ⅱ级和Ⅰ级，分别对应一般、较大、重大和特别重大燃气事故。当燃气事故发生在重要地段、重大节假日、重大活动和重要会议期间，以及涉外、敏感、可能恶化的事件，应当适当提高应急响应等级。

2）一般和较大燃气事故发生后，由事发地所在区政府和街镇、住房城乡建设管理、公安等部门启动相应等级的响应措施，组织、指挥、协调、调度相关应急力量和资源实施应急处置。

3）重大和特大燃气事故发生后，立即启动相应等级的响应措施，并视情成立市应急处置指挥部，统一指挥、协调、调度全市相关力量和资源实施应急处置。事发地所在区政府和街镇、市住房城乡建设管理委及其他有关部门和燃气企业等单位立即调动相关应急队伍和力量，第一时间赶赴事发现场，按照各自职责和分工，密切配合，共同实施应急处置。

（3）应急处置

1）燃气事故发生后，事发相关单位和所在社区应当在判定事故性质、特点、危害程度和影响范围的基础上，立即组织有关应急力量实施即时处置，开展必要的人员疏散和自救互救行动，采取应急措施排除故障，防止事态扩大。市应急联动中心应当立即指挥调度相关应急救援队伍，组织抢险救援，实施先期处置，营救遇险人员，控制并消除危险状态，减少人员伤亡和财产损失。相关联动单位应当按照指令，立即赶赴现场，根据各自职责分工和处置要求，快速、高效地开展联动处置。处置过程中，市应急联动中心要实时掌握现场动态信息，并进行综合研判及上报。

2）涉及人员生命救助的燃气事故救援，现场救援指挥长由综合性应急救援队伍现场最高指挥员担任。无人员伤亡或者人员生命救助结束后，现场指挥长由燃气行政主管部门现场最高负责人担任，指挥实施专业处置。根据属地响应原则，由相关区视情成立现场处置指挥部，对属地第一时间应急响应实施统一指挥，总指挥由事发地所在区领导担任，或者由区领导确定。现场处置措施如下：

① 事发地所在区公安机关立即设置事故现场警戒，实施场所封闭、隔离、限制使用及周边防火、防静电等措施，维持社会治安，防止事态扩大和蔓延，避免造成其他人员伤害。

② 公安、消防、住房城乡建设管理等部门应急力量迅速营救遇险人员，控制和切断危险链。卫生计生部门负责组织开展对事故伤亡人员的紧急医疗救护和现场卫生处置。

③ 及时清除、转移事故区域的车辆，组织抢修被损坏的燃气设施，根据专家意见，实施修复等工程措施。

④ 燃气企业及时判断可能引发停气的时间、区域和涉及用户数，按照指令制定相应的停气、调度和临时供气方案，力争事故处置与恢复供气同时进行。

⑤ 必要时，组织疏散、撤离和安置周边群众，并搞好必要的安全防护。

⑥ 法律、法规规定的其他措施。

（4）人员防护

参加现场应急救援和处置的人员应当加强个人防护，落实抢险和控制事态发展的安全措施，严格操作规程，避免发生次生灾害和事态扩大。

（5）信息发布

1）一般、较大燃气事故信息发布工作，由事发地所在区政府或者市住房城乡建设管理委负责。

2）重大、特别重大燃气事故信息发布工作，由市政府新闻办负责，市住房城乡建设管理委提供发布口径。

5. 后期处置

（1）善后工作

事故责任单位、事发地所在区政府和住房城乡建设管理、公安、卫生计生、民政等部门要及时做好受伤人员救治、救济救助、家属安抚、保险理赔及现场清理、设施修复等善后工作。

（2）调查与评估

应急处置结束后，由事发地所在区政府、住房城乡建设管理、公安消防、质量技监、安全生产监管等部门和单位对事故发生的原因、性质、影响范围、受损程度、责任及经验教训等进行调查、核实与评估。

6. 应急保障

(1) 队伍保障

市、区燃气行政主管部门要进一步优化、强化燃气事故专业应急处置队伍的建设，配备相应的专业施工设备，积极开展燃气事故应急演练。

(2) 交通运输保障

燃气事故发生后，由公安部门及时对现场实施交通管制，根据需要组织开设应急救援绿色通道。交通行政管理部门根据需要，及时组织相应的交通运输工具，满足交通运输保障应急需要。必要时，可紧急动员和征用其他部门或者社会交通设施装备。

(3) 装备物资保障

进一步加强燃气事故专业处置装备和物资保障工作，完善信息数据库，并明确其类型、数量、性能、储备点和调度规则等。

(4) 通信保障

由各基础电信运营企业为处置燃气事故提供应急通信保障。

(5) 经费保障

按照市政府有关处置应急情况的财政保障规定执行，并根据现行事权、财权划分原则，分级负担。

7. 预案管理

(1) 预案解释

本预案由市住房城乡建设管理委负责解释。

(2) 预案修订

市住房城乡建设管理委根据实际情况，适时评估修订本预案。

(3) 预案报备

市住房城乡建设管理委负责将本预案报住房和城乡建设部备案。

本预案定位为市级专项应急预案，是本市处置燃气突发事故的行动依据。各区政府和本市相关部门、单位可根据本预案，制订相关配套实施方案，作为本预案的子预案，并抄送市住房城乡建设管理委备案。

(4) 预案实施

本预案由市住房城乡建设管理委组织实施。

本预案自印发之日起实施，有效期为5年。

附件：1. 燃气事故分级标准

2. 相关单位及职责

附件 1：燃气事故分级标准

按照燃气事故的危害程度和影响范围，本市燃气事故分为四级：Ⅰ级（特别重大）、Ⅱ级（重大）、Ⅲ级（较大）和Ⅳ级（一般）。

1. Ⅰ级（特别重大）燃气事故

造成下列情况之一的，为Ⅰ级（特别重大）燃气事故：

（1）30 人以上死亡或者 100 人以上重伤（包括燃气中毒，下同）；

（2）10 万户以上居民用户燃气中断供应，并造成特别重大社会影响；

（3）直接经济损失 1 亿元以上。

2. Ⅱ级（重大）燃气事故

造成下列情况之一的，为Ⅱ级（重大）燃气事故：

（1）10 人以上 30 人以下死亡，或者 50 人以上 100 人以下重伤；

（2）5 万户以上居民用户燃气中断供应，并造成重大社会影响；

（3）直接经济损失 5000 万元以上 1 亿元以下。

3. Ⅲ级（较大）燃气事故

造成下列情况之一的，为Ⅲ级（较大）燃气事故：

（1）3 人以上 10 人以下死亡，或者 10 人以上 50 人以下重伤。

（2）1 万户以上居民用户燃气中断供应，并造成较大社会影响；

（3）直接经济损失 1000 万元以上 5000 万元以下。

4. Ⅳ级（一般）燃气事故

造成下列情况之一的，为Ⅳ级（一般）燃气事故：

（1）3 人以下死亡，或者 10 人以下重伤；

（2）3000 户以上居民用户燃气中断供应，并造成一般社会影响；

（3）直接经济损失 1000 万元以下。

上述标准有关数量的表述中，“以上”包含本数，“以下”不包含本数。

附件 2：相关单位及职责

市公安局：负责现场治安维护和交通疏导，视情采取隔离警戒和交通管制等措施，会同有关部门开展遇险人员的疏散和救助。

市消防局：负责火灾扑救和以抢救人员生命为主的应急救援工作。

市安全监管局：负责或者参与燃气较大及以上生产安全事故的应急处置与事故调查处理。

市发展改革委：负责本市与其他省市、国家相关部门和有关上游供气方的天然气生产、调度、供应的组织协调。

市经济信息化委：负责本市燃气电厂运行调整，配合市发展改革委对天然气调度和供应的组织协调。

市卫生计生委：协调开展医疗救治和疾病预防控制工作，视情汇总、报告伤员救治信息。

市水务局：协调相关供、排水企业及时抢修被损坏的供、排水设施，保障燃气事故现场及周边供排水设施运行正常。

市民防办：参与燃气事故现场的检测。

市环保局：监测、分析燃气事故对周边地区可能造成的环境污染情况，并对事故产生的污染提出处置意见。

市交通委：负责应急处置所需的交通运输保障，参与车辆运输危险化学品燃气事故的调查。

市质量技监局：组织或者参与压力容器、压力管道等特种设备的事故调查，并参与相应应急处置工作。

市政府新闻办：协助做好重大、特大燃气事故信息发布和舆情应对工作。

市商务委：负责相关应急物资储备、调度和后续供应的组织协调。

市气象局：负责对燃气事故现场及周边地区的气象监测，提供必要的气象信息服务。

市民政局：负责因事故灾难造成困难群众的生活救助，协调遗体处理等善后事宜。

市通信管理局：组织协调做好应急通信保障工作。

市电力公司：对燃气事故现场实施断电或者根据需要提供现场临时用电，抢修被损坏的电力设施。

武警上海市总队：特大、特殊燃气事故时，按照有关规定，协助燃气应急抢险，配合做好现场秩序维护。

燃气企业：根据燃气设施使用及运营管理的实际情况，与有关区燃气管理部门完善安全协作网络和处置燃气事故应急管理网络，按照落实企业主体责任的要求，做好燃气事故预防、预测、信息报告和应急处置等各项工作。

事发地所在区政府：负责区域范围内燃气事故的属地响应，组织人员疏散安置、现场救助，确保受灾人员的基本生活，做好受害者及家属的安抚、赔偿及其他善后处置等工作。

8.2.3 《太原市城镇燃气事故应急预案》

太原市人民政府办公厅
关于印发《太原市城镇燃气事故应急预案》的通知

各县（市、区）人民政府，综改示范区、不锈钢园区管委会，市直各委、局、办，各有关单位：

《太原市城镇燃气事故应急预案》已经修订并报市政府同意，现印发，请按照执行。

太原市人民政府办公厅
2017年6月16日

《太原市城镇燃气事故应急预案》

1. 总则

(1) 编制目的

有效预防并及时、有序、高效、科学处置城镇燃气事故，减少人员及财产损失，维护城市安全和社会稳定，保障经济持续稳定发展。

(2) 编制依据

《中华人民共和国安全生产法》《中华人民共和国突发事件应对法》《城镇燃气管理条例》《山西省突发事件应对条例》《山西省燃气管理条例》《山西省城市供气系统事故应急预案》《太原市突发公共事件总体应急预案》等法律法规规章和有关规定。

(3) 工作原则

以人为本，安全至上；居安思危，预防为主；统一领导，分级负责；快速反应，协同应对。

(4) 适用范围

本预案适用于太原市行政区域内城镇燃气事故预防和应对工作。

燃气设施在遭受恐怖袭击时，应急处置依据有关反恐应急预案执行。

天然气、液化石油气生产和进口，城市门站以外的天然气管道输送，燃气作为工业原料使用，沼气、秸秆气生产和使用，农村燃气事故不适用本预案。

2. 应急组织体系及职责

(1) 城镇燃气事故应急组织机构

1) 设立太原市城镇燃气事故应急指挥部（以下简称市燃气应急指挥部），指挥协调全市燃气事故预防处置工作。指挥部下设办公室（常设机构）、现场指挥部和8个专业组。专业组成员为市燃气应急指挥部成员单位和有关专家。

2) 各县（市、区）、综改示范区、不锈钢园区设立本级燃气应急指挥机构，负责本行政区域燃气事故预防和应急处置工作。

3) 各燃气企业设立本企业燃气应急指挥机构，负责本企业经营区域燃气事故预防和应急处置工作。

(2) 市燃气应急指挥部组成及职责

1) 市燃气应急指挥部组成

总指挥：市政府分管副市长

副总指挥：市政府分管副秘书长、市城乡管委主任

成员单位：市委宣传部、市城乡管委、市发改委、市安监局、市质监局、市公安局、市消防支队、市民政局、市财政局、市经信委、市卫计委、市交通运输局、市文化局、市食药监局、市城乡规划局、市气象局、各县（市、区）政府、综改示范区管委会、不锈钢园区管委会、国网太原供电公司、太原供水集团有限公司、市市政公共设施管理处、太原天然气有限公司、山西国新科莱天然气有限公司、太原燃气集团有限公司、各液化石油气公司、各汽车加气站公司。

2）市燃气应急指挥部职责

① 认真贯彻执行预防燃气事故的法律法规规章和政策，制定预防和应对燃气事故预案；

② 领导、协调全市燃气事故应急处置、事故抢险、社会救援等工作；

③ 发布燃气突发事件相关信息，宣布启动（解除）燃气事故应急响应，组织对事故发生地区进行技术支持和支援；

④ 指导燃气应急指挥部成员单位按照各自职责开展应急救援工作。

（3）市燃气应急指挥部办公室设立及职责

1）市燃气应急指挥部办公室设立

市燃气应急指挥部办公室设在市城乡管委，办公室主任由市城乡管委分管燃气工作的领导兼任。

2）市燃气应急指挥部办公室职责

① 负责市燃气应急指挥部日常工作；

② 接收和传达、执行国家、省、市关于燃气应急工作的各项决策、指令，检查和报告执行情况；

③ 建立燃气监测预警体系，开展燃气事故风险评估和监测预警工作；

④ 接收、核实、处理、传递燃气事故信息；

⑤ 发布燃气事故相关信息，落实市燃气应急指挥部交办的其他工作；

⑥ 协调各燃气企业之间、成员单位与燃气企业之间城镇燃气应急工作；

⑦ 定期组织燃气应急演练；

⑧ 对燃气事故应急处置工作进行总结，并提出改进意见。

（4）现场指挥部组成及职责

1）现场指挥部组成

市燃气应急指挥部根据燃气事故情况，按照预案启动组成燃气事故应急处置现场指挥部（以下简称现场指挥部），现场指挥部原则上设 1 名现场总指挥和 2 名现场副总指挥。

2）现场指挥部职责

① 执行上级下达的燃气事故应急处置指令，研究决定现场处置方案，指挥、

协调现场应急处置和抢险救援工作；

② 按照工作程序和有关规定，及时向上级报告事故应急处置、抢险救援情况；

③ 划定事故现场警戒范围，必要时实施交通管制或其他强制性措施；

④ 拟定并报批有关事故信息材料；

⑤ 其他有关应急处置工作。

3）现场总指挥、副总指挥职责

现场总指挥职责：召集参与应急抢险救援的各部门（单位）现场负责人组成现场指挥部，明确各部门（单位）职责分工，负责指挥、协调现场应急处置工作，指挥调度现场应急救援队伍和应急资源。

现场副总指挥职责：协助、配合现场总指挥，实施应急抢险救援指挥工作。

（5）市应急指挥部成员单位职责

各县（市、区）政府，综改示范区、不锈钢园区管委会：按照属地管理和分级响应原则，依据本预案制定或修订本行政区域燃气事故应急救援预案，建立应急救援体系；负责本行政区域供气系统运行过程中燃气事故的应急处置、应急保障及善后工作。

市委宣传部：组织指导各相关部门、单位燃气事故应急抢险的宣传报道工作。

市城乡管委：起草、修订太原市燃气事故应急预案，承担市燃气应急指挥部办公室日常工作；根据市燃气应急指挥部指令，组织开展燃气事故应急处置工作；组织燃气专家赴事故发生地协助当地燃气应急工作，指导事故发生地开展燃气设施应急抢险、检修和恢复供气等工作。

市发改委：协调燃气上游气源企业，保障燃气充足、稳定供应。

市安监局：履行安全综合监管法定职责，组织开展城镇燃气事故调查，并提出处理意见。

市公安局：调配警力维护燃气事故现场秩序和社会公共秩序，打击犯罪；组织群众疏散，进入紧急避险场所，保障抢险人员、车辆和群众紧急通行。

市民政局：组织协调灾民生活救助和转移安置，做好灾民和抢险人员生活安置工作；组织灾民生活救助物资筹措、储备、调拨；协助相关部门核查灾情，及时向市燃气应急指挥部提供灾情信息。

市财政局：安排、拨付燃气事故应急资金并实施监督检查。

市经信委：协调燃气事故处置中电力应急、通信应急保障以及电力、通信系统抢险救援工作。

市卫计委：负责城镇燃气事故抢险人员、灾民和伤员救治和燃气事故区域卫生防疫工作。

市交通运输局：负责燃气运输事故处置，抢险人员、物资运输车辆保障，受损公路（含桥梁、隧道）等交通工程抢修与恢复工作。

市文化局：配合市委宣传部做好安全用气教育宣传和燃气事故应急抢险新闻报道工作。

市食药监局：负责应急食品、药品、医疗器械等物资调配及质量监管。

市质监局：组织、参与压力容器、压力管道等特种设备抢险、事故处置、调查工作。

市城乡规划局：强化城市燃气规划的科学性、合理性，指导城市燃气供应体系建设；根据应急抢险救援需要，提供事故现场规划资料；对在燃气设施保护范围内建设建筑物、构筑物或其他设施占压地下燃气管线行为进行日常监管，依法实施行政处罚。

市气象局：提供燃气事故区域气象预报和灾害性天气预警信息，为燃气事故应急处置提供保障服务。

市消防支队：组织燃气事故现场火灾扑救，抢救人员和财产。

国网太原供电公司：负责燃气事故区域电力供应和供电系统安全，组织事故区域电力设备抢修和事后电力恢复工作。

太原供水集团有限公司：保障燃气事故处置区域供水，抢修恢复燃气事故损坏的供水设施。

市市政公共设施管理处：负责燃气事故损坏城市道路（含桥梁）抢修工作。

太原天然气有限公司、山西国新科莱天然气有限公司、太原燃气集团有限公司、各液化石油气公司、各汽车加气站公司：做好燃气供应保障工作；制定本企业燃气事故应急预案，并按照分级管理原则报告及备案；建立燃气事故应急组织机构，成立抢险队伍，配备必要的仪器机具，交通通信工具，并定期组织演练；对燃气用户进行事故应急知识宣传；发生事故后及时向有关部门报告情况并提供事故现场管道、气压、管线方向等基础数据，制定燃气设备设施抢修（险）方案，参与事故应急抢修（险），修复损坏燃气设备设施，恢复供气。

（6）指挥部专业组组成、职责及权限

1）抢险抢修组

组长：实施抢险抢修燃气企业负责人

副组长：市城乡管委分管应急工作的负责人

成员：燃气企业、市城乡管委、市安监局、市质监局、市气象局、市消防支队、属地县（市、区）政府、综改示范区管委会、不锈钢园区管委会。

职责及权限：与事故设备设施使用（管理）单位或个人联系，了解燃气设备设施损坏程度、准确位置、燃气泄漏点等情况；根据燃气事故应急预案和现场情况，制定燃气设施抢修（险）方案，及时报告现场总指挥，并具体实施燃气设施抢修（险）方案，随时掌握现场险情变化，作好应对准备。

2）消防救援组

组长：市消防支队分管负责人

副组长：属地县（市、区）政府、综改示范区管委会、不锈钢园区管委会分管负责人

成员：市消防支队、市公安局、市质监局、太原供水集团有限公司、属地县（市、区）政府、综改示范区管委会、不锈钢园区管委会、燃气企业。

职责及权限：组织消防队员赶赴燃气事故现场，掌握警戒区域情况。有火灾发生时，向现场总指挥报告火灾情况，提出灭火、控制火情和人员撤退方案，经现场总指挥同意后，组织实施。在非常紧急情况下，与现场抢险人员密切配合，立即实施防火、灭火并报告现场总指挥。

3）治安警戒组

组长：市公安局分管负责人

副组长：属地县（市、区）政府、综改示范区管委会、不锈钢园区管委会分管负责人

成员：市公安局及其派出机构、属地县（市、区）政府、综改示范区管委会、不锈钢园区管委会、燃气企业。

职责及权限：根据事故现场情况划定警戒区域，做好事故现场人员疏散工作，实施警戒（封锁或控制人员、车辆进入警戒区域），必要时提出警戒方案供现场总指挥决策。密切注意警戒区内外情况变化，并及时报告现场总指挥。

4）应急专家组

组长：市安监局分管负责人

副组长：市城乡管委分管负责人

成员：市安监局、市城乡管委、市城乡规划局、市消防支队、市质监局、燃气企业、大专院校以及城市燃气设计、施工、科研机构和电力工程单位。

职责及权限：参加市应急指挥部组织的活动及专题研究；应急响应时，按照市应急指挥部要求研究分析事故信息和有关情况，为应急决策提供咨询或建议；参与事故调查，对事故处理提出意见；受市应急指挥部指派，给予技术支持；分析事故产生原因，提出预防意见报告。

5）医疗救护组

组长：市卫计委分管负责人

副组长：市食药监局分管负责人

成员：市卫计委、市食药监局、市经信委、市交通运输局、属地县（市、区）政府、综改示范区管委会、不锈钢园区管委会。

职责及权限：准备抢险所需医疗场所、设备（药品、救护车等），及时全力

抢救伤员。

6）后勤保障组

组长：市财政局分管负责人

副组长：市城乡管委分管负责人

成员：市财政局、市城乡管委、市卫计委、市经信委、市交通运输局、市食药监局、属地县（市、区）政府、综改示范区管委会、不锈钢园区管委会、市交警支队、燃气企业。

职责及权限：落实燃气应急救援资金，鼓励公民、法人和其他组织为应对突发事件提供资金捐赠和支持，保障救援物资补充。

7）新闻报道组

组长：市委宣传部分管负责人

副组长：市文化局分管负责人

成员：市委宣传部、市文化局、市城乡管委、市公安局、市安监局、市卫计委、市质监局、属地县（市、区）政府、综改示范区管委会、不锈钢园区管委会、燃气企业。

职责及权限：协调指导市属媒体对事故进行新闻报道，组织新闻媒体进行燃气安全知识宣传。

8）善后工作组

组长：市民政局分管负责人

副组长：市城乡规划局分管负责人

成员：市民政局、市城乡规划局、市消防支队、市城乡管委、市质监局、市发改委、市经信委、市财政局、市卫计委、属地县（市、区）政府、综改示范区管委会、不锈钢园区管委会、燃气企业。

职责及权限：救治伤员，引导、转移、安置受灾群众，及时组织救灾物资和生活必需品调拨，保障群众基本生活；对受灾情况调查评估，组织制定恢复与重建计划，及时恢复社会秩序，修复被破坏的城市基础设施；进行事故调查，帮助企业恢复生产等工作。

各县（市、区）政府、综改示范区管委会、不锈钢园区管委会及燃气企业要在本预案指导下，结合各自实际，分别制定燃气事故应急预案。

3. 预防、监测与预警

（1）预防

1）坚持“安全第一、预防为主、综合治理”原则，统筹兼顾和综合运用各方面的资源和力量，提升防灾减灾能力，预防和减少燃气事故发生。

2）在燃气设施规划建设中合理有效回避突发事故风险，统筹规划合理配套应对燃气事故的设施和应急物资。

3）各部门（单位）、燃气企业建立健全燃气安全管理制度，落实安全生产责任，做好燃气事故预防工作，防止燃气事故发生。

（2）监测

各燃气企业充分利用各种资源优势，建立完善的燃气安全监管和风险评估体系，做到早发现、早报告、早处置。

1）完善燃气风险预测机制、建立安全隐患排查信息台账。

2）建立重大安全隐患和重大危险源信息监控系统，对重大安全隐患和重大危险源实施监控，做到安全隐患早发现、早处置。

3）加强重大节假日、重大活动、灾害性气候和冬季用气高峰期的燃气供应预测预警工作，建立完善信息报告制度，不断提高应急保障管理水平。

（3）预警

各县（市、区）、综改示范区、不锈钢园区燃气应急指挥机构建立信息来源与分析、常规数据监测、风险分析与交流和预测制度，按照早发现、早报告、早处置原则，提高监测水平和应急处置能力。

各县（市、区）、综改示范区、不锈钢园区燃气应急指挥机构接到有关方面提供的信息，立即组织人员到现场进行复核确认。情况属实的，迅速上报，同时分析事件可能的方式、规模、影响，立即拟定相应工作措施，及时、有效开展先期处置，将事件消除在萌芽状态，防止事态扩大。

4. 应急响应

（1）先期处置

燃气事故发生后，相关燃气企业、县（市、区）政府、综改示范区管委会、不锈钢园区管委会、市级燃气管理部门作为响应单位立即启动应急响应，先期开展应急处置，控制事态发展。

1）安排应急抢险人员迅速赶往现场，摸清事故情况，组织人员疏散，控制事故现场防止次生灾害发生；

2）在自身能力范围内，开展抢险和救援工作；

3）及时向市应急指挥部办公室报告现场处置进展情况；

4）其他相应处置措施和行动。

（2）分级响应

燃气事故应急分三级响应。

1）一级响应

启动条件：燃气事故造成一次死亡10人以上或市区10万以上管道燃气用户连续停气24h以上时，由市燃气应急指挥部总指挥宣布启动一级响应。

响应措施：市燃气应急指挥部立即组织、调动本行政区域应急资源进行应急响应，开展应急救援工作，同时向省政府和省供气应急指挥部报告燃气事故基本情况、事态发展和救援进展情况。市燃气应急指挥部各成员单位和专业组迅速组织到位，及时赶赴事故现场，按照各自职责和分工，密切配合，共同实施应急处置。

2）二级响应

启动条件：燃气事故造成一次死亡 3 人以上、10 人以下或市区 5 万以上管道燃气用户连续停气 24h 以上时，由市燃气应急指挥部总指挥宣布启动二级响应。

响应措施：市燃气应急指挥部立即组织、调动本行政区域应急资源进行应急响应，开展应急救援工作。市燃气应急指挥部各成员单位和专业组迅速组织到位，及时赶赴事故现场，按照各自职责和分工，密切配合，共同实施应急处置。市燃气应急指挥部根据燃气事故应急工作原则，对事故进行调查确认和评估，向省政府和省供气应急指挥部报告燃气事故有关情况，并及时向市燃气应急指挥部各成员单位通报情况。

3）三级响应

启动条件：燃气事故造成一次死亡 1 人以上、3 人以下或事故发生于敏感时期、敏感地点、造成了重大社会影响，市燃气应急指挥部认为应该启动应急响应的，由市燃气应急指挥部总指挥宣布启动三级响应。

响应措施：市燃气应急指挥部负责组织、调动本级应急资源进行应急响应，开展应急救援，同时协调、督促属地县（市、区）、综改示范区、不锈钢园区燃气应急指挥部启动燃气事故应急预案，对事故进行调查确认和评估，立即开展应急救援工作。对属地县（市、区）、综改示范区、不锈钢园区燃气应急指挥部提出的应急援助请求给予支援。

（本条的“以上”包括本数，“以下”不包括本数）

（3）信息报告和共享

燃气事故发生后，按照以下要求报送和共享信息：

1）信息报告内容和要求

燃气事故信息报告要简明扼要、清晰准确。燃气事故信息报告包括首报、续报和总报。对发生时间、地点和影响等比较敏感的事项，可特事特办，不受报送分级的限制。

① 首报内容

A. 事发企业概况，包括事发企业名称、企业负责人、联系电话、地址等；

B. 燃气事故发生时间、地点以及事故现场情况；

C. 初步判定原因、危害程度、影响范围、人员伤亡和直接经济损失情况；

D. 事故发展趋势、初期处置控制措施等信息。

② 续报内容

事态发展趋势、人员治疗与伤情变化情况、事故原因、已经造成的损失或准备采取的处置措施。

③ 总报内容

事件处理结果等。

2）信息报告的时间和程序

发生燃气事故，燃气企业到达事故现场核实情况后，在30min内将现场情况报告县（市、区）、综改示范区、不锈钢园区燃气应急指挥机构；燃气事故造成一次死亡3人以上时，燃气企业在30min内向市燃气应急指挥部办公室报告，特别紧急情况可以先电话报告，然后补报文字材料；市燃气应急指挥部办公室在1h内向市政府值班室（0351-4227229）和省供气应急指挥部报告，并根据事态发展及时续报应急处置情况。

（4）响应升级

预测燃气事故可能波及本市以外区域，市燃气应急指挥部立即报告市政府，协调周边城市启动应急联动机制。

燃气事故造成的危害程度超出本市自身控制能力，需省政府提供援助和支持的，由市燃气应急指挥部报告市政府，报请省政府协调相关资源和力量参与事故处置。

（5）社会动员

根据燃气事故应急抢险工作需要，经市燃气应急指挥部批准，可由县（市、区）、综改示范区、不锈钢园区动员公民、企事业单位、社会团体、自治组织和其他力量，协助政府及有关部门（单位）做好燃气事故灾害防御、自救互救、紧急救援、秩序维护、后勤保障、医疗救助、卫生防疫、恢复生产、心理疏导等工作。

（6）信息发布

发生燃气事故后，宣传报道组按照市燃气应急指挥部安排，及时通过广播、电视、网络、报刊和手机短信等方式公开发布事故情况、影响范围、严重程度、持续时间、可能受影响的区域及采取的措施等。信息发布应准确、客观、真实。

（7）应急结束

燃气事故处置工作基本完成，次生、衍生等事件危害基本消除，经现场救援指挥部确认符合终止应急响应的条件时，按照“谁启动、谁结束”原则，由市燃气应急指挥部终止应急响应。

5. 后期处置

（1）善后处置

应急结束后立即开展善后处置工作。具体包括：治安管理、人员安置补偿、征用物资补偿、救援物资及时补充及恢复生产等事项。同时开展设备设施修复和现场清理工作，尽快消除燃气事故产生的影响，妥善安置受害和受影响人员，保障社会安定。

(2) 社会救助

由民政部门牵头，相关部门配合，迅速引导群众转移、安置到指定场所，及时组织救灾物资和生活必需品调拨，保障群众基本生活。民政部门组织力量，对受灾群众逐户核实登记造册，组织实施救助工作。

(3) 保险

1) 鼓励相关单位和燃气企业为参加燃气事故应急处置的应急志愿者队伍购买人身意外伤害保险。

2) 燃气事故发生后保险机构及时开展应急人员保险受理和受灾单位、受灾人员保险理赔工作。

(4) 事故调查

燃气事故发生后，及时组织开展事故调查，评估事故损失，查明事故发生原因，总结事故应急处置工作中的经验教训，制定下一步改进措施。

1) 事故调查机构：由市政府或市政府授权的有关部门组成事故调查组进行调查。

2) 事故调查要求：查明事故发生的经过、原因、人员伤亡情况等；认定事故的性质和事故责任；总结事故教训，提出防范和整改措施；提交事故调查报告。

3) 调查报告的内容：事故发生单位概况；事故发生经过和事故救援情况；事故造成的人员伤亡和直接经济损失；事故发生的原因和事故性质；事故责任的认定及对事故责任者的处理建议；事故防范和整改措施。事故调查报告附有关证据材料，事故调查组成员在事故调查报告上签名。

6. 应急保障

(1) 指挥保障

市燃气应急指挥部、市燃气应急指挥部办公室构建协调一致、管理有序的指挥体系，设立专门场所并配备相应设施，满足决策、指挥和对外应急联络需要。基本功能包括：

1) 接受、显示和传递燃气事故信息，为专家咨询和应急决策提供依据；

2) 接受、传递省级、市级燃气系统应急响应有关信息；

3) 为燃气事故应急指挥以及与有关部门信息传输提供条件。

(2) 通信保障

逐步建立完善以燃气事故应急响应为核心的通信系统，并建立相应通信能力保障制度，以保障应急响应期间市燃气应急指挥部与市政府、上一级燃气事故应急机构、有关职能部门、燃气管理机构、各燃气经营单位和应急支援单位通信联络需要。

（3）物资保障

根据本预案职责分工，市燃气应急指挥部成员单位根据职责分工储备必要的应急支援力量与物资器材，保证应急响应时能及时调用，提供支援。

7. 附则

（1）应急演练

1）市燃气应急指挥部建立健全本市燃气事故应急预案演练制度，适时组织演练，做好各部门之间的协调配合及通信联络，确保紧急状态下的有效沟通和统一指挥。做好演练评估工作，通过应急演练，锻炼应急队伍，改进和完善应急预案。演练方案及演练评估情况报市应急办备案。

2）按照本预案规定职责，市燃气应急指挥部办公室根据有关规定，定期组织应急演练，演练方案及演练评估情况报市政府备案。

3）燃气企业制定本企业的应急预案演练计划，根据本企业事故预防重点，每年至少组织一次综合应急预案演练或专项应急预案演练，每半年至少组织一次现场处置方案演练，并对演练效果进行评估。

（2）宣传教育

1）应急宣传

市燃气应急指挥部办公室应会同有关部门加强本预案的学习和宣传，通过广播、电视、互联网等方式，广泛宣传应急预防、避险、逃生、自救、互救等基本常识，增强公众的安全意识和社会责任意识。

2）应急教育

① 市燃气应急指挥部办公室应当有组织、有计划向公众提供技能培训和知识讲座，在电视等媒介开辟应急教育公益栏目，让公众掌握避险、自救、逃生等基本知识和技能；

② 各燃气企业以安全用气和保护燃气设施为核心内容，以燃气用户、中、小学生等社会公众为对象，通过燃气销售、服务及设立安全应急咨询等活动，加强宣传工作的针对性和实效性。

（3）培训

各成员单位针对燃气事故特点，定期或不定期组织有关人员培训。燃气企业将应急教育培训工作纳入日常管理，定期开展相关培训。

1）应急救援队伍人员培训

按照隶属关系和管理责任，由相关部门分别组织培训，提高应急处置救援和安全防护技能、实施救援协同作战能力。

2）燃气企业人员培训

各燃气企业加强员工岗前培训，确保从业人员具备必要的安全生产知识，熟悉安全生产规章制度，掌握安全操作规程。具备本岗位安全操作技能和处置燃气安全事故的能力。安全管理人员和特种设备操作人员必须持证上岗。

（4）责任与奖惩

根据事故调查报告，提请市政府对处置事故作出贡献的部门（单位）、个人给予表彰奖励；对在应急处置工作中拒报、迟报、谎报、瞒报和漏报燃气事故重要情况或在应急处置工作中失职、渎职的单位和责任人，依法、依规给予行政处分；构成犯罪的，依法追究刑事责任。

（5）制定与解释部门

本预案由市城乡管委负责解释。

（6）预案实施

本预案自发布之日起施行。

参考文献

[1] 彭知军，王天宝，黄明，等. 燃气行业施工生产安全事故案例分析与预防[M]. 北京：中国建筑工业出版社，2021.

[2] 彭知军，伍荣璋，蔡磊. 燃气行业有限空间安全管理实务[M]. 北京：石油工业出版社，2017.

[3] 伍荣璋，金国平，邹笃国. 燃气行业生产安全事故案例分析与预防[M]. 北京：中国建筑工业出版社，2018.

[4] 刘倩，钟志，伍荣璋. 工业企业燃气事故分析与安全管理[M]. 北京：中国建筑工业出版社，2019.

[5] 刘倩，吴谋亮，彭知军. 工业企业燃气安全事故统计分析[J]. 技术与市场，2020(08)：122-124+127.

[6] 黄志丰，万方敏，吴谋亮，等. 燃气事故调查报告的研究和分析[J]. 城市燃气，2018(08)：36-41.

[7] 陈琢，彭知军，伍荣璋 . 燃气行业反恐工作探讨[J]. 市政技术，2015，33(2)：208-211.

[8] 黄骞，彭知军 . 关于城市燃气抢险快速反应对策的探讨 [J]. 城市燃气，2015(09)：23-26.

[9] 中国安全生产科学研究院等 . GB/T 29639—2013 生产经营单位生产安全事故应急预案编制导则[S]. 北京：中国标准出版社，2020.

[10] 应急管理部. 生产安全事故应急预案管理办法. 北京：应急管理部，2019.

[11] 国家安全生产监督管理总局办公厅. 生产经营单位生产安全事故应急预案评审指南(试行)(安监总厅应急〔2009〕73 号). 北京：国家安全生产监督管理总局办公厅，2009.

致　谢

感谢安弗瑞（上海）科技有限公司为本书的编书提供了大量的案例和相关资料。

安弗瑞（上海）科技有限公司的核心团队均拥有燃气行业的数十年专业经验，在行业内有一定影响力。近二十年来，我国城镇燃气蓬勃发展，城镇燃气已服务近7亿国人，近年来行业事故频发，燃气加臭作为燃气行业主动安全保障措施之一，得到了燃气公司高度重视。但目前燃气加臭系统的标准、实践与国际先进水平还有一定的差距。安弗瑞公司希望通过自己的努力，参与相关标准的编制，引进先进的管理经验，推动国内燃气行业加臭系统的进步，为燃气企业提供优质、合规的加臭剂产品和服务。使科学加臭成为全行业的共同行为，促进燃气安全运行，为实现燃气行业零死亡事故的总目标提供微薄之力！

现行标准《城镇燃气加臭技术规范》CJJ/T 148—2010规定了燃气加臭的基本要求，但随着燃气设施设备、仪器仪表的不断创新，以及燃气的互换、氢气进市政管网，燃烧效率、燃气安全运行自动化、信息化、燃气安全监管、法规对安全提出更高的要求等因素，关注燃气行业安全的从业人员提出应重新编制符合现状的燃气加臭标准。2022年8月，安弗瑞（上海）科技有限公司参与编制行业标准《燃气加臭技术要求》正式立项，计划在2023年5月编制完成。在新的《燃气加臭技术要求》中进一步明确城镇燃气加臭剂的质量、加臭量和加臭装置的工艺、运行、维护、检测、监测，以及加臭剂储存、无害化处理等方面，实现科学加臭，确保加臭剂的警示作用无死角，提高用户端的本质安全。

安弗瑞（上海）科技有限公司提供燃气加臭剂（四氢噻吩THT、硫醇类TBM\TEM、德国Gasodor® S-free等燃气氢气加臭剂）的销售、加注、加臭装置改造维保服务，燃气管网加臭机加臭量的监测、末端燃气加臭剂含量定量检测服务、燃气管网检测等服务。

安弗瑞致力于成为专业的燃气加臭系统的科技型服务公司，为城镇燃气客户提供全方位安全、高效、环保的加臭系统解决方案。

创新：全球第一款专为天然气研制的丙烯酸酯类无硫加臭剂，已有二十年的成功案例；

安全：从传统加臭剂升级到丙烯酸酯类无硫加臭剂，警示气味更独特，让天然气用户安心使用；

生态：能大幅减少城镇天然气行业的硫化物排放量，有利于保护生态环境；

精确：提供科学的检测服务，确保合规，嗅出天然气的味道，让人民的生活更美满！

秉承着“为客户提供燃气安全运行系统解决方案”的企业使命，安弗瑞人聚焦能源技术及产品研发、愿为中国城镇燃气安全-加臭系统的优化迭代而奋斗！愿与行业同仁携手合作，以责任担当谋求发展，始终与燃气行业同仁并肩战斗、共同走向美好的明天！